I0050123

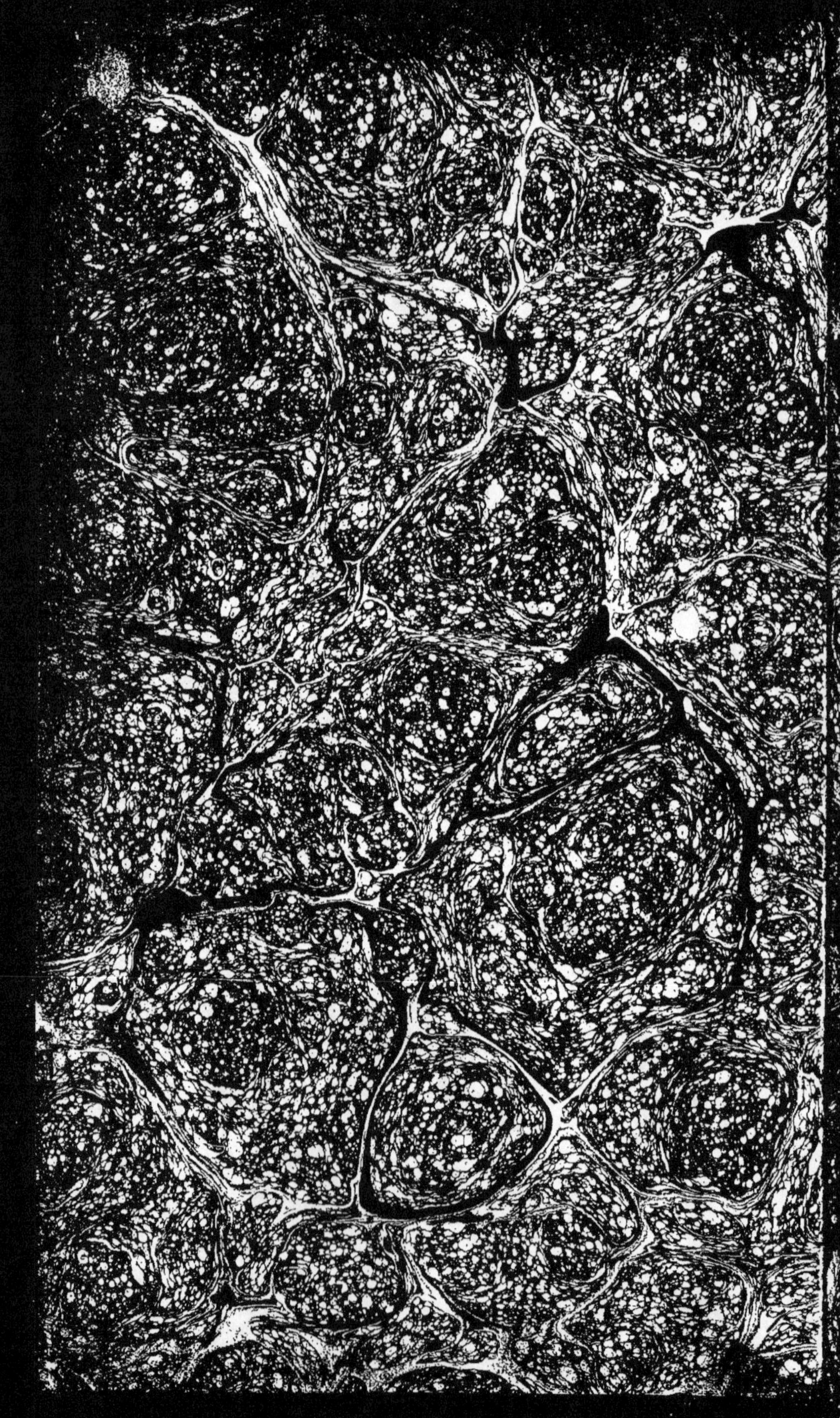

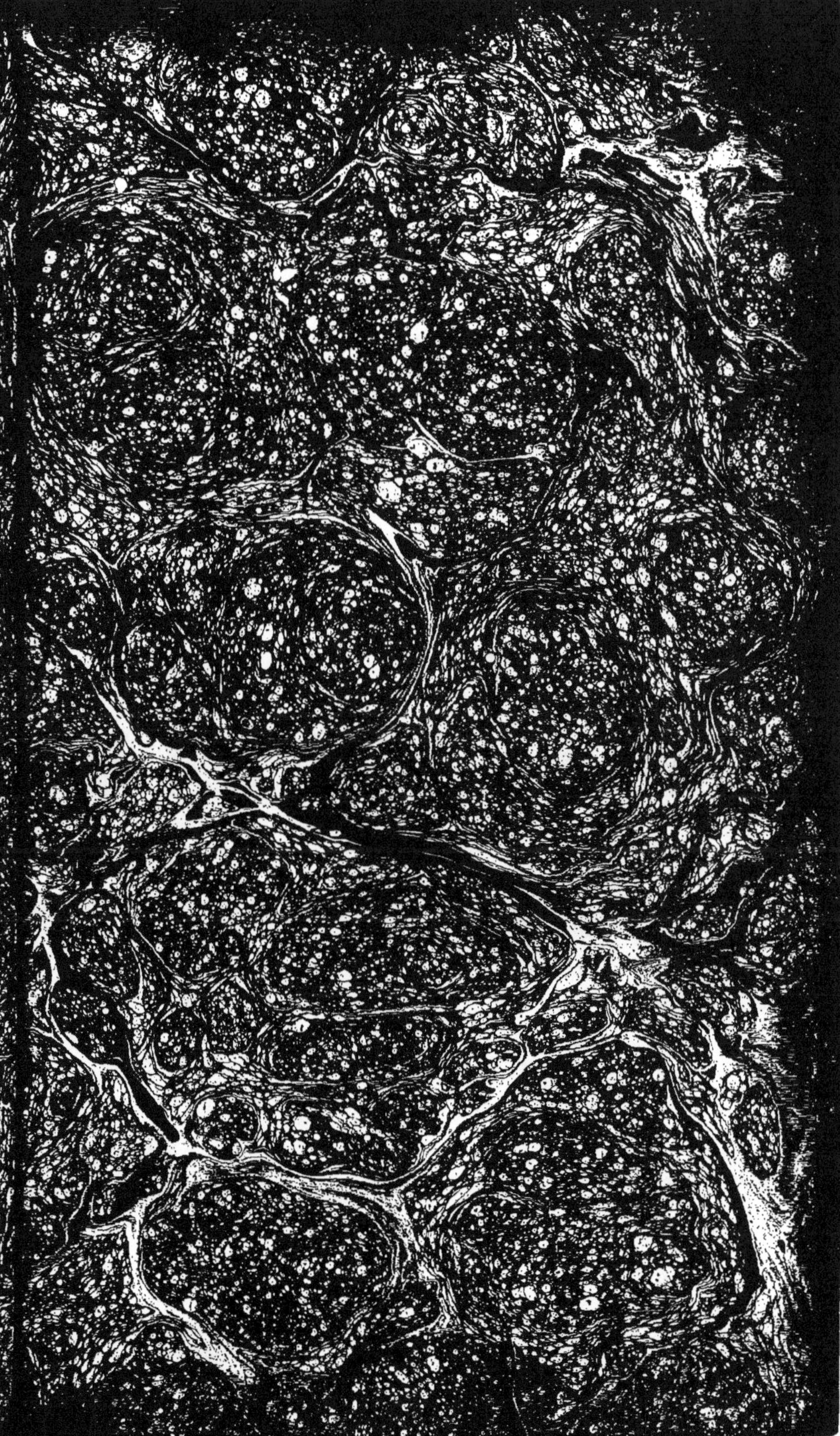

TRAITÉ
DE CHIMIE
ÉLÉMENTAIRE,
THÉORIQUE ET PRATIQUE.

TRAITÉ DE CHIMIE ÉLÉMENTAIRE, THÉORIQUE ET PRATIQUE,

PAR L. J. THENARD,

MEMBRE DE L'INSTITUT, etc.

TOME QUATRIÈME.

A PARIS,

Chez CROCHARD, Libraire, Editeur des *Annales de Chimie*, rue de l'Ecole de Médecine, n° 3, près celle de la Harpe.

DE L'IMPRIMERIE DE LEBÉGUE.

1816.

TRAITÉ
DE CHIMIE
ÉLÉMENTAIRE,
THÉORIQUE ET PRATIQUE.

TROISIÈME PARTIE.

Des Principes généraux de l'Analyse chimique.

2016. Après avoir examiné les différentes propriétés des corps, jeté un coup d'œil sur leur état naturel, décrit leur préparation, leurs usages, exposé les lois de leur composition, il nous reste encore à parler des procédés que l'on doit employer pour déterminer leur nature et la proportion de leurs principes constituans. Ce sont ces procédés qui constituent l'analyse chimique proprement dite.

Cette partie de la chimie inconnue, pour ainsi dire, il y a soixante ans, a fait, depuis cette époque et surtout depuis une trentaine d'années, d'immenses progrès qui sont dus aux instrumens que l'on est parvenu à se procurer, à l'adresse avec laquelle on les a maniés, à la fidélité des réactifs dont on a fait usage, aux lois que l'on a découvertes, à la précision qu'on s'est attaché à mettre dans toutes les opérations, précision dont Lavoisier a donné, le premier, l'exemple.

Il était rare autrefois, lorsqu'on parvenait à connaître les principes constituans d'un corps, d'en déterminer la proportion à un dixième près ; aujourd'hui les erreurs que l'on commet ne vont presque jamais au-delà d'un centième, à moins que les principes ne soient nombreux.

Il semble d'abord qu'il suffise de connaître toutes les propriétés des corps pour faire une analyse : cependant l'on serait fort embarrassé si, ne s'étant jamais occupé d'analyse, il s'agissait de faire celle d'un composé même peu compliqué. A quelles épreuves le soumettre ? Comment parvenir à savoir le nombre des substances différentes qu'il contient ? Comment les reconnaître, et lorsqu'on les aura reconnues, comment les séparer et estimer la quantité de chacune d'elles ? Ce sont autant de questions dont on ne peut trouver la solution qu'autant qu'on est guidé dans la marche qu'il est nécessaire de suivre. On sent combien serait précieux un Traité où elle serait fidèlement tracée ; mais la composition d'un ouvrage de ce genre offre de grandes difficultés. J'essayerai toutefois de le faire ; ce qui m'y détermine, c'est la conviction où je suis qu'il serait utile, quand bien même il laisserait beaucoup à désirer.

2017. Je diviserai cet essai en huit chapitres : je traiterai, dans le premier, des manipulations communes à un grand nombre d'analyses ; dans le second, de l'analyse des gaz ; dans le troisième, de celle des corps combustibles ; dans le quatrième, de celle des corps brûlés ; dans le cinquième, de celle des sels ; dans le sixième, de celle des eaux minérales ; dans le septième, de celle des matières végétales et animales ; dans le huitième, je considérerai le problème dans toute sa généralité, et je traiterai de l'art de reconnaître à laquelle de ces divisions le corps à analyser appartiendra.

Chaque chapitre comprendra souvent plusieurs sections ; et chaque section, un certain nombre de problèmes, dont le premier aura ordinairement pour objet de distinguer les uns des autres les différens corps qui seront compris, soit dans la section, soit dans le chapitre.

CHAPITRE PREMIER.

Des Manipulations communes à un grand nombre d'analyses.

2018. Il est un certain nombre d'opérations ou de manipulations que nous aurons souvent occasion de faire. Nous allons les examiner et les décrire une fois pour toutes, afin de n'être point obligés d'en répéter la description.

2019. Lorsqu'on soumet un corps à l'analyse, et que ce corps est solide, il faut d'abord le diviser. Cette opération doit être faite au moyen de mortiers, de porphyre, de limes, d'une dureté bien plus grande que celle du corps même, afin que celui-ci ne puisse pas les attaquer. S'il n'en était pas ainsi, l'on déterminerait par une expérience préliminaire la quantité de matière enlevée à l'instrument dont on se sert pour diviser, et l'on en tiendrait compte.

2020. Après avoir divisé convenablement le corps, on en pèse une certaine quantité, 10 grammes, par exemple. A cet effet, l'on ne doit employer que des balances très-sensibles : nous en possédons aujourd'hui qui, chargées d'un kilogramme, trébuchent à un milligramme.

2021. Le corps étant pesé, on le met en contact avec les agens qui doivent en opérer la dissolution totale ou partielle : après quoi l'on verse dans la dissolution différens réactifs pour précipiter successivement, autant que possible, les substances qui s'y trouvent. Il faut toujours verser un grand excès du précipitant, à moins qu'il ne redissolve des quantités sensibles de précipité. C'est ainsi que, pour extraire le deutoxide de cuivre de la dissolution de deuto-sulfate de ce métal, on ajoute beaucoup plus de dissolution de potasse qu'il n'en faut pour saturer l'acide : sans cela, une portion de celui-ci pourrait rester unie à l'oxide, et alors le précipité, au lieu d'être de l'oxide pur, serait un sous-sulfate ou un mélange d'oxide et de sous-sulfate.

2022. Le précipité, quel qu'il soit, doit être lavé jusqu'à ce que les matières qui l'altèrent soient entièrement enlevées. Le lavage se fait, tantôt par décantation, au moyen d'un syphon ou d'une pipette, et tantôt par filtration. Dans tous les cas, on reconnaît qu'il est terminé lorsque les eaux de lavage ne contiennent plus aucune trace des matières étrangères au précipité. Par exemple, si l'on a versé de l'acide sulfurique dans une dissolution de nitrate de baryte pour en séparer cette base, on ne cessera de laver le sulfate insoluble qui se formera qu'à l'époque où l'eau de lavage ne sera plus troublée par le nitrate de baryte. Dans tous les cas aussi, l'on a soin de réunir les eaux de lavage à la liqueur même, toutes les fois qu'il reste encore en dissolution quelques matières du corps que l'on analyse.

2023. Le précipité étant lavé, l'on procède à sa dessication, en l'exposant d'abord à une chaleur douce dans l'étuve à quinquet, puis, lorsqu'il est amené à l'état de poudre, en le faisant rougir dans un creuset, si toutefois il est susceptible de résister à l'action d'une haute température : après quoi il doit être pesé. Dans le cas où cette température en opérerait la décomposition, on se contenterait de le soumettre à la chaleur de l'eau bouillante, en le remuant de temps en temps, ou bien de le placer dans le vide à côté d'une capsule contenant des fragmens de muriate de chaux. Ces opérations se font diversement.

Supposons, en premier lieu, que le précipité ait été séparé par décantation, et qu'on puisse le faire rougir sans le décomposer, on le mettra tout de suite dans le creuset où cette dernière opération devra être faite. Ce creuset sera de platine ou d'argent.

Mais si, ayant été séparé par décantation, il ne pouvait supporter une aussi haute température sans être altéré, et si par conséquent il devait être desséché par l'un des autres moyens indiqués, il serait plus commode de le mettre dans une petite capsule de porcelaine.

Supposons, maintenant, que le précipité ait été recueilli sur un filtre, il faudra, si la matière peut supporter la chaleur rouge sans éprouver d'altération, et si les principes du filtre ne sont pas susceptibles de l'attaquer, la mettre, ainsi que le filtre, dans le creuset; le filtre se consumera, et la matière seule restera.

Dans le cas où le précipité ne pourrait pas supporter une chaleur rouge sans subir de décomposition, on le ferait sécher sur le filtre même que l'on étendrait sur quelques doubles de papier, et l'on déduirait du poids total celui du filtre (*a*).

Enfin, lorsque le précipité pourra supporter une chaleur rouge, mais qu'il sera altéré par les principes du filtre, l'on étendra encore celui-ci sur des doubles de papier, et l'on enlèvera de dessus, avec un couteau d'ivoire ou de corne, le plus possible de précipité. Toute la partie enlevée sera calcinée au rouge; quant à ce qui restera sur le filtre, on en connaîtra la quantité, comme nous venons de dire précédemment.

1024. Il arrive assez souvent que, dans le cours d'une analyse, l'on est obligé d'évaporer certaines dissolutions jusqu'à siccité. Tant qu'il y a beaucoup de liquide, l'évaporation se fait sans qu'on puisse rien perdre; mais lorsqu'il n'en reste presque plus, et que la matière commence à s'épaissir, il serait possible, si la chaleur était trop forte, qu'il y en eût de projetée çà et là, hors la capsule même. On prévient cet inconvénient en remuant la matière avec une spatule et en diminuant un peu le feu.

2025. Si le corps était liquide au lieu d'être solide, les mêmes opérations seraient à faire, excépté la première.

2026. Il s'en rencontre aussi quelques-unes de sem-

(*a*) Ce que l'on ferait en prenant un filtre de même poids, le desséchant bien et le pesant.

blables dans l'analyse des gaz ; mais il en est d'autres qui lui sont particulières. Comme on juge dans ce genre d'analyse du poids des corps par leur volume, leur pesanteur spécifique étant connue, il faut tenir compte sans cesse de la pression à laquelle ils sont soumis, de leur température, et même, lorsqu'ils sont en contact avec l'eau, de leur état hygrométrique. C'est ce que nous avons exposé avec soin (33, 111, 113). Il faut aussi, par la même raison, les mesurer avec une attention toute particulière. L'on peut se servir commodément pour cela d'un tube gradué contenant deux centilitres et demi et divisé en 250 parties, de sorte que chaque partie représentera un centième de centilitre. L'on remplira d'abord le tube d'eau ou de mercure, en ayant soin qu'il ne reste aucune portion d'air attaché à ses parois ; ensuite le tenant d'une main, l'extrémité ouverte plongée dans le liquide, l'on y fera passer le gaz par le moyen d'un petit entonnoir. A cet effet, l'on soutiendra l'entonnoir avec la main qui tiendra le tube ; l'on prendra de l'autre le vase qui renfermera le gaz, et dont l'ouverture devra plonger dans le liquide comme celle du tube, et l'on engagera peu à peu l'ouverture de ce vase sous l'entonnoir, en inclinant doucement le vase même. Lorsque le tube contiendra la quantité de gaz convenable, l'on plongera une éprouvette à pied dans la cuve où l'opération se fera, et lorsque cette éprouvette sera pleine, l'on y recevra le tube et l'on enlèvera le tout. Enfin, saisissant le tube non plus avec les doigts, mais avec une pince, pour ne pas l'échauffer, on attendra qu'il soit à la même température que l'atmosphère : après quoi, rendant les niveaux extérieur et intérieur égaux, c'est-à-dire, élevant ou abaissant le tube de manière que le liquide qu'il contient soit à la même hauteur que celui dans lequel il plonge, on lira sur la division du tube la quantité de gaz qu'il renfermera, et l'on notera tout de suite la pression et la température pour en tenir compte, si elles viennent à changer dans le cours de l'opération.

CHAPITRE II.

De l'Analyse des Gaz.

2027. Les gaz sont au nombre de vingt-quatre, à la température de o; savoir: l'oxigène, l'hydrogène, l'hydrogène carboné, l'hydrogène proto-phosphoré, l'hydrogène per-phosphoré, l'hydrogène sulfuré, l'hydrogène arseniqué, l'hydrogène telluré, l'hydrogène potassié; l'oxide de carbone, l'azote, le protoxide d'azote, le deutoxide d'azote, le gaz muriatique oxigène; les acides muriatique sur-oxigéné, nitreux, sulfureux, muriatique, fluo-borique, hydriodique, fluorique-silicé, carbo-muriatique, carbonique; l'ammoniaque (*a*).

Rappelons d'abord leurs propriétés les plus apparentes.

2028. Parmi les gaz, les uns sont colorés; d'autres répandent des vapeurs blanches dans l'air; d'autres sont susceptibles de s'enflammer; d'autres rallument les bougies qui présentent quelques points en ignition;

(*a*) Je ne parle point de l'azote phosphoré, parce qu'on peut mettre en doute que le phosphore soit réellement en combinaison avec l'azote.

d'autres sont acides et rougissent la teinture de tournesol; d'autres sont sans odeur ou n'en ont qu'une faible; d'autres sont très-solubles dans l'eau; d'autres le sont dans des dissolutions alcalines; enfin il en est d'alcalins. Quelques-uns jouissent de plusieurs de ces propriétés.

Gaz colorés. — Acide nitreux, acide muriatique suroxigéné, gaz muriatique oxigéné. Le premier est rouge, et les deux autres d'un jaune-verdâtre.

Gaz produisant des vapeurs blanches dans l'air. — Acides muriatique, fluo-borique, fluorique-silicé, hydriodique.

Gaz inflammables par le contact de l'air et des bougies allumées. — Hydrogène, hydrogène carboné, hydrogène proto-phosphoré, hydrogène per-phosphoré, hydrogène sulfuré, hydrogène arseniqué, hydrogène telluré, hydrogène potassié, gaz oxide de carbone.

Gaz rallumant les bougies qui présentent quelques points en ignition. — Oxigène, protoxide d'azote, acide nitreux, acide muriatique suroxigéné.

Gaz acides et rougissant la teinture de tournesol. — Acides nitreux, sulfureux, muriatique, fluo-borique, hydriodique, fluorique-silicé, carbo-muriatique, muriatique sur-oxigéné, carbonique, gaz hydrogène sulfuré, gaz hydrogène telluré.

Gaz qui n'ont point d'odeur ou qui n'en ont qu'une faible. — Oxigène, azote, hydrogène, hydrogène carboné, gaz carbonique, protoxide d'azote. L'odeur de tous les autres est insupportable et souvent caractéristique.

Gaz très-solubles dans l'eau, c'est-à-dire, dont l'eau dissout plus de trente fois son volume, à la pression et à la température ordinaires. —Acides fluorique, muriatique, hydriodique, fluorique-silicé, nitreux, sulfureux, gaz ammoniac.

Gaz solubles dans les dissolutions alcalines.—Acides nitreux, sulfureux, muriatique, fluo-borique, hydriodique, fluorique-silicé, muriatique oxigéné, muriatique sur-oxigéné, carbonique, carbo-muriatique, hydrogène sulfuré, hydrogène telluré, ammoniaque (*a*).

Gaz alcalins. — Ammoniac.

SECTION PREMIÈRE.

Un Gaz étant donné, comment en reconnaître la nature?

2029. Que l'on remplisse une éprouvette de ce gaz, et que l'on y plonge une bougie allumée; s'il s'enflamme, ce sera l'un des huit que nous allons indiquer, et dont deux sont absorbables par une dissolution de potasse, et par cela même distincts des autres.

Du gaz hydrogène per-phosphoré. — S'il prend feu spontanément et s'il donne lieu à un produit très-acide.

Du gaz hydrogène potassié. — Si l'eau est susceptible de le décomposer et de le transformer subitement en gaz hydrogène et en alcali, épreuve facile à faire en recueillant le gaz sur le mercure et faisant passer dans l'éprouvette une petite quantité d'eau qui deviendra alcaline (*b*).

(*a*) Ce n'est que par l'eau que la dissolution agit sur l'ammoniaque.

(*b*) Le gaz hydrogène, surchargé de potassium, est comme le gaz hydrogène per-phosphoré, inflammable spontanément, d'après M. Sementini.

Du gaz hydrogène arseniqué. — S'il a une odeur nauséabonde, s'il est insoluble dans l'eau, s'il forme sur les parois de l'éprouvette où on le brûle un dépôt d'un brun-marron qui ne paraît être que de l'hydrure d'arsenic, et si agité avec le quart de son volume d'une solution de gaz muriatique oxigéné, il en résulte une liqueur dont l'hydrogène sulfuré précipite des flocons aune s.

De l'hydrogène proto-phosphoré. — S'il a une forte odeur d'ail ou de phosphore, s'il ne s'enflamme point spontanément, si le produit de sa combustion rougit fortement la teinture de tournesol, et si agité avec un excès de solution de gaz muriatique oxigéné, il en résulte une liqueur qui, évaporée, laisse un résidu syrupeux et très-acide.

Du Gaz hydrogène. — S'il n'a point d'odeur ou s'il n'en a qu'une faible, et s'il est susceptible d'absorber la moitié de son volume de gaz oxigène, propriété que l'on constate en introduisant 100 parties du gaz à analyser avec 100 de gaz oxigène dans l'eudiomètre, faisant passer une étincelle à travers le mélange, et jugeant par le résidu si l'absorption est de 150.

Du gaz oxide de carbone. — S'il n'a qu'une faible odeur et s'il est susceptible d'absorber la moitié de son volume de gaz oxigène et de donner un volume de gaz carbonique égal au sien, propriété que l'on constate à peu près comme la précédente; savoir : en introduisant 100 parties de gaz oxide de carbone avec 60 d'oxigène dans l'eudiomètre plein de mercure, excitant l'étincelle à travers le mélange, mesurant le résidu et le mettant en contact avec une dissolution de potasse pour déterminer la quantité d'acide carbonique et celle d'oxigène en excès.

Du Gaz hydrogène carboné. — S'il n'a qu'une faible odeur, si l'un des produits de la combustion est de l'acide carbonique, et si la quantité d'oxigène qu'il absorbe correspond aux quantités d'hydrogène et de carbone qui doivent entrer dans sa composition : c'est encore dans l'eudiomètre à mercure que l'on constate cette dernière propriété. (*V.* l'An. d'un mélange d'hydrogène carboné et d'oxide de carbone (2044 , art. 8).

Du Gaz hydrogène sulfuré. — S'il répand l'odeur d'œufs pourris, s'il noircit les dissolutions de plomb, s'il laisse déposer du soufre lorsqu'on le brûle dans une éprouvette, s'il est absorbable par la potasse.

Du Gaz hydrogène telluré.—S'il a une odeur fétide qui se rapproche de celle du gaz hydrogène sulfuré, s'il est absorbable par la potasse, s'il est soluble dans l'eau, s'il forme avec elle une liqueur qui, exposée à l'air, laisse précipiter une poudre brune d'hydrure de tellure, enfin, si agité avec un excès d'une solution de gaz muriatique oxigéné, il en résulte un muriate précipitant en blanc par les carbonates alcalins, et en noir par les hydro-sulfures.

2030. Supposons maintenant que le gaz ne soit point inflammable, et qu'il soit absorbable par une dissolution alcaline (*a*), ce sera l'un des onze gaz suivans : muriatique, fluo-borique, fluorique silicé, hydriodique, sulfureux, nitreux, muriatique oxigéné, muriatique

---

(*a*) Je suppose la dissolution alcaline concentrée.

suroxigéné, carbo-muriatique, carbonique, ammoniac.

Les acides muriatique, fluo-borique, hydriodique et fluorique-silicé, étant les seuls gaz qui produisent des vapeurs blanches avec l'air, en raison de leur grande affinité pour l'eau, sont par cela même distincts de tous les autres : ils sont faciles à reconnaître d'ailleurs :

Le gaz fluorique-silicé, parce que l'eau en sépare des flocons blancs de fluate de silice;

Le gaz hydriodique, parce que le gaz muriatique oxigéné en précipite de l'iode et le rend violet;

Le gaz muriatique, parce qu'il forme dans la dissolution de nitrate d'argent un précipité blanc insoluble dans les acides et très-soluble dans l'ammoniaque, et que, uni à l'eau et mis en contact avec le peroxide de manganèse, il donne lieu à du gaz muriatique oxigéné;

Enfin, le gaz fluo-borique, parce qu'il répand dans l'air des vapeurs plus épaisses que les autres et qu'il noircit sur-le-champ le papier qu'on plonge dans le vase qui le renferme.

Quant aux autres gaz, on les reconnaît également bien :

L'acide nitreux, par sa couleur rouge.

Le gaz muriatique oxigéné, parce qu'il est d'un jaune-verdâtre, propriété qui ne lui est commune qu'avec l'acide muriatique suroxigéné, parce qu'il n'éprouve aucune altération à une chaleur quelconque, qu'il détruit les couleurs et qu'il attaque tout à coup le mercure à la température ordinaire;

L'acide muriatique suroxigéné, parce qu'il est d'un jaune plus verdâtre que le précédent, qu'il n'exerce aucune action sur le mercure à la température ordinaire, et qu'en approchant un fer rouge ou des charbons incandescens de l'éprouvette qui le contient, il se décompose, donne lieu à une forte secousse et se transforme en oxigène et en gaz muriatique oxigéné;

Le gaz sulfureux, par son odeur, qui est la même que celle du soufre qui brûle;

Le gaz ammoniac, par son odeur, qui est vive et toute particulière; qu'il ramène au bleu le tournesol rougi par les acides, qu'il sature ceux-ci et qu'il forme d'épaisses vapeurs avec ceux qui sont gazeux;

L'acide carbo-muriatique, parce qu'une très-petite quantité d'eau suffit pour le convertir tout à coup en acide muriatique qui reste en dissolution et en acide carbonique qui conserve l'état gazeux; que, traité à chaud par le zinc, l'antimoine, il en résulte des muriates et du gaz oxide de carbone; que, traité de la même manière par les oxides de ces métaux, il donne lieu à des muriates et du gaz carbonique; et que, dans tous les cas, la quantité de gaz oxide de carbone et de gaz carbonique dégagée est aussi grande que celle de gaz carbo-muriatique sur laquelle on opère;

L'acide carbonique, parce qu'il est sans odeur et que tous les autres gaz absorbables par les alcalis en ont une très-forte, qu'il rougit à peine la teinture de tournesol, même très-affaiblie, qu'il trouble l'eau de chaux et donne lieu à un précipité soluble dans le vinaigre avec effervescence.

2031. Supposons, enfin, que le gaz ne soit ni inflammable, ni susceptible d'être absorbé par une dissolution de potasse, ce sera de l'oxigène ou de l'azote, ou du protoxide d'azote, ou du deutoxide d'azote.

L'oxigène ne peut être confondu qu'avec le protoxide d'azote ; la propriété qu'ils ont de rallumer les allumettes qui présentent quelques points en ignition, les distingue des deux autres ; ils sont caractérisés d'ailleurs :

L'oxigène, parce qu'il est sans saveur et susceptible d'absorber deux fois son volume de gaz hydrogène ;

Et le protoxide d'azote, parce qu'il a une saveur sucrée, qu'il est soluble dans un peu moins de la moitié de son volume d'eau à la température et à la pression ordinaires, et qu'en le faisant détonner dans l'eudiomètre à mercure avec son volume d'hydrogène, on obtient un résidu qui contient beaucoup d'azote.

Les deux autres se distinguent :

Le deutoxide d'azote, parce qu'il est incolore, et qu'aussitôt qu'il est en contact avec l'air ou l'oxigène, il devient rouge et passe à l'état d'acide nitreux ;

L'azote, parce qu'il est sans odeur, sans couleur, sans saveur, qu'il éteint les corps en combustion, qu'il n'éprouve aucune altération de la part de l'air, qu'il ne trouble point l'eau de chaux.

SECTION II.

Un mélange de Gaz étant donné, déterminer ceux qui en font partie.

2032. Il est un certain nombre de gaz qui agissent les uns sur les autres de manière à s'unir ou à se décomposer. La première recherche à faire pour arriver à la solution de ce problème est donc de déterminer ceux qui sont dans ce cas (*a*). L'expérience prouve que les gaz suivans ne peuvent exister ensemble; savoir :

1° L'oxigène avec l'hydrogène per-phosphoré et le deutoxide d'azote ;

2° L'hydrogène, l'hydrogène carboné, l'oxide de carbone avec le gaz muriatique oxigéné sous l'influence solaire, et probablement avec le gaz muriatique suroxigéné dans toutes les circonstances possibles;

3° L'hydrogène arseniqué avec les gaz muriatique oxigéné, muriatique suroxigéné et acide nitreux;

4° L'hydrogène telluré avec les gaz muriatique oxigéné, muriatique suroxigéné, acide nitreux et ammoniac ;

5° L'hydrogène sulfuré avec les gaz muriatique oxigéné, muriatique suroxigéné, acide nitreux, ammoniac et acide sulfureux ;

6° L'hydrogène proto-phosphoré avec les gaz muriatique oxigéné et suroxigéné, et peut-être les acides nitreux et sulfureux ;

7° L'hydrogène per-phosphoré avec l'oxigène, le protoxide d'azote, le gaz muriatique oxigéné, le gaz muriatique suroxigéné, et peut-être les acides nitreux et sulfureux;

8° Le protoxide d'azote avec le gaz hydrogène per-phosphoré, et peut-être l'acide hydriodique et le gaz muriatique suroxigéné;

9° Le deutoxide d'azote avec l'oxigène, le gaz muriatique suroxigéné ; et avec le gaz muriatique oxigéné, lorsqu'il a le contact de l'eau;

(*a*) Il ne sera pas question de l'hydrogène potassié, dont l'existence n'est que momentanée.

10° Le gaz muriatique oxigéné avec les gaz hydrogène, hydrogène carboné, oxide de carbone, sous l'influence solaire; avec l'hydrogène sulfuré, l'hydrogène arseniqué, l'hydrogène telluré, l'acide hydriodique, l'ammoniaque, dans toutes les circonstances; enfin, avec le deutoxide d'azote, le gaz sulfureux, lorsque ces gaz ont le contact de l'eau;

11° L'acide nitreux, avec l'hydrogène sulfuré, l'ammoniaque, l'acide sulfureux contenant un peu d'eau, peut-être l'acide hydriodique, et sans doute avec l'hydrogène perphosphoré, l'hydrogène arseniqué et l'hydrogène telluré;

12° L'acide sulfureux avec l'hydrogène sulfuré, l'acide hydriodique, l'ammoniaque; et de plus, avec le gaz muriatique oxigéné, l'acide nitreux et l'acide muriatique suroxigéné, lorsque ces gaz ont le contact de l'eau;

13° L'acide muriatique avec l'acide muriatique suroxigéné, l'ammoniaque;

14° L'acide fluo-borique, l'acide fluorique silicé, l'acide carbonique et l'acide carbo-muriatique, avec l'ammoniaque;

15° L'acide hydriodique avec les gaz muriatique oxigéné, muriatique suroxigéné, nitreux, sulfureux, ammoniac;

16° L'acide muriatique suroxigéné, avec l'hydrogène, l'hydrogène carboné, l'hydrogène phosphoré, l'hydrogène sulfuré, l'hydrogène arseniqué, l'hydrogène telluré, l'oxide de carbone, le protoxide d'azote, l'acide muriatique, l'acide hydriodique, l'ammoniaque, l'acide sulfureux contenant de la vapeur, et peut-être le protoxide d'azote;

17° L'ammoniaque, avec l'hydrogène sulfuré, l'hydrogène telluré, le gaz muriatique oxigéné et tous les gaz acides.

2033. Maintenant, reprenons le problême qu'il s'agit de résoudre.

La première opération à faire sera d'éprouver le mélange par une dissolution de potasse caustique : à cet effet, l'on fera passer 100 à 200 parties de ce mélange dans un tube gradué et plein de mercure, puis l'on y introduira un fragment de potasse solide et 10 à 12 parties d'eau, et l'on agitera le tout. S'il n'en résulte aucune absorption, l'on conclura que le mélange ne contient que des gaz appartenant à la série suivante :

Oxigène.	Oxide de carbone.
Hydrogène.	Azote.
Hydrogène carboné.	Protoxide d'azote.
Hydrogène phosphoré.	Deutoxide d'azote.
Hydrogène arseniqué.	

Si l'absorption est totale, au contraire, le mélange ne pourra être formé que des gaz :

Carbonique.	Fluo-borique.
Nitreux.	Hydriodique.
Sulfureux.	Fluorique-silicé.
Muriatique.	Carbo-muriatique.
Muriatique oxigéné.	Hydrogène sulfuré.
Muriatique suroxigéné.	Hydrogène telluré.
	Ammoniac.

Enfin, si l'absorption est partielle, ce sera une preuve que le mélange sera composé de gaz appartenant à la première et à la seconde séries : nous supposerons ce cas, qui est le plus compliqué et qui comprend les deux autres.

2034. Après avoir absorbé les gaz de la deuxième série par la potasse et s'être procuré ainsi un résidu de gaz appartenant à la première, et assez grand pour remplir plusieurs petits flacons (*a*), on le soumettra successivement aux épreuves que nous allons indiquer.

2035. On saura, par le deutoxide d'azote, s'il contient du gaz oxigène; et par le gaz oxigène, s'il contient du deutoxide d'azote. Dans les deux cas, il prendra une teinte d'un jaune-rougeâtre et deviendra acide. L'expérience se fera commodément dans une petite éprouvette pleine de mercure et contenant du papier bleu humecté.

2036. Pour y reconnaître la présence du protoxide d'azote, il faudra agiter, pendant dix à douze minutes, une assez grande quantité de gaz avec le quart de son volume d'eau, remplir une grande fiole de cette eau, y adapter un tube renversé plein d'eau lui-même, placer la fiole sur le feu et engager le tube sous une éprouvette pleine de mercure. Le protoxide d'azote, s'il fait partie du gaz, se dissoudra à la température ordinaire et reprendra l'état gazeux à une température

(*a*) Cette opération se fait, comme il est facile de l'imaginer, en renversant les flacons qui contiennent le mélange, plongeant leur cols dans le mercure, les débouchant, y faisant entrer un peu d'eau et des fragmens de potasse, les agitant et y introduisant de nouveau gaz à mesure que l'absorption a lieu; et, lorsqu'elle n'est plus sensible, faisant passer le résidu dans de petits flacons plein d'eau.

élevée : il sera facile de le distinguer par la propriété qu'il a de rallumer les bougies qui présentent quelques points en ignition.

2037. La recherche de l'azote exige plus d'opérations, surtout lorsque le gaz contient du deutoxide et du protoxide d'azote, de l'hydrogène, de l'hydrogène carboné, etc. Il faut d'abord absorber le deutoxide en agitant le gaz dans une dissolution de sulfate de fer, absorber ensuite le protoxide en agitant le résidu dans de l'eau distillée et non aérée, puis faire détonner le nouveau résidu avec un excès de gaz oxigène pur dans l'eudiomètre à mercure, traiter le troisième résidu par la potasse et un peu d'eau, afin de liquéfier l'acide carbonique qui aurait pu se former, et enfin laver le quatrième résidu et le mettre en contact avec le phosphore, à l'aide de la chaleur, dans une petite cloche courbe (121). Si l'on obtient un cinquième résidu, il devra n'être formé que d'azote, et l'on sera certain que le gaz en contiendra réellement, à moins que ce dernier résidu équivale seulement à quelques centièmes du volume gazeux soumis à l'expérience ; car alors l'azote pourrait provenir de l'air adhérent aux parois des vases que l'on emploie. Il serait possible aussi qu'après le traitement par le sulfate de fer et l'eau, la détonnation ne pût avoir lieu ou que la combustion fût incomplète : c'est ce qui arriverait nécessairement si le gaz ne contenait point de gaz inflammable, ou s'il en contenait trop peu, ou bien encore s'il ne contenait que du gaz oxide de carbone ; mais l'on sera toujours certain de faire disparaître tous ces inconvéniens par l'addition de 25 à 30 centièmes de gaz hydrogène.

2038. L'expérience que nous venons de rapporter peut servir en même temps à démontrer l'existence de l'hydrogène carboné ou de l'oxide de carbone. En effet, si, après avoir fait détonner le mélange, l'on obtient un résidu gazeux, en partie absorbable par la potasse et troublant l'eau de chaux, ce résidu contiendra de l'acide carbonique, et cet acide ne pourra provenir que de la combustion de ces gaz. Mais, comment savoir s'il provient de tous deux ou de l'un d'eux? c'est une question que l'on ne peut résoudre qu'autant que le mélange ne renferme ni hydrogène phosphoré, ni hydrogène arseniqué, parce qu'on ne connaît point de procédé qui permette de les séparer, que l'on emploie le gaz oxigène dans l'analyse et qu'on ignore combien ils en absorbent : c'est, au reste, ce qu'un exemple fera beaucoup mieux comprendre.

Supposons qu'après avoir privé le mélange de protoxide d'azote, d'oxigène et de deutoxide d'azote, on en fasse détonner 100 parties pondéral avec un excès d'oxigène dans l'eudiomètre à mercure; que le résidu ne soit composé que d'acide carbonique et de l'excès d'oxigène; que la quantité de carbone contenu dans cet acide soit de 64,5, et que l'absorption de l'oxigène soit de 186,8, voici le raisonnement qu'on fera :

Puisque le mélange ne contient ni hydrogène phosphoré, ni hydrogène arseniqué, ni oxigène, ni protoxide d'azote, ni deutoxide d'azote, ni azote (*a*), ni gaz absorbables par les alcalis, il ne peut renfermer tout au plus que des gaz susceptibles, en brûlant, de

(*a*) S'il y avait de l'azote, il resterait mêlé au gaz carbonique et au gaz oxigène, et on en déterminerait facilement la proportion, en absorbant l'acide carbonique par la potasse, et procédant à l'analyse du résidu comme à celle de l'air.

former de l'acide carbonique et de l'eau, c'est-à-dire, de l'oxide de carbone, de l'hydrogène carboné et de l'hydrogène. Or, la quantité d'acide carbonique produite représente 64,5 de carbone ; donc il entre dans la composition des 100 parties de gaz pondérales 35,5, tant en hydrogène qu'en oxigène ; mais le mélange exige 186,80 d'oxigène pour sa combustion complète, et le carbone seulement 171,11 pour son adification ; par conséquent, il en reste 15,69 qui opèrent la transformation des 35,5 en eau, ce qui donne lieu à 51,19 de ce liquide. Des 35,5 que l'on retranche maintenant 5,99 d'hydrogène qui font partie des 51,19 d'eau, l'on trouvera que les 100 parties pondérales devront contenir 29,51 d'oxigène ; et, comme ces 29,51 prennent 22,26 de carbone pour passer à l'état d'oxide de carbone, l'on sera conduit à ce résultat ; savoir : que les 100 parties de gaz sont composées de 51,77 de gaz oxide de carbone et de 48,23 d'hydrogène carboné.

Il est évident que le mélange ne contiendrait, 1° que du gaz hydrogène carboné mêlé peut-être à de l'hydrogène, si la quantité d'hydrogène trouvée était de 35,5 au lieu de 5,99 ; 2° que de l'oxide de carbone, si cet oxide était représenté par l'acide carbonique produit, moins l'oxigène absorbé ; 3° que de l'oxide de carbone et de l'hydrogène, si la quantité d'oxigène du mélange était à la quantité de carbone comme 57 à 43 (298), et si la quantité d'oxigène absorbée était plus grande que celle qui serait nécessaire pour convertir le gaz oxide en gaz acide.

Enfin, l'on déterminerait aussi par la même méthode, en admettant des proportions fixes pour la composition de l'hydrogène carboné, les cas dans lesquels ce mélange contiendrait de l'hydrogène et de l'hydrogène carboné ; ou de l'hydrogène, de l'hydrogène carboné et de l'oxide de carbone. En effet, la quantité d'oxigène donnerait la quantité d'oxide de carbone ; celle de carbone qui n'appartiendrait pas à celui-ci, donnerait la quantité d'hydrogène carboné; l'hydrogène serait représenté par le reste.

2039. Il suffit, pour découvrir le gaz hydrogène arseniqué, lorsqu'il entre pour une assez grande quantité dans le mélange, de remplir une éprouvette de celui-ci et d'y plonger une bougie allumée; les parois de l'éprouvette se couvrent d'hydrure qui est d'un brun-marron. Mais lorsque le mélange ne contient que très-peu de cette sorte de gaz, ce qu'il y a de mieux à faire est de le chauffer avec du potassium dans une petite cloche courbe sur le mercure, après avoir absorbé autant que possible toutefois, l'oxigène, le protoxide et le deutoxide d'azote (2037) ; il en résulte un arseniure qui, mis en contact avec l'eau, donne, d'une part, du gaz hydrogène arseniqué, et, de l'autre, des flocons brun-marron d'hydrure d'arsenic. Les produits sont très-sensibles en employant seulement trois centigrammes de métal et un excès de mélange : celui-ci est d'abord introduit dans la cloche pleine de mercure; on porte ensuite le potassium à l'extrémité d'une tige dans la partie courbe de la cloche, puis on la chauffe avec la lampe à esprit-de-vin ; on renouvelle le gaz, s'il en est besoin, pour détruire le potassium et le transformer en une masse terne et brune ; alors on fait sortir de nouveau le résidu gazeux de la cloche, et l'on y fait passer de l'eau.

2040. Il en est du gaz hydrogène phosphoré comme

du gaz hydrogène arseniqué : lorsqu'il prédomine dans le mélange, on le distingue facilement; son odeur, sa manière de brûler, et la propriété qu'il a de former, en brûlant, un produit très-acide et fixe, suffisent pour cela. Mais, lorsque le mélange n'en contient que fort peu, il faut employer le potassium et faire l'expérience comme la précédente ; il se forme alors un phosphure, d'où par l'eau l'on dégage de l'hydrogène phosphoré, qui ne peut-être mêlé tout au plus qu'à de l'hydrogène arseniqué. Or, celui-ci, dans son inflammation, ne donnant pas lieu à un produit acide, il sera toujours possible de reconnaître l'autre. Au reste, l'on pourra faire usage d'une solution de gaz muriatique oxigéné pour les distinguer tous deux, comme nous l'avons dit en parlant de leurs caractères particuliers (2029).

2040 *bis*. Nous ne pouvons bien démontrer la présence du gaz hydrogène dans le mélange, qu'autant que ce mélange ne contient pas d'autre gaz inflammable, ou du moins qu'il ne contient que du gaz oxide de carbone. En effet, s'il renfermait en outre du gaz hydrogène phosphoré, ou du gaz hydrogène arseniqué, ou du gaz hydrogène carboné, l'on pourrait toujours dire que l'hydrogène était uni au phosphore, au carbone ou à l'arsenic de ces gaz. Pour plus de clarté, supposons qu'après avoir absorbé l'oxigène par le phosphore; le deutoxide d'azote par le sulfate de fer, et le protoxide d'azote par l'eau, l'on obtienne un résidu inflammable; supposons, de plus, que l'on fasse détonner 100 parties de ce résidu avec 50 d'oxigène dans l'eudiomètre à mercure, qu'il y ait une absorption de 60, qu'il ne disparaisse que 20 d'oxigène et qu'il ne se forme point d'acide carbonique, l'on conclura que le mélange contient de l'hydrogène, qu'il ne contient pas d'autre gaz inflammable, et qu'il en contient les $\frac{2}{5}$ de son volume.

Nous avons examiné précédemment (2038) le cas où il est mêlé à du gaz oxide de carbone et même au gaz hydrogène carboné.

2041. Les gaz de la première série étant reconnus, on s'occupera de reconnaître ceux de la seconde, c'est-à-dire, ceux qui sont susceptibles d'être absorbés par les alcalis. On les distinguera par les propriétés dont le mélange jouira et que nous allons exposer.

Lorsque le mélange contiendra :

1° De *l'hydrogène sulfuré*, il aura une odeur d'œufs pourris, ou du moins il noircira la dissolution d'acétate de plomb ;

2° Du *gaz hydriodique*, il deviendra violet par l'addition du gaz muriatique oxigéné, et laissera déposer de l'iode ;

3° De *l'ammoniaque*, son odeur sera vive, piquante; il verdira fortement le sirop de violettes, le papier de curcuma, et formera d'épais nuages avec les gaz acides ;

4° Du *gaz fluorique-silicé*, il laissera déposer des flocons gélatineux de fluate de silice dans son contact avec l'eau ;

5° Du *gaz muriatique oxigéné*, il aura ou pourra avoir une couleur d'un jaune verdâtre (*a*) ; il fera passer au jaune la teinture de tournesol ; il attaquera le mer-

(*a*) Je me sers de cette expression pour indiquer que le mélange ne sera d'un jaune-verdâtre qu'autant qu'il contiendra une quantité suffisante de gaz muriatique oxigéné.

cure à la température ordinaire, et donnera lieu à une poudre noire ou grise de muriate de mercure. En traitant ce muriate par une dissolution alcaline, il en résultera une liqueur qui, sur-saturée d'acide nitrique, formera, avec le nitrate d'argent, un précipité insoluble dans ce dernier acide et très-soluble dans l'ammoniaque ;

6° Du *gaz muriatique suroxigéné*, il aura ou pourra avoir, comme nous venons de dire, une couleur d'un jaune-verdâtre ; et si, après l'avoir mis en contact avec le mercure pour absorber le gaz muriatique oxigéné qui serait possible qu'il contînt, on le mêle à du gaz muriatique, il se reformera du gaz muriatique oxigéné, qu'on reconnaîtra de même que dans l'article précédent ;

7° De *l'acide nitreux*, il aura ou pourra avoir une couleur rougeâtre ; mêlé au gaz muriatique, et mis ensuite en contact avec le mercure, il se décolorera, et si alors on y fait passer du gaz oxigène, il deviendra plus ou moins rutilant. Dans cette expérience, le gaz muriatique transformera l'acide muriatique suroxigéné que le mélange pourra contenir en acide muriatique oxigéné ; le mercure absorbera celui-ci tout entier, et seulement une partie de l'acide nitreux ; l'autre sera décomposée en donnant lieu à du deutoxide d'azote, et c'est ce deutoxide d'azote qui, par la présence du gaz oxigène, reformera de la vapeur rouge, laquelle sera très-visible, parce qu'elle ne sera plus mêlée de vapeur d'un jaune-verdâtre ;

8° De *l'acide sulfureux*, il aura ou pourra avoir une odeur de soufre qui brûle ; et, mis en contact avec le borax, en fragment, il formera un composé qui, calciné jusqu'au rouge avec le charbon, acquerra une saveur d'œufs pourris;

9° De *l'acide fluo-borique*, il noircira promptement les petites bandes de papiers que l'on y plongera, et produira des vapeurs blanches dans son contact avec l'air. A la vérité, ce dernier phénomène peut être aussi produit par les acides muriatique, hydriodique, et fluorique-silicé.

2041 *bis*. Enfin, le mélange contiendra:

Du *gaz muriatique*, s'il communique à des fragmens de borax, la propriété de former avec la dissolution d'argent un précipité blanc, soluble dans l'ammoniaque et insoluble dans l'acide nitrique (*a*).

Du *gaz carbo-muriatique*, si, mêlé avec le gaz muriatique, et mis en contact avec le mercure et le borax, il donne lieu à un résidu au moins en partie soluble dans l'alcool; et si, lorsqu'on étend d'eau chaude la dissolution alcoolique, elle laisse dégager du gaz carbonique et acquiert la propriété de précipiter en blanc par le nitrate d'argent (*b*).

Du *gaz carbonique*, si, après l'avoir traité par le gaz muriatique, le mercure, le borax et l'alcool, comme

(*a*) En effet, le gaz muriatique est le seul que le borax puisse absorber, et qui ait la propriété de précipiter en blanc le nitrate d'argent. Ce sel n'a d'action ni sur le gaz muriatique oxigéné, ni sur le gaz muriatique suroxigéné, ni sur le gaz carbo-muriatique.

(*b*) Le gaz muriatique que l'on ajoute a pour objet de transformer en gaz muriatique oxigéné le gaz muriatique suroxigéné que le mélange pourrait contenir; le mercure, d'absorber tout le gaz muriatique oxigéné; le borax, d'absorber le gaz muriatique et les acides puissans; l'alcool, d'absorber le gaz carbo-muriatique.

nous venons de dire, on obtient un résidu qui forme avec l'eau de chaux ou de baryte, un précipité susceptible de faire effervescence avec le vinaigre (*a*).

Du *gaz hydrogène telluré*, si, mis en contact successivement avec le borax, l'alcool et l'acétate de plomb, il en résulte un résidu dont l'odeur soit analogue à celle de l'hydrogène sulfuré, si ce résidu se dissout en tout ou en partie dans l'eau alcaline, et si la dissolution, traitée par un excès d'acide muriatique oxigéné, acquiert la propriété de précipiter en blanc par les carbonates alcalins, et en noir par les hydrosulfures (*b*).

2042. *Analyse d'un mélange de deux Gaz compris :*

L'un, dans la série, oxigène, hydrogène, hydrogène carboné, hydrogène phosphoré, hydrogène arseniqué,

---

(*a*) *Voyez*, dans la note précédente, pourquoi l'on traite d'abord le mélange par le gaz muriatique, le mercure, le borax, l'alcool. Le traitement est si compliqué, parce que l'on suppose que le gaz carbonique est mêlé avec un grand nombre d'autres, et surtout avec le gaz carbo-muriatique, qui, par sa décomposition, peut produire de l'acide carbonique. Sans cela, l'on pourrait se contenter de traiter le mélange gazeux par l'ammoniaque liquide, de verser de l'eau de chaux ou du muriate de chaux dans la liqueur; et s'il s'y faisait un précipité, de l'éprouver par le vinaigre ou l'acide muriatique faible.

(*b*) Le gaz hydrogène telluré ne pouvant exister, ni avec le gaz muriatique oxigéné, ni avec le gaz muriatique suroxigéné, il est inutile de traiter le mélange par le gaz muriatique et le mercure (*voyez* la note (*b*) de la page précédente). On le traite par le borax pour absorber les acides puissans, par l'alcool pour absorber le gaz carbo-muriatique, et par l'acétate de plomb pour absorber l'hydrogène sulfuré.

oxide de carbone, azote, deutoxide et protoxide d'azote;

Et l'autre, dans la série, acides nitreux, sulfureux, muriatique, fluo-borique, hydriodique, fluorique-silicé, carbo-muriatique, muriatique oxigéné, muriatique suroxigéné, carbonique, hydrogène sulfuré, hydrogène telluré, ammoniaque.

2043. Tous les gaz de la première série étant insolubles dans les dissolutions de potasse et de soude, et tous ceux de la seconde y étant au contraire solubles, il sera toujours facile de faire l'analyse d'un mélange semblable. Ce sera d'en faire passer une certaine quantité, par exemple, 100 ou 200 parties dans un tube gradué plein de mercure, d'y introduire ensuite quelques parties de dissolution alcaline assez concentrée, et d'agiter le tube jusqu'à ce que l'absorption ne soit plus sensible : alors, en mesurant le résidu, on aura la quantité de gaz appartenant à la première série, et en la retranchant de la totalité du mélange, on aura la quantité de l'autre (*a*).

2044. *Analyse d'un mélange de deux Gaz compris dans la première série* (2042), *savoir :*

1° *De gaz oxigène et de gaz azote.*

Cette analyse se fait toujours en absorbant l'oxigène

(*a*) Si le gaz de la seconde série était l'ammoniac, ce ne serait que par l'eau que la dissolution alcaline agirait, de sorte qu'il vaudrait mieux n'employer que de l'eau pour la séparation des deux gaz.

et en laissant l'azote libre. A cet effet, on emploie l'hydrogène ou le phosphore.

L'analyse par l'hydrogène s'opère dans l'eudiomètre à mercure ou à eau, de même que celle de l'air atmosphérique (Description des Appareils, art. *Eudiomètre*, page 23). Ainsi, après avoir introduit le gaz dans l'eudiomètre, on excite l'étincelle à travers ; on mesure le résidu, et le retranchant de la totalité des gaz, on a le nombre des parties absorbées, lequel, divisé par 3, donne la quantité d'oxigène.

Supposons que le mélange de gaz oxigène et de gaz azote soit de........................ 110 } = 216
L'hydrogène de...... 106 }
Le résidu après l'étincelle de............... 96
L'absorption sera de......................... 120
L'oxigène de $\frac{120}{3}$ =......................... 40

Il faut toujours que l'hydrogène soit en excès par rapport à l'oxigène, et que le mélange total soit de nature à s'enflammer par l'étincelle. Si donc la quantité d'oxigène n'était point assez grande pour que l'inflammation eût lieu, on en ajouterait un certain nombre de parties dont on tiendrait compte, et dont on reconnaîtrait d'abord le degré de pureté.

Quant à l'analyse par le phosphore, nous n'avons rien à ajouter à ce que nous en avons dit (121).

2° *De gaz oxigène et de gaz hydrogène.*

Il suffira de faire détonner le mélange dans l'eudiomètre, de mesurer le résidu et d'en reconnaître la nature. En effet, si l'on opère sur 100 parties, si le résidu est de 19, et que ce résidu soit de l'hydrogène, les 81 parties absorbées seront formées de 54 d'hydrogène et de 27 d'oxigène (86), et par conséquent le mélange sera composé de 27 d'oxigène et de 73 d'hydrogène. Dans le cas où le mélange ne contiendrait point assez d'oxigène ou d'hydrogène pour s'enflammer par l'étincelle, il faudrait en ajouter une quantité convenable et en tenir compte.

On pourrait encore procéder à la séparation des gaz oxigène et hydrogène, en les mettant sur le mercure en contact avec le phosphore à la température ordinaire : seulement, pour rendre l'absorption de l'oxigène plus prompte, il serait nécessaire de les mêler avec le quart environ de leur volume de gaz azote, et d'humecter le mercure. L'expérience durerait plusieurs heures, et exigerait par conséquent que l'on appréciât les changemens de température et de pression qui pourraient survenir ; elle ne serait terminée qu'à l'époque où il ne se formerait plus de vapeurs, ou mieux, qu'à celle où le phosphore cesserait d'être lumineux dans l'obscurité.

3° *De gaz oxigène et de l'un des gaz suivans.*

Hydrogène carboné, hydrogène proto-phosphoré, hydrogène arseniqué, gaz oxide de carbone et protoxide d'azote.

C'est par le phosphore et l'intermède du gaz azote qu'on fait, comme nous venons de le dire, toutes ces analyses.

En indiquant ce moyen, nous supposons, ce qui n'est peut-être pas exact, que le phosphore ne décompose aucun de ces gaz.

4° *De gaz hydrogène carboné et de gaz oxide de carbone.*

Il faut d'abord déterminer la pesanteur spécifique du mélange ; ensuite on en fait passer une certaine quantité dans l'eudiomètre à mercure avec un excès de gaz oxigène, et après l'inflammation par l'étincelle, on mesure le résidu ; puis, absorbant le gaz carbonique par la potasse, l'on obtient un second résidu qui n'est que l'excès du gaz oxigène, et qui, retranché du premier, donne pour différence la quantité de gaz acide. Par ce moyen, l'on a toutes les données pour la solution du problème. Citons un exemple pour plus de clarté. Supposons :

Que la température soit à 0 et la pression à 0m.,76

Que la pesanteur spécifique du gaz soit de 0, 97845

Ou, ce qui est la même chose que son poids par litre soit de.................... 1gr.,27198

Que nous opérions sur 100 parties de ce gaz, et que ces 100 parties équivalent à 1 centilitre ou à.................... 0gr.,01272

Que la quantité de gaz oxigène employée soit de 300 parties, ou de 3 centilitres, ou bien de.................... 0gr.,04304

Que la quantité de gaz carbonique formé soit de 150 parties ou de.................... 0gr.,02963

Que l'excès de gaz oxigène soit de 125 parties, et que par conséquent il y en ait 175 d'absorbé ou.................... 0gr.,02511

Or, les 0gr.,02963 d'acide carbonique renfermeront tout le carbone contenu dans les 0gr.,01272 de gaz soumis à l'analyse, c'est-à-dire.................... 0gr.,00811

Donc ces 0gr.,01272 devront contenir, tant en hydrogène qu'en oxigène, 0gr.,0272 moins 0gr.,00811, ou bien....... 0gr.,00461

Mais si l'on observe que la quantité de gaz oxigène absorbé est de.............. 0gr.02511

Et que les 0gr.,02963 d'acide carbonique en renferment 0gr.,02152, il s'ensuivra que les 0gr.,00461 d'hydrogène et d'oxigène appartenant au gaz soumis à l'analyse, auront dû être convertis en eau par 0,gr.,02511 moins 0,gr.,02152, ou par............... 0gr.,00359

Il en sera résulté 0gr.,00461 plus 0gr.,00359 d'eau, c'est-à-dire...................... 0gr.,00820

Comme cette quantité d'eau est formée de 0gr.,00096 d'hydrogène et de 0gr.,00724 d'oxigène, les 0gr.,00461 d'hydrogène et d'oxigène appartenant au gaz soumis à l'analyse, le seront donc { d'hydrogène. }...... 0gr.,00096
{ d'oxigène.... }...... 0gr.,00365

Ainsi les quantités de carbone, d'oxigène et d'hydrogène, contenues dans le gaz, seront :

Carbone...................... 0gr.,00811
Oxigène...................... 0gr.,00365
Hydrogène.................... 0gr.,00096

Observant maintenant que le gaz oxide de carbone est formé de 57 d'oxigène et de 43 de carbone, l'on trouvera que les 0gr.,00365 d'oxigène doivent être unis à 0gr.,00275 de carbone, et par conséquent que la quantité restante de carbone ; savoir : 0gr.,00536 doit être unie à l'hydrogène.

5° *De gaz hydrogène carboné et de gaz hydrogène.*

Cette analyse se fait comme la précédente, (*Voyez*, au reste, ce qui a été dit à ce sujet (2038.)

6° *De gaz hydrogène carboné et de gaz azote.*

Cette analyse se fait encore comme celle du gaz hydrogène carboné et du gaz oxide de carbone (2044, art. 4°), si ce n'est que, après avoir absorbé le gaz carbonique par la potasse, il faut déterminer la quantité de gaz oxigène et de gaz azote qui composent le nouveau résidu.

Supposons que la quantité de gaz sur laquelle on opère soit de.......................... 100

Que la quantité de carbone soit de......... 64

Que la quantité d'azote soit de...... 25

La quantité d'hydrogène devra être de...... 11

Et c'est ce que l'on saura par l'absorption de l'oxigène. En effet, cette absorption devra être de 252,72; savoir : de 169,78 pour la combustion des 64 parties de carbone, et de 82,94 pour les 11 parties d'hydrogène.

7° *De gaz hydrogène carboné et de protoxide d'azote.*

Le protoxide d'azote étant soluble à peu près dans le double de son volume d'eau, à la température et à la pression ordinaires, et l'hydrogène carboné y étant insoluble, l'on peut se servir de ce liquide pour séparer ces gaz ; mais il faut en employer qui ne contienne point d'air (*a*).

(*a*) Cet air pourrait se dégager de l'eau au moment de la dissolution du protoxide, et augmenter la quantité apparente du gaz hydrogène carboné.

8° *De gaz hydrogène carboné et de deutoxide d'azote.*

On parviendrait sans doute à séparer ces deux gaz, en les agitant avec une dissolution de sulfate de fer qui absorbe le deutoxide d'azote, et qui est sans action sur le gaz hydrogène carboné ; ou bien, en les mettant en contact avec un mélange de potasse et de sulfite de potasse, lequel absorbe le deutoxide (611) de même que la dissolution ferrugineuse, et laisse libre l'hydrogène carboné.

9° *De gaz hydrogène et de gaz azote.*

L'analyse de ce mélange se fait dans l'eudiomètre, de même que celle d'un mélange d'oxigène et d'azote; seulement, au lieu d'un excès d'hydrogène, il faut ajouter un excès d'oxigène. Les deux tiers de l'absorption représentent la quantité d'hydrogène. (*Voyez* Descrip. des Appareils, art. *Eudiomètre*, page 23.)

10° *De gaz hydrogène et de gaz oxide de carbone.*

Comme celle du gaz hydrogène carboné et du gaz oxide de carbone (2044, art. 4°).

11° *De gaz hydrogène et de protoxide d'azote.*

Par l'eau, comme celle du gaz hydrogène carboné et du protoxide d'azote (2044, art. 7°).

12° *De gaz hydrogène et de deutoxide d'azote.*

Comme celle du deutoxide d'azote et du gaz hydrogène carboné, par les dissolutions de fer (2044, art. 8°).

13° *D'azote et d'oxide de carbone.*

Comme celle du gaz hydrogène carboné et de l'azote (2044, art. 6°).

Supposons que la quantité pondérale sur laquelle on opère soit de........................ 100

Que la quantité de carbone soit de........ 32,25

Que la quantité d'azote soit de........... 25

La quantité d'oxigène absorbé devra être de.................................. 42,70

Car 32,25 de carbone représente 75 de gaz oxide de carbone et 117,70 de gaz carbonique.

14° *D'azote et de protoxide d'azote.*

Par l'eau, comme celle du protoxide et du gaz hydrogène carboné (2044, art. 7°).

15° *D'azote et de deutoxide d'azote.*

Le meilleur moyen de séparer ces deux gaz est d'employer le gaz muriatique oxigéné. L'on fait passer 100 ou 200 parties du mélange dans un tube gradué plein d'eau : on y introduit ensuite un excès de gaz muriatique oxigéné; celui-ci convertit subitement le deutoxide en acide qui se dissout; de sorte qu'en absorbant l'excès du gaz muriatique oxigéné par la potasse, l'on obtient l'azote pour résidu ; retranchant ensuite la quantité d'azote de la totalité du mélange, l'on a pour différence la quantité de deutoxide.

16° *D'oxide de carbone et de protoxide d'azote.*

Par l'eau, comme celle du protoxide et de l'hydrogène carboné (2044, art. 7°).

17° *D'oxide de carbone et de deutoxide d'azote.*

Comme celle d'hydrogène carboné et de deutoxide, par les dissolutions de fer (2044, art. 8°).

18° *De protoxide d'azote et d'hydrogène arseniqué ou d'hydrogène phosphoré.*

Par l'eau, comme celle du gaz hydrogène carboné et du protoxide d'azote (2044, art. 7°).

2045. *Analyse d'un mélange de deux gaz appartenant à la deuxième série* (2042) ; *savoir :*

1° *De gaz carbonique et de l'un des gaz suivans : muriatique, hydriodique, fluo-borique, fluorique silicé.*

Que l'on fasse passer une certaine quantité de gaz carbonique et de l'un des quatre autres dans une éprouvette pleine de mercure, et que l'on y introduise ensuite une quantité d'eau égale à la 25ᵉ ou à la 30ᵉ partie du volume du mélange, il ne se dissoudra pas sensiblement d'acide carbonique, tandis qu'au contraire tout l'autre gaz se dissoudra promptement, pour peu qu'on agite l'éprouvette : leur séparation est donc facile à opérer.

2° *De gaz carbonique et de gaz sulfureux.*

On peut procéder à la séparation de ces deux gaz de même qu'à celle des précédens ; mais comme l'eau ne dissout à 0^{m},76 et à 20° que 37 fois son volume de gaz sulfureux, il vaut mieux la remplacer par quelques fragmens de borax du commerce, qui absorbe facilement tout cet acide, et qui est sans action sur le gaz carbonique. (Cluzel.)

3° *De gaz carbonique et de gaz muriatique oxigéné.*

Par le mercure, qui n'a aucune action sur le premier, et qui, à la température ordinaire, absorbe très-bien le second.

4° *De gaz carbonique et de gaz muriatique suroxigéné.*

Le meilleur moyen d'estimer la proportion de ces deux gaz est de les faire passer dans un tube plein de mercure, d'y introduire ensuite un excès de gaz muriatique pour ramener l'acide muriatique suroxigéné à l'état d'acide muriatique oxigéné, d'agiter le tube pour favoriser l'absorption de celui-ci, et de dissoudre ensuite l'excès d'acide muriatique par une très-petite quantité d'eau. Le résidu sera le gaz carbonique pur ; en le retranchant de la totalité du mélange, on aura la quantité de gaz muriatique suroxigéné.

5° *De gaz carbonique et de gaz hydrogène sulfuré.*

Comme celle du gaz carbonique et des acides muriatique, hydriodique, etc. (2045, art. 1°); seulement, au lieu d'eau, il faut employer une dissolution d'acétate de plomb. Cette dissolution absorbe et décompose tout l'hydrogène sulfuré, et laisse l'acide carbonique complétement libre.

6° *De gaz carbonique et de gaz hydrogène telluré.*

Par le gaz muriatique oxigéné, qui détruit l'hydrogène telluré, et dont l'excès peut être absorbé par le mercure, sur lequel l'expérience doit être faite.

7° *De gaz carbonique et de gaz carbo-muriatique.*

Par l'alcool, qui dissout celui-ci et est sans action sur l'autre.

8° *De gaz hydrogène sulfuré et de l'un des gaz suivans : muriatique, hydriodique, fluo-borique et fluorique silicé.*

La séparation peut en être faite par l'eau comme celle du gaz carbonique et des quatre autres (2045, art. 1°) ; mais comme l'eau chargée de ceux-ci dissout une quantité sensible d'hydrogène sulfuré, il vaut mieux se servir de borax et opérer de même que nous l'avons dit au sujet de l'analyse du mélange de gaz carbonique et de gaz sulfureux (2045, art. 2°).

9° *De gaz hydrogène telluré et de l'un des quatre derniers gaz de l'article précédent.*

Comme celle de l'hydrogène sulfuré et de ces mêmes gaz.

10° *De gaz sulfureux et de gaz muriatique.*

C'est en dissolvant ces gaz dans l'eau et versant de l'eau de baryte dans la dissolution, qu'on parvient à les séparer facilement. Il en résulte du sulfite de baryte qui se précipite, qu'on lave, et que l'on fait sécher (*a*), et du muriate de baryte qui reste dans la liqueur. Les eaux de lavage étant réunies à celle-ci, l'on y verse d'abord de l'acide nitrique pur pour saturer l'excès de ba-

(*a*) La dessication doit être faite dans le vide, pour éviter l'absorption d'oxigène.

ryte, et ensuite du nitrate d'argent, qui décompose le muriate de baryte, et donne lieu à du muriate d'argent. Le poids de ce muriate, bien lavé et desséché, donne celui de l'acide muriatique réel, et par conséquent le poids et le volume de l'acide gazeux; il en est de même du sulfite de baryte relativement au gaz sulfureux.

11° *De gaz sulfureux et de gaz fluo-borique.*

Faites passer ces gaz dans un tube plein de mercure, et introduisez-y environ la 200e partie de leur volume d'eau; celle-ci dissoudra tout l'acide fluo-borique, et n'agira pas sensiblement sur l'acide sulfureux, surtout si l'expérience se fait à la température de 25° à 30° : on déterminera donc aisément la proportion de l'un et de l'autre.

12° *De gaz sulfureux et de gaz fluorique silicé.*

Après avoir dissous ces gaz dans l'eau, l'on y versera successivement de l'acide muriatique oxigéné liquide, de la potasse pure en dissolution, de l'acide nitrique et du nitrate de baryte. L'acide muriatique oxigéné a pour objet de transformer l'acide sulfureux en acide sulfurique; la potasse, de précipiter le fluate acide de silice qui reste dans la liqueur (1064); l'acide nitrique, de saturer l'excès de potasse; et le nitrate de baryte, de former, avec l'acide sulfurique, un sulfate insoluble. Il faut filtrer la liqueur et laver le filtre, après l'addition de la potasse et après celle du nitrate de baryte. Le sulfate de cette base, calciné, donne, par son poids, celui de l'acide sulfurique; d'où l'on conclut celui de l'acide sulfureux et son volume. 100 de sulfate représentent en poids 27,65 d'acide sulfureux.

Il serait peut-être possible de faire cette analyse, ainsi que la précédente, par le moyen du peroxide de manganèse. Ce peroxide, qui absorbe peu à peu le gaz sulfureux, est, je crois, sans action sur le gaz fluorique silicé et sur le gaz fluo-borique.

13° *De gaz muriatique et de gaz muriatique oxigéné.*

Par le mercure, qui absorbe celui-ci, et qui est sans action sur le premier.

14° *De gaz muriatique et de gaz hydrogène telluré.*

Par l'eau, qui ne dissout que très-peu d'hydrogène telluré, et qui dissout à $0^{m.},76$ et à 20°, 464 fois son volume de gaz muriatique.

15° *De gaz muriatique et de gaz fluorique silicé.*

L'un des meilleurs moyens de faire cette analyse serait probablement de dissoudre ces gaz dans l'eau, et de verser un excès d'eau de baryte dans la dissolution; il en résulterait un fluate insoluble et un muriate soluble: par la filtration, on séparerait ces deux sels, et versant alors dans la liqueur réunie aux eaux de lavage, d'abord de l'acide nitrique pour saturer l'excès de baryte, puis du nitrate d'argent, l'on obtiendrait du muriate d'argent dont le poids donnerait celui de l'acide muriatique.

Il est probable qu'on parviendrait aussi à faire, par le même procédé, l'analyse d'un mélange de gaz muriatique et de gaz fluo-borique.

16° *De gaz muriatique oxigéné et de l'un des gaz suivans : Gaz muriatique suroxigéné, gaz fluorique silicé, gaz fluo-borique, gaz carbo-muriatique, gaz carbonique, gaz sulfureux.*

Par le mercure, qui absorbe le premier, et qui n'a aucune action sur les autres.

2046. *Analyse d'un mélange de trois gaz : l'un absorbable par une dissolution de potasse caustique, et les deux autres non absorbables par cette dissolution.*

Le mélange étant reçu dans une éprouvette pleine de mercure, l'on y fait passer un peu de dissolution alcaline ; lorsque tout le gaz acide est absorbé, l'on mesure le résidu, et l'on sépare les deux gaz qui se forment, par les procédés que nous avons exposés précédemment (2044).

L'on traiterait encore le mélange par une dissolution alcaline, quand bien même il serait composé d'un seul gaz non absorbable et de deux gaz absorbables. Par ce moyen, l'on séparerait le gaz non absorbable. Après quoi, l'on déterminerait la quantité des deux autres gaz par des méthodes variables en raison de la nature de ces gaz. Plusieurs des analyses suivantes pourront servir d'exemple.

2047. *Analyse d'un mélange de cinq gaz non absorbables par la potasse ; savoir : d'oxigène, d'azote, d'hydrogène, d'hydrogène carboné, d'oxide de carbone.*

Après avoir noté la pression et la température, l'on fera passer 100 à 200 parties du mélange dans un tube gradué plein de mercure, puis l'on y introduira un peu d'eau et un cylindre de phosphore. Lorsque, l'appareil étant porté dans l'obscurité, le phosphore ne sera plus lumineux, l'on jugera que tout l'oxigène est absorbé. Mesurant alors le résidu et le retranchant de la totalité du gaz soumis à l'analyse, l'on aura la quantité d'oxigène, en tenant compte toutefois des changemens qu'aura pu éprouver, soit le baromètre, soit le thermomètre.

Cette première opération faite, l'on se procurera une assez grande quantité des quatre autres gaz pour pouvoir prendre leur pesanteur spécifique, et on les traitera dans l'eudiomètre à mercure de la même manière que nous l'avons exposé en parlant de l'analyse d'un mélange de gaz hydrogène carboné et de gaz oxide de carbone (2044, art. 4°), en ayant soin d'ailleurs de tenir compte de la quantité d'azote, comme il a été dit (2044, art. 6°, ou 2038).

2048. *Analyse d'un mélange de quatre gaz absorbables par une dissolution de potasse; savoir: de gaz carbonique, de gaz muriatique oxigéné, de gaz muriatique, de gaz fluo-borique.*

L'on mettra d'abord le mélange en contact avec le mercure, à la température ordinaire, pour absorber le gaz muriatique oxigéné. Lorsque l'absorption sera terminée, ce qui aura lieu en moins d'un quart-d'heure, surtout en la favorisant par l'agitation, l'on fera passer 200 à 300 parties du résidu dans un nouveau tube plein de mercure comme le premier (*a*), et l'on y introduira

(*a*) Sans cette précaution, on dissoudrait peut-être un peu de ensuite quelques parties d'eau qui dissoudra l'acide muriatique et l'acide fluo-borique, et laissera l'acide carbonique libre. Puis l'on déterminera les quantités d'acide muriatique et d'acide fluo-borique comme nous l'avons exposé précédemment (2045, art. 15°).

2049. *Analyse d'un mélange de quatre autres gaz absorbables par une dissolution de potasse; savoir: de gaz carbonique, d'hydrogène sulfuré, d'acide muriatique et d'acide fluo-borique.*

Après avoir mesuré 200 à 300 parties de gaz, on les introduira dans une éprouvette pleine de mercure avec des fragmens de borax. Celui-ci n'absorbera que les acides muriatique et fluo-borique; de sorte que l'acide carbonique et l'hydrogène sulfuré, restant libres, pourront être séparés par le procédé que nous avons décrit (2045, art. 5°).

Les quantités d'hydrogène sulfuré et d'acide carbonique étant déterminées, il faudra rechercher celles d'acide muriatique et d'acide fluo-borique; à cet effet, l'on mesurera une nouvelle quantité de gaz qui devra être de 400 à 500 parties au moins, et on la fera passer dans une éprouvette sur le bain à mercure avec 15 à 20 parties d'eau; cette eau dissoudra l'acide muriatique et l'acide fluo-borique, que l'on séparera, comme nous avons dit (2045, art. 15°).

---

deuto-muriate de mercure, au moment où le traitement par l'eau se ferait: ce muriate empêcherait de déterminer avec précision la quantité d'acide.

2050. *Analyse d'un mélange de gaz absorbables et de gaz non absorbables par une dissolution de potasse ; savoir : d'azote, de protoxide d'azote, de deutoxide d'azote et d'acide carbonique* (a).

Faites passer d'abord 100 ou 200 parties de gaz dans un tube plein de mercure, et ensuite quelques parties de dissolution de potasse ; vous n'absorberez que le gaz carbonique. La quantité de ce gaz étant connue, déterminez celle du deutoxide : à cet effet, mesurez une nouvelle quantité de gaz, et introduisez successivement dans le tube quelques parties d'eau, un petit excès de gaz muriatique oxigéné et quelques petits fragmens d'hydrate de potasse, vous convertirez le deutoxide en acide qui se dissoudra, et vous absorberez tout à la fois l'acide carbonique et l'excès de gaz muriatique oxigéné ; en sorte que, retranchant de l'absorption totale le volume de l'acide carbonique qui vous est connu, vous aurez celui du deutoxide d'azote : après quoi vous séparerez le protoxide d'azote de l'azote par l'eau purgée d'air, à la manière ordinaire (2044, art. 14°).

2° *Des gaz précédens et d'hydrogène sulfuré.*

Cette analyse se fait à peu près comme la précédente. Vous mettrez d'abord une certaine quantité de gaz en contact avec quelques parties de dissolution d'acétate acide de plomb pour absorber l'hydrogène sulfuré. Le résidu étant mesuré, vous l'agiterez avec un

---

(a) C'est un mélange de ce genre que l'on obtient en traitant les matières végétales et animales par l'acide nitrique.

peu de potasse pour absorber l'acide carbonique. Du reste, il faudra faire toutes les opérations dont nous venons de parler, en ayant soin de retrancher de l'absorption qu'occasionnera le gaz muriatique oxigéné, etc., non-seulement le volume de l'acide carbonique, mais encore celui de l'hydrogène sulfuré.

3° *D'azote, de protoxide d'azote, de deutoxide d'azote, d'hydrogène, d'hydrogène carboné, d'oxide de carbone, d'acide carbonique, d'hydrogène sulfuré, d'acide muriatique.*

Les gaz étant introduits dans une éprouvette pleine de mercure, on en absorbera le gaz muriatique par quelques fragmens de borax; puis, après avoir fait passer le résidu dans un tube gradué, on le traitera successivement comme nous venons de le dire dans l'analyse précédente, par une dissolution d'acétate acide de plomb et par une dissolution de potasse qui feront connaître: la première, la quantité d'hydrogène sulfuré; et la seconde, la quantité d'acide carbonique. C'est aussi par un procédé entièrement semblable à celui dont nous avons fait usage dans cette même analyse, qu'il faut déterminer la quantité de deutoxide d'azote. Quant à la détermination des quantités d'azote, d'hydrogène, d'hydrogène carboné, d'oxide de carbone, pour la faire, l'on se procurera d'abord une assez grande quantité de ces gaz, en mettant le mélange total en contact avec l'eau, le gaz muriatique oxigéné et la potasse; après quoi l'on procédera à leur séparation par la méthode qui a déjà été décrite (2047).

SECTION III.

Analyse des Gaz composés.

2051. Ce genre d'analyse, si peu avancé autrefois, a été porté tout à coup à son plus haut degré de perfection, pour ainsi dire, par la belle loi que M. Gay-Lussac a découverte; savoir : que les corps supposés à l'état de gaz se combinent toujours en volume dans des rapports très-simples. En effet, l'on peut corriger maintenant, par le calcul, les petites erreurs dues à l'expérience, et obtenir des résultats d'une très-grande exactitude.

On compte aujourd'hui dix-neuf gaz composés : l'hydrogène carboné, l'hydrogène phosphoré, l'hydrogène arseniqué, l'oxide de carbone, le protoxide d'azote, l'acide carbonique, l'acide muriatique suroxigéné, l'acide carbo-muriatique, l'hydrogène sulfuré, l'ammoniac, le deutoxide d'azote, l'acide nitreux, l'acide hydriodique, le gaz sulfureux, l'hydrogène telluré, le gaz fluorique silicé, le gaz fluo-borique, le gaz muriatique oxigéné et le gaz muriatique.

Déjà nous avons décrit, dans l'histoire des gaz, la manière de déterminer la proportion des principes constituans des dix premiers; il ne nous reste donc plus qu'à exposer, autant que possible, la manière de déterminer celle des neuf autres.

Deutoxide d'azote. — C'est en chauffant le deutoxide d'azote avec différens corps combustibles, et particulièrement le sulfure de baryte, qu'on en fait l'analyse. L'expérience s'exécute commodément dans une petite cloche courbe pleine de mercure. Après avoir rempli la cloche de mercure, et avoir chassé les petites bulles d'air adhérentes à ses parois, en y faisant passer du deutoxide et le rejetant, on y introduit la quantité de ce gaz qu'on veut analyser, par exemple 200 parties; l'on porte ensuite quelques petits fragmens de sulfure de baryte dans la partie courbe de la cloche avec une tige de fer, puis l'on chauffe le sulfure à la lampe à esprit-de-vin : bientôt le deutoxide se décompose; son oxigène s'unit au sulfure, et son azote devient libre. En mesurant celui-ci, l'on trouve qu'il occupe un volume précisément égal à la moitié de celui du deutoxide. Or, comme la pesanteur spécifique de l'azote est de 0,96913, que celle de l'oxigène est de 1,10359, et que celle du deutoxide est de 1,03636, il en résulte que le deutoxide doit être composé de parties égales en volume de gaz azote et de gaz oxigène, et que ces gaz, en se combinant, n'éprouvent pas de contraction (Gay-Lussac).

On parviendrait, sans doute, par le même procédé, à analyser le protoxide d'azote qui est formé d'un volume d'azote et d'un demi-volume d'oxigène, et dans lequel la contraction des élémens est égale au tiers de leur volume.

Acide nitreux. — Nous avons annoncé, d'après M. Gay-Lussac, que le gaz acide nitreux était formé de 3 volumes de deutoxide d'azote et de 1 volume de gaz oxigène : tels sont en effet les résultats auxquels on parvient en mettant les gaz en contact avec l'eau seule (314); mais si, au lieu d'eau, l'on se sert d'une dissolution de potasse concentrée, l'on trouvera, d'après de nouvelles expériences du même chimiste, que 1 volume d'oxigène absorbera 4 volumes de deutoxide. Il s'ensuivrait donc que l'acide nitreux contiendrait 4 volumes d'azote et 5 volumes d'oxigène. L'expérience se fait sur le mercure (*a*).

Gaz hydriodique. — Le mercure est un des réactifs que l'on doit employer de préférence pour estimer la proportion des principes constituans de l'acide hydriodique. Que l'on remplisse un flacon de cet acide par la méthode que nous avons décrite (1er volume, page 179); qu'on le débouche ensuite dans un bain de mercure et qu'on l'y agite doucement, tout l'acide sera bientôt décomposé, et il en résultera une iodure solide et un volume d'hydrogène égal à la moitié du volume du gaz acide. Or, comme la pesanteur spécifique de ce gaz est de 4,4288, et que celle de la vapeur d'iode est de 8,619, il est donc formé en poids de 100 d'iode et de 0,849 d'hydrogène, et en volume de 1 d'hydrogène, et de 1 de vapeur d'iode, dans l'état de condensation qui leur est naturel.

Il paraîtra peut-être d'abord extraordinaire de voir que l'acide hydriodique ne contienne pas 1 centième de son poids d'hydrogène; mais si l'on observe que c'est principalement d'après les volumes de leurs vapeurs que les corps se combinent, l'on trouvera ce résultat tout simple. (Gay-Lussac).

Acide sulfureux. — Il existe deux moyens prin-

(*a*) M. Gay-Lussac pense aussi que l'acide nitrique résulte non pas de 2 volumes de deutoxide et de 1 volume d'oxigène, mais de 4 volumes de deutoxide et de 3 volumes d'oxigène. et que par conséquent il est composé de 1 volume d'azote et de 2 volumes et demi d'oxigène.

cipaux de savoir combien l'acide sulfureux contient de soufre et d'oxigène : l'un est de brûler complètement une petite quantité de soufre dans le gaz oxigêne, et d'estimer la quantité de gaz sulfureux qui se forme, et celle d'oxigène qui disparaît; l'autre est de convertir, par l'acide nitrique, cinq à six grammes de soufre en acide sulfurique, de précipiter celui-ci par le nitrate de baryte, de recueillir le sulfate, de le laver, le sécher et le calciner. Le poids de ce sulfate donne la quantité d'acide sulfurique formé; et, comme on sait que cet acide résulte de 1 volume de gaz oxigène et de 2 volumes de gaz sulfureux, il est facile, d'après la pesanteur spécifique de ces gaz, d'en conclure la proportion des principes constituans de celui-ci.

La première expérience se fait dans une petite cloche courbe sur le mercure, en ayant égard aux précautions que nous avons indiquées (103). Lorsque la combustion est terminée et la cloche refroidie, on mesure le gaz, qui se trouve être un mélange d'acide sulfureux et d'oxigène, et l'on y fait passer de l'eau ou de la dissolution de potasse, qui absorbe l'acide et laisse l'excès d'oxigène, intact. On peut donc connaître ainsi la quantité d'oxigène qui s'unit au soufre, la quantité de gaz sulfureux formé, et par conséquent sa composition (*a*).

(*a*) Cependant, comme 100 parties de gaz oxigène ne donnent lieu tout au plus qu'à 95 parties de gaz sulfureux, cette expérience n'est peut-être pas sans objections; car comme les corps en vapeur se combinent en rapport simple, il semble que les 100 parties d'oxigène devraient donner 100 de gaz sulfureux : si elles n'en donnent que 95, c'est peut-être parce que le soufre contient un peu

La seconde expérience se fait dans une cornue; l'on y introduit le soufre avec un grand excès d'acide nitrique pur ; l'on fait rendre ensuite le col de la cornue dans un ballon, et l'on chauffe doucement l'acide jusqu'à ce que le soufre ait disparu, ce qui exige beaucoup de temps. Il ne se volatilise aucune portion d'acide sulfurique : cet acide reste en entier dans la cornue; c'est de là qu'il est retiré pour être mêlé au nitrate de baryte, etc.

Gaz fluorique silicé. — L'analyse du gaz fluorique silicé n'a point encore été tentée; on pourrait la faire en dissolvant dans l'eau 1 à 2 litres de ce gaz, versant un excès de sous-carbonate de soude dans la liqueur, la portant à l'ébullition et la filtrant. Toute la silice dépouillée d'acide resterait sur le filtre; séchée et calcinée, on en prendrait le poids; et le retranchant du poids du gaz, l'on aurait celui de l'acide.

Gaz hydrogène telluré. — Il en est du gaz hydrogène telluré comme du précédent : il n'a point été analysé. Il suffirait, je pense, pour en faire l'analyse, de le chauffer à la lampe, avec de l'étain ou du potassium, dans une cloche courbe sur le mercure : ces métaux s'empareraient du tellure et mettraient l'hydrogène en liberté. L'on pourrait peut-être encore se servir du soufre; il se ferait alors du sulfure de tellure et du gaz hydrogène sulfuré qui, comme on sait, contient son volume d'hydrogène. Dans tous les

---

d'hydrogène. A la vérité, M. Gay-Lussac a obtenu de semblables résultats, même en se servant de cinnabre ou sulfure de mercure, au lieu de soufre; mais il serait possible qu'en se combinant aux métaux, le soufre retînt son hydrogène.

cas, on procéderait à cette analyse comme à celle du gaz hydrogène sulfuré par l'étain (178).

Gaz fluo-borique. — Il n'y a point encore de procédé connu qui permette de déterminer la proportion des principes constituans de ce gaz.

Gaz muriatique oxigéné. — Le gaz muriatique oxigéné, en se combinant avec les métaux, donne lieu à des muriates neutres. Or, 107,60 d'oxide d'argent contiennent 7,60 d'oxigène, et absorbent 26,4 d'acide muriatique pour passer à l'état de muriate neutre (*a*) ; par conséquent, 348 de ce dernier acide supposé sec et 100 d'oxigène forment ce gaz; mais la pesanseur spécifique de l'oxigène est de 1,1034, et celle du gaz muriatique oxigéné de 2,47; donc celui-ci contient la moitié de son volume d'oxigène (*b*).

Gaz hydro-muriatique. — Si l'on considère que 1 volume d'hydrogène et 1 volume de gaz muriatique oxigéné forment, en s'unissant, 2 volumes de gaz hydro-muriatique (436); que la quantité d'oxigène combiné avec l'acide muriatique dans le gaz muriatique oxigéné représente la moitié du volume de celui-ci, il sera facile de voir que le gaz hydro-muriatique résulte en poids sensiblement de 75 d'acide muriatique et de 25 d'hydrogène et d'oxigène dans les proportions nécessaires pour faire l'eau, et de concevoir pourquoi il perd le quart de son poids dans les com-

---

(*a*) Au lieu de 26,4, nous n'avons trouvé, avec M. Gay-Lussac, que 25,71 ; mais cette quantité est un peu trop faible, ou celle de l'oxigène de l'oxide est un peu trop forte.

(*b*) Nous raisonnons ici, comme on voit, dans l'hypothèse qui consiste à regarder le gaz muriatique oxigéné comme un corps composé.

binaisons qu'il contracte avec les bases salifiables ; c'est que l'oxigène et l'hydrogène s'en dégagent sous forme de vapeur aqueuse : aussi, lorsqu'on fait passer du gaz hydro-muriatique dans un tube de verre contenant de la litharge et élevé à la température de 80° à 100°, voit-on l'eau ruisseler sur les parois du tube (*a*).

CHAPITRE III.

De l'Analyse des Corps combustibles.

SECTION PREMIÈRE.

Un corps combustible non métallique étant donné, comment en reconnaître la nature?

2052. Nous ne connaissons que sept corps combustibles simples non métalliques (*b*) : l'hydrogène, le bore, le carbone, le phosphore, le soufre, l'iode et l'azote.

En parlant des gaz, nous avons dit comment on pouvait reconnaître l'hydrogène et l'azote : nous allons exposer les caractères des cinq autres.

Le bore est solide, insipide, inodore, brun-verdâtre, pulvérulent, infusible, fixe, sans action sur le gaz oxi-

---

(*a*) Nous raisonnons encore ici, comme on voit, dans l'hypothèse qui consiste à regarder le gaz muriatique oxigéné comme un corps composé.

(*b*) Dans l'hypothèse de la composition du gaz muriatique oxigéné.

gène à la température ordinaire, susceptible d'absorber ce gaz à une température élevée et de s'acidifier en donnant lieu à un dégagement de calorique et de lumière, capable, enfin, de décomposer l'acide nitrique à l'aide d'un peu de chaleur et de se transformer tout entier en acide borique, qu'on peut obtenir pur par l'évaporation de la liqueur, et qui jouit de propriétés très-remarquables. (*Voyez* plus loin 2119.)

Le carbone est, comme le bore, solide, insipide, inodore, pulvérulent, infusible, fixe; mais il est noir le plus souvent; et, lorsqu'on le chauffe avec le contact de l'air ou du gaz oxigène, il brûle, se vaporise tout entier et forme un acide gazeux, contenant son volume d'oxigène (347), et facile, d'ailleurs, à distinguer de tous les autres gaz (2030).

La propriété d'être ductile, presqu'aussi facile à couper que la cire, plus ou moins transparent, fusible à environ 40°, lumineux dans l'obscurité; celle de répandre des vapeurs blanches dans l'air à la température ordinaire, d'en absorber l'oxigène et de donner lieu à de l'acide phosphoreux; celle, enfin, de s'enflammer vivement par le contact d'un corps en combustion, feront toujours reconnaître aisément le phosphore.

Les caractères du soufre sont tout aussi tranchés: c'est un corps solide, insipide, jaune, fusible à 170°, volatil, susceptible de brûler avec une flamme bleue, et de se convertir tout entier en gaz sulfureux dont l'odeur est très-remarquable.

Ceux de l'iode le sont plus encore: son aspect est métallique; sa couleur, bleuâtre; son odeur, analogue à celle du gaz muriatique oxigéné; chauffé peu à peu dans un matras, il fond, se réduit en vapeurs violettes, et vient se rassembler à la partie supérieure du vase en lames brillantes; mis en contact avec une dissolution de potasse, il disparaît et donne lieu à de l'iodate de potasse qui se précipite, et à de l'hydriodate de potasse qui reste dans la liqueur, et dont l'on peut précipiter l'iode par une solution de gaz muriatique oxigéné.

2052 *bis.* D'après l'ordre que nous avons adopté, nous devrions maintenant nous occuper des questions suivantes :

1° Un mélange de corps combustibles non métalliques étant donné, reconnaître ceux qui entrent dans sa composition.

2° Déterminer la proportion des principes d'un mélange de corps combustibles non métalliques.

3° Enfin déterminer la proportion des principes des divers composés combustibles non métalliques.

Mais comme nous avons déjà donné la solution de plusieurs des problêmes compris dans ces questions; que nous croyons que le lecteur trouvera facilement celles des autres, après la lecture de ce traité, et que, d'ailleurs, on en a rarement besoin, nous ne les examinerons pas.

SECTION II.

Un métal étant donné, comment en reconnaître la nature?

2053. Supposons d'abord que, mis en contact avec l'eau à la température ordinaire, le métal la décompose subitement et donne lieu à une effervescence plus ou moins considérable ; il appartiendra à la seconde section : alors, pour déterminer la nature de ce métal, il faudra saturer la liqueur par l'acide muriatique, la concentrer et la soumettre à diverses épreuves; ce sera :

Du Potassium, si elle n'est pas troublée par les dissolutions de sous-carbonate de potasse ou de soude ; et si elle l'est, au contraire, par celle de platine.

Du Barium, si elle est troublée par la dissolution de sous-carbonate de potasse ou de soude ; si, lorsqu'elle est étendue, même d'une très-grande quantité d'eau, l'acide sulfurique y forme un précipité blanc, insoluble dans un excès d'acide ; enfin, si, portée jusqu'à un certain point de concentration, elle laisse déposer, par le refroidissement, des cristaux en lames carrées, sur lesquels l'alcool est sans action.

Du Strontium, si elle est troublée, comme la précédente, par la dissolution de sous-carbonate de potasse ou de soude ; si, étendue d'une grande quantité d'eau, l'acide sulfurique n'y forme pas de précipité ; et si, portée jusqu'à un certain point de concentration, elle laisse déposer, par le refroidissement, des cristaux en aiguilles non déliquescens, solubles dans l'alcool, et communiquant à celui-ci la propriété de brûler avec une flamme purpurine.

Du Calcium, si elle est troublée, comme les deux précédentes, par la dissolution de sous-carbonate de potasse ou de soude ; si, étendue d'eau, l'acide sulfurique n'y forme pas de précipité ; si, au contraire, l'acide oxalique y en forme un ; si elle ne cristallise que difficilement ; et si le résidu qu'elle fournit par l'évaporation est déliquescent et soluble dans l'alcool.

2054. Supposons, en second lieu, que le métal soit sans action sur l'eau à la température ordinaire, mais qu'à cette température il soit susceptible de se dissoudre dans l'acide sulfurique faible avec dégagement de gaz hydrogène, ce sera ou du manganèse, ou du zinc, ou du fer.

Du Fer, si la dissolution métallique, mêlée à celle de potasse, de soude, ou d'ammoniaque, laisse déposer un oxide blanc ou d'un blanc-verdâtre qui, par le contact de l'air, passe promptement au vert foncé, puis au jaune-rougeâtre; et si, après y avoir ajouté un petit excès d'acide muriatique oxigéné, elle acquiert la propriété de former un précipité bleu avec le prussiate de potasse ferrugineux, et noir avec l'infusion de noix de galles.

Du Zinc, si la dissolution de potasse, de soude, d'ammoniaque produit, dans la dissolution métallique, un précipité blanc qui ne change point de couleur par le contact de l'air, et qui soit susceptible de se dissoudre dans un excès d'alcali, et si les dissolutions de prussiate de potasse et d'hydrosulfure de potasse y produisent aussi des précipités sensiblement blancs.

Du Manganèse, si la dissolution de potasse, de soude produit, dans la dissolution métallique, un précipité blanc, insoluble dans un excès d'alcali, et susceptible de se colorer en brun-marron par le contact de l'air; si les dissolutions de prussiates alcalins ferrugineux et d'hydrosulfures de ces bases y produisent aussi des précipités blancs ou tirant sur le blanc; enfin, si, en desséchant l'oxide qu'en séparent les dissolutions alcalines, le mêlant avec 5 à 6 fois son poids de sous-carbonate de potasse et exposant le mélange à l'action d'une chaleur rouge pendant 15 à 20 minutes, l'on obtient une masse verte, jouissant de toutes les propriétés du caméléon minéral (905).

2055. Supposons maintenant que le métal soit sans action sur l'eau ou sur l'acide sulfurique étendu d'eau, à la température ordinaire, mais qu'il soit susceptible d'être attaqué par l'acide nitrique à cette température, ou du moins à l'aide de la chaleur, il fera partie de la série suivante : étain, antimoine, molybdène, arsenic, cobalt, urane, cuivre, nickel, palladium, mercure, bismuth, tellure, plomb, argent.

Le cobalt, l'urane, le cuivre, le nickel et le palladium étant les seuls de ces quatorze métaux qui, en se dissolvant dans l'acide nitrique, le colorent, ne pourront être confondus par cela même qu'entre eux : on les reconnaîtra aux propriétés dont jouira la liqueur. Le métal sera :

Du Cobalt, si la liqueur est d'un rouge-violet; si elle forme un précipité d'un bleu-violet avec les alcalis, vert avec les prussiates alcalins, noir avec les hydrosulfures alcalins, et surtout si l'oxide qu'en séparent les alcalis est susceptible, à une chaleur rouge, de colorer une grande quantité de borax et de donner lieu à un verre bleu.

Du Palladium, si elle est rouge; si le proto-sulfate de fer en réduit subitement le métal; si le muriate d'étain y forme un précipité noir, et le prussiate de potasse un précipité qui soit olive; enfin, si en l'évaporant à siccité, et si en exposant le résidu à la chaleur rouge, on parvient, non-seulement à décomposer le nitrate, mais encore l'oxide.

Du Cuivre, si elle est bleue ou d'un bleu-verdâtre; si elle forme, avec la potasse et la soude, un précipité bleu insoluble dans un excès d'alcali; avec l'ammoniaque, un précipité d'un blanc-bleuâtre qu'un excès d'ammoniaque redissout tout de suite en communiquant à la dissolution une couleur d'un bleu céleste; avec le prussiate de potasse, un précipité cramoisi; enfin, si en y plongeant une lame de fer, celle-ci se recouvre presqu'à l'instant même d'une couche de couleur de cuivre.

Du Nickel, si elle est d'un vert de pré; si la potasse et la soude en précipitent un oxide d'un vert tendre; si l'ammoniaque en rend la couleur d'un bleu-violacé; si le prussiate de potasse y produit un précipité vert-pomme, l'hydrosulfure de potasse un précipité noir, et si une lame de fer n'en réduit point le métal.

De l'Urane, si elle est jaune ou jaunâtre; si, par une évaporation et un refroidissement convenables, il s'en sépare des cristaux d'un jaune-citron; si la potasse, la soude, l'ammoniaque y produisent un précipité d'un jaune-pâle, insoluble dans un excès d'alcali; le prussiate de potasse, un précipité couleur de sang; les hydrosulfures alcalins, un précipité brun; enfin, si le fer n'en réduit point l'oxide.

2055 *bis*. *Le Mercure*, en raison de sa fluidité et de la propriété qu'il a de bouillir et de se volatiliser sans s'oxider au-dessous de la chaleur rouge, est toujours facile à distinguer.

Les caractères de l'*arsenic* ne sont pas moins saillans; soumis, dans une cornue, à l'action d'une chaleur rouge, il se volatilise tout entier et se condense dans le col sous forme de cristaux; projeté dans un têt ou sur des charbons incandescens, il absorbe l'oxigène et passe à l'état de deutoxide, qui s'exhale en vapeurs blanches, en répandant une très-forte odeur d'ail; chauffé avec de l'acide nitrique faible, il se dissout, donne lieu à une liqueur qui laisse déposer des cristaux blancs par le refroidissement, qui précipite en jaune par l'hydrogène sulfuré, et qui, saturée de potasse de manière à former non-seulement un nitrate, mais encore un arsenite, précipite en vert par une dissolution de deuto-sulfate de cuivre.

2056. L'étain, l'antimoine, le molybdène se distinguent de tous les autres, parce que l'acide nitrique concentré les attaque sans pouvoir les dissoudre, et qu'il les convertit en une poudre blanche ou d'un blanc-jaunâtre, insoluble dans cet acide; ils sont caractérisés d'ailleurs :

Le Molybdène, parce qu'il est infusible ou très-difficile à fondre; que la poudre dans laquelle il est converti par l'acide nitrique est sensiblement soluble dans l'eau; que la dissolution de cette poudre rougit le tournesol et devient bleue en peu de temps par le contact d'une lame de zinc ou d'étain; enfin, que cette même poudre s'unit facilement aux alcalis, qu'elle les sature et qu'elle forme des sels dont elle est séparée par les acides puissans; savoir : avec la potasse et la soude, des sels solubles et cristallisables, et avec l'ammoniaque, un sel qui se prend en une masse syrupeuse par l'évaporation.

L'Antimoine, parce qu'il se dissout dans l'acide nitro-muriatique; que la dissolution précipite en blanc par l'eau et en jaune-orangé par l'hydrogène sulfuré; et parce que, uni au soufre et traité à chaud par l'eau chargée de sous-carbonate de soude, il donne lieu à du kermès, dont une partie se dépose par le refroidissement de la liqueur (1163).

L'étain, parce qu'il est ductile; qu'il se dissout à chaud dans l'acide muriatique, avec dégagement de gaz hydrogène, et qu'il peut former deux muriates, indécomposables par l'eau : l'un, précipitant en brun par l'hydrogène sulfuré, enlevant une certaine quantité d'oxigène à plusieurs corps et donnant lieu au précipité pourpre de cassius, par son mélange avec la dissolution d'or; l'autre, précipitant en jaune-pâle par l'hydrogène sulfuré, et ne troublant point les dissolutions d'or.

2056 *bis*. Quant au bismuth, au tellure, au plomb et à l'argent qui, comme le mercure et l'arsenic, se dissolvent dans l'acide nitrique sans le colorer, et qui, par cela même, sont distincts des autres; on les reconnaît :

Le Bismuth, parce qu'il est cassant, très-fusible, et que sa dissolution dans l'acide nitrique est précipitée en blanc par l'eau, et en noir par l'hydrogène sulfuré.

Le Tellure, parce qu'il est cassant, très-fusible, très-volatil; que, chauffé au chalumeau, il brûle avec une flamme bleue en donnant lieu à un oxide qui se sublime sous forme de vapeurs blanches et répand une odeur de raifort; que sa dissolution dans l'acide nitrique est précipitée en brun-orangé par l'hydrogène sulfuré, et qu'elle forme, avec la potasse et la soude, un précipité qui disparaît dans un excès d'alcali.

L'Argent, parce qu'il est ductile, non oxidable

par l'air ; que sa dissolution nitrique forme, avec l'acide muriatique, un précipité insoluble dans un excès d'acide, et très-soluble dans l'ammoniaque ; qu'elle n'est point troublée par cet alcali, et que l'oxide qu'on en sépare, au moyen de la potasse et de la soude, se réduit par une chaleur bien moindre que le rouge-cerise.

Le Plomb, parce qu'il est ductile, très-fusible ; que sa dissolution nitrique a une saveur douce ; qu'elle est précipitée en blanc par l'acide sulfurique et les sulfates, en noir par l'hydrogène sulfuré, et qu'évaporée et calcinée dans un creuset de platine, on en retire un oxide jaune susceptible d'entrer en fusion et de se convertir en litharge.

2057. Supposons, en quatrième lieu, que le métal soit sans action, du moins bien sensible, sur l'acide nitrique concentré et bouillant, et que, calciné avec le contact de l'air, il soit susceptible de s'oxider, ce sera : du chrôme, ou du colombium, ou du tungstène, ou du titane, ou du cérium, ou de l'osmium.

De l'Osmium, si, chauffé avec le contact de l'air, il s'oxide, se vaporise et répand une odeur très-forte, analogue à celle du gaz muriatique oxigéné ; si, calciné avec un poids de nitre égal au sien dans une petite cornue, il donne lieu à un sublimé blanc, doué aussi de la même odeur que le gaz muriatique oxigéné ; si ce sublimé est très-caustique, très-fusible, susceptible de faire brûler les charbons incandescens à la manière du nitre ; s'il est soluble dans l'eau ; si, de plus, la dissolution qui est d'abord incolore devient bleue par l'infusion de noix de galles ; si elle est odorante comme le sublimé même ; si le zinc, l'alcool, l'éther en séparent des flocons noirâtres; enfin, si en la soumettant à la distillation, même après l'avoir mêlée avec un acide, il passe dans les récipiens une liqueur qui jouisse encore de ces propriétés.

Du Chrôme, si, en le triturant et le mêlant avec son poids de nitrate de potasse, et chauffant le mélange jusqu'au rouge pendant une demi-heure, il en résulte une masse jaunâtre; si cette masse colore l'eau en jaune; si la dissolution, saturée par l'acide nitrique, précipite le nitrate d'argent en pourpre, l'acétate de plomb en jaune vif et le nitrate acide de mercure en rouge; enfin, si, faisant rougir ce dernier précipité, on obtient un oxide vert susceptible de se fondre dans le borax et de le colorer en vert d'émeraude.

Du Tungstène, si, en le calcinant de même que le chrôme avec son poids de nitrate de potasse, il en résulte une masse en grande partie soluble dans l'eau; si la dissolution est incolore, et si l'acide muriatique y forme un précipité blanc, qui, par un excès d'acide bouillant, devienne jaune et jouisse de toutes les propriétés de l'acide tungstique (585 *bis*).

Du Titane, s'il est d'un rouge de cuivre; si, dans sa calcination avec le contact de l'air, il prend une couleur bleue; si, en le faisant chauffer avec l'acide nitro-muriatique, il se dissout; si la dissolution, privée par la concentration de la plus grande partie de son excès d'acide, est d'un jaune-pâle; si elle précipite en rouge de sang par l'infusion de noix de galles, en vert-gazon par le prussiate ferrugineux de potasse, en vert-gazon foncé par l'hydro-sulfure de cette base, en blanc par les alcalis; si elle n'est point troublée par l'hydrogène sulfuré; si elle prend une teinte rouge avec une barre d'étain, et une teinte bleue avec une lame de zinc; enfin, si, soumise à une évaporation plus ou moins rapide, elle se prend en une gelée insoluble en grande partie dans l'eau.

Du Cérium, s'il se dissout à chaud dans l'acide nitro-muriatique; si la dissolution, rapprochée à la chaleur de l'ébullition et privée ainsi de la majeure partie de l'excès d'acide muriatique qu'elle devra contenir d'abord, est incolore, sucrée; si, évaporée jusqu'à siccité, elle donne un résidu déliquescent; si elle précipite en blanc par le prussiate ferrugineux et l'hydro-sulfure de potasse; si elle n'est troublée ni par l'hydrogène sulfuré, ni par l'infusion de noix de gale; si la potasse, la soude, l'ammoniaque en séparent un oxide blanc insoluble dans un excès d'alcali, et susceptible, en le calcinant dans un creuset de platine ou de terre, d'absorber l'oxigène de l'air et de devenir d'un brun-rouge; si le tartrate de potasse y forme un dépôt blanc qui, par la calcination, devienne d'un brun-rouge comme l'oxide blanc lui-même; si ce dépôt ou cet oxide, passé au brun-rouge, donne lieu à du gaz muriatique oxigéné et à un muriate incolore semblable au précédent, par l'action de l'acide muriatique presque bouillant, et si, au contraire, il produit, avec l'acide nitrique, un nitrate-jaunâtre.

Du Columbium, si, calciné avec le nitrate de potasse, il en résulte une masse qui, traitée par l'acide nitrique faible et bien lavée, laisse pour résidu de l'acide colombique, reconnaissable aux caractères suivans :

Cet acide est blanc, pulvérulent, insipide, inodore, presque sans action sur la teinture de tournesol, infusible, indécomposable par la chaleur ; l'eau n'en dissout qu'une très-petite quantité; il se comporte avec les alcalis comme nous l'avons exposé (1137). L'acide muriatique bouillant en opère la dissolution ; il en est de même de l'acide sulfurique : ces dissolutions forment des précipités de couleur olive avec le prussiate ferrugineux de potasse, d'un brun-rougeâtre avec l'hydrosulfure d'ammoniaque, d'un orangé-vif avec l'infusion de noix de gale, blancs avec les carbonates alcalins ; d'ailleurs, la dissolution sulfurique devient laiteuse par l'eau, et se prend en une gelée blanche et opaque par l'action de l'acide phosphorique concentré, tandis que la dissolution muriatique n'est troublée que par l'acide phosphorique.

2057. Supposons, enfin, que le métal soit inattaquable par l'acide nitrique concentré et bouillant, et qu'il ne soit pas susceptible d'être oxidé par l'air à une température quelconque, ce sera :

De l'or ou du platine, ou du rhodium ou de l'iridium.

De l'Or, s'il se dissout dans l'acide nitro-muriatique ; si la dissolution est jaune; si elle est précipitée en pourpre, ou en violet, ou en brun-noirâtre par le proto-muriate d'étain ; si elle n'est pas troublée par le deuto-muriate de ce métal ; si le sel qu'elle contient est réduit tout à coup par le proto-sulfate de fer, et si le dépôt que ce sulfate y fait naître et qui est brun-jaunâtre, prend, par la calcination, l'aspect de l'or mat ; enfin, si l'ammoniaque en sépare une poudre jaunâtre qui, séchée et exposée sur une lame de couteau au-dessus de la flamme d'une bougie, détonne fortement.

Du Platine, s'il se dissout dans l'acide nitro-muriatique ; si la dissolution est d'un jaune tirant un peu sur l'orangé ; si elle n'est troublée, ni par le proto-sulfate de fer, ni par le proto-muriate d'étain ; si, lorsqu'elle est concentrée, elle forme avec les dissolutions de sels ammoniacaux et les dissolutions de sels de potasse, des précipités jaunes solubles dans une plus ou moins grande quantité d'eau ; enfin, si le précipité formé par le muriate d'ammoniaque donne, en le calcinant jusqu'au rouge, un résidu composé d'une multitude de petits grains blancs et métalliques.

De l'Iridium, s'il se dissout, mais avec peine, dans l'acide nitro-muriatique, même concentré ; s'il ne faut que très-peu de la dissolution pour donner à celle de muriate de platine la propriété de précipiter en rouge briqueté par le muriate d'ammoniaque ; si, convenablement rapprochée, elle laisse déposer, lorsqu'on y verse peu à peu de l'ammoniaque liquide, une grande quantité de petits cristaux brillans d'un pourpre si foncé, qu'ils paraissent noirs ; si quelques centigrammes de ces cristaux suffisent pour donner à un litre d'eau une couleur d'un rouge orangé que le proto-sulfate de fer, l'hydrogène sulfuré, le fer, le zinc, l'étain font disparaître sur-le-champ ; enfin, si le métal calciné avec la potasse ou le nitrate de potasse s'oxide et donne lieu à une masse noire, pulvérulente, susceptible de colorer l'eau en bleu, et si le résidu insoluble dans l'eau forme avec l'acide muriatique un muriate également bleu, mais qui, par le contact de l'air et l'action de la chaleur, devient successivement vert, violacé, purpurin et rouge-jaunâtre, couleurs que le proto-sulfate de fer, l'hydrogène sulfuré détruisent sur-le-champ, et qu'au contraire l'acide muriatique oxigéné rétablit.

Du Rhodium, s'il est cassant, blanc, infusible, même au feu alimenté par un courant de gaz oxigène, et s'il n'est attaqué ni par l'acide nitrique, ni par l'acide nitro-muriatique le plus concentré (*a*).

SECTION III.

Un mélange de Métaux étant donné, comment les reconnaître (b)?

2058. Ce qu'on devra faire d'abord, ce sera : 1° de mettre le mélange en contact avec l'eau, à la température ordinaire, pour savoir s'il contient du potassium, ou du sodium, ou du barium, ou du strontium ou du calcium ; s'il en contient, il se dégagera du gaz hydrogène, et la liqueur deviendra alcaline ; alors, on y versera un excès de sous-carbonate d'ammoniaque pour transformer en carbonates les divers oxides provenant de la décomposition de l'eau, et comme les carbonates de baryte, de strontiane et de chaux sont insolubles, tandis que ceux de potasse et de soude sont au contraire très-solubles, l'on traitera la liqueur filtrée et le précipité bien lavé, s'il s'en forme, de la manière suivante :

La liqueur sera évaporée jusqu'à siccité ; l'on ob-

(*a*) Ainsi que M. Vauquelin l'a prouvé dans ses dernières expériences.

(*b*) On suppose non-seulement qu'ils ne soient que mêlés, mais qu'ils n'agissent sur les corps que comme s'ils étaient isolés, ce qui n'a pas toujours lieu.

tiendra ainsi pour résidu les sous-carbonates de potasse et de soude qu'elle pourra tenir en dissolution; on les redissoudra dans l'eau ; puis, après les avoir décomposés par l'acide sulfurique de manière à en faire des sulfates, on séparera ceux-ci par voie de cristallisation : dans le cas où la liqueur concentrée ne serait point susceptible de troubler la dissolution de platine concentrée elle-même, il serait inutile de faire cristalliser les sels ; ils ne contiendraient que du sulfate de soude.

Quant au précipité, il faudra le dissoudre dans l'acide muriatique, faire évaporer la dissolution jusqu'à siccité et traiter le résidu à plusieurs reprises par l'alcool bouillant, qui est sans action sur le muriate de baryte et qui dissout très-bien les muriates de strontiane et de chaux : après quoi, l'on étendra d'eau la dissolution alcoolique, l'on y ajoutera du sous-carbonate de potasse qui précipite tout à coup la strontiane et la chaux de ces muriates, à l'état de carbonates ; puis, l'on dissoudra de nouveau, non plus dans l'acide muriatique, mais dans l'acide nitrique, le précipité s'il s'en forme un, et enfin, de nouveau aussi, l'on fera évaporer la dissolution jusqu'à siccité, afin de pouvoir traiter, comme nous venons de le dire, le résidu par l'alcool concentré et bouillant qui n'a point d'action dissolvante sur le nitrate de strontiane, et qui en a une très-forte sur le nitrate calcaire.

2059. Lorsque l'eau sera sans action sur le mélange, on le mettra en contact avec l'acide sulfurique faible, et l'on élevera la température de cet acide jusqu'à l'ébullition ; le manganèse, le fer, le zinc qu'il pourra contenir, et même le nickel d'après M. Tupputi, se dissoudront en donnant lieu à un dégagement de gaz hydrogène, comme dans le cas précédent.

Le mélange contiendra :

Du Fer, si la dissolution forme, avec le prussiate de potasse ferrugineux, un précipité qui devienne bleu par l'acide muriatique oxigéné.

Du Nickel, si, après avoir versé un excès d'acide muriatique oxigéné dans la dissolution pour en suroxider le fer, elle devient bleue en y ajoutant de l'ammoniaque, et la filtrant.

Du Zinc, si, le fer de la dissolution étant suroxidé, les carbonates de potasse, de soude y forment un précipité en partie soluble dans la potasse ou la soude caustique ; car alors, en filtrant la liqueur et la mêlant peu à peu à un petit excès d'acide nitrique, il se déposera des flocons blancs qui disparaîtront presque tout de suite, et il en résultera un nitrate qui présentera, avec les alcalis, les hydro-sulfures et les prussiates alcalins, tous les phénomènes que nous avons indiqués en parlant du zinc (2054).

Du Manganèse, si, en mettant le précipité précédent en contact avec l'ammoniaque, le lavant bien, le dissolvant dans l'acide nitrique, faisant évaporer la liqueur jusqu'à siccité, exposant le résidu à une chaleur de 200 à 300 degrés, et jetant ensuite de l'eau sur la masse restante, l'on obtient une dissolution qui fournisse, par l'évaporation, un nouveau résidu capable de faire du caméléon avec la potasse.

2060. A l'action de l'eau et de l'acide sulfurique faible, on devra faire succéder celle de l'acide muriatique concentré et bouillant ; s'il en résulte un dégagement de gaz hydrogène ; si la liqueur précipite en brun ou en pourpre la dissolution d'or ; si, en y versant du sous-carbonate de potasse ou de soude, on obtient un précipité qui, traité par l'acide nitrique, laisse un résidu blanc, ce sera une preuve que le mélange contiendra de l'étain.

2061. Le mélange ayant été traité successivement par l'eau, par l'acide sulfurique faible, et par l'acide muriatique, on le traitera par l'acide nitrique bouillant ; celui-ci dissoudra ou oxidera au moins l'arsenic, le molybdène, l'antimoine, le cobalt, l'urane, le bismuth, le tellure, le cuivre, le nickel, le plomb, le mercure, l'argent, le palladium, et n'attaquera pas sensiblement ou attaquera à peine le chrôme, le tungstène, le colombium, le titane, le cérium, l'osmium, le rhodium, le platine, l'or, l'iridium. Si la dissolution n'est pas susceptible d'être troublée par l'eau, on y ajoutera une certaine quantité de ce liquide ; on la filtrera et on lavera le résidu ; mais si elle est susceptible d'être troublée, il faudra l'étendre d'acide nitrique faible qui n'y produira point d'altération, la filtrer comme à l'ordinaire et laver le résidu avec cet acide affaibli.

Le résidu étant bien lavé devra être mis en contact avec l'acide muriatique et exposé à l'action de la chaleur, afin de dissoudre les métaux que l'acide nitrique n'aurait fait qu'oxigéner ; savoir : l'antimoine, l'étain qui aurait pu échapper à l'action primitive de l'acide muriatique, une certaine quantité d'arseniate de bismuth qui se formerait et se précipiterait dans le cas où le bismuth et l'arsenic feraient partie du mélange, et peut-être aussi une certaine quantité de molybdate ; après quoi, il faudra procéder à l'examen des deux dissolutions.

Parlons d'abord de la première :

La dissolution nitrique devra être évaporée peu à peu, de manière à chasser la majeure partie de l'excès d'acide : il serait possible qu'elle se troublât pendant le cours de l'évaporation ; on en conclurait alors qu'elle contiendrait probablement un arseniate ou un molybdate, et peut-être l'un et l'autre. Or, on s'en assurerait en séparant le dépôt, le lavant avec de l'eau ou de l'acide nitrique faible, le traitant par l'hydro sulfure de potasse qui donnerait lieu à un arseniate ou un molybdate soluble et à un sulfure insoluble, saturant ensuite la liqueur par un acide, la filtrant et l'éprouvant convenablement, ainsi que le sulfure qui se serait formé. Si la liqueur contenait de l'acide molybdique, on n'aurait qu'à la concentrer fortement et y verser un peu d'acide sulfurique ; l'acide molybdique s'en précipiterait sous forme de poudre blanche : si elle contenait de l'acide arsenique, il sufffirait, pour le savoir, de la faire évaporer à siccité, de mêler le résidu avec du savon desséché et de calciner le mélange dans une petite cornue de grès ; il se produirait un sublimé d'arsenic cristallisé. Quant au sulfure, il faudrait le mettre en contact avec l'acide nitro-muriatique ; celui-ci en dissoudrait le métal qui, ne pouvant appartenir qu'à la série de ceux que nous venons de nommer, serait toujours facile à reconnaître.

Lorsqu'on aura concentré la dissolution, comme nous venons de dire, on y recherchera successivement la présence du bismuth, du palladium, de l'argent, du plomb, du cuivre, du tellure, du mercure, du cobalt, de l'urane. Elle contiendra :

Du Bismuth, si, étendue d'eau, elle laisse déposer

une matière blanche qui, bien lavée, soit susceptible de devenir noire par l'hydrogène sulfuré, de fondre par l'effet d'une chaleur rouge et de se prendre en une masse jaunâtre; enfin, de se réduire en la chauffant au chalumeau dans une cavité de charbon, et de donner un métal très-fusible et cassant.

Du Plomb, si, après l'avoir étendue d'eau, elle forme, avec l'acide sulfurique ou les sulfates, un précipité blanc que l'hydrogène sulfuré rende noir tout à coup comme le précédent, et qui, chauffé avec de l'eau et du nitrate acide de baryte, donne lieu à une liqueur d'où l'on retire, par l'évaporation, des cristaux blancs, sucrés, semblables à ceux qu'on obtiendrait en traitant la litharge par l'acide nitrique.

De l'Argent, si, après l'avoir étendue d'eau et y avoir ajouté de l'acide sulfurique, elle est troublée tout à coup par l'acide muriatique, et si le précipité est blanc, floconneux, insoluble dans un excès d'acide, très-soluble, au contraire, dans l'ammoniaque.

Du Palladium, si le proto-sulfate de fer en sépare promptement un métal blanc, brillant, formant avec l'acide nitrique une dissolution rouge, susceptible d'être précipitée en poudre brune par le proto-muriate d'étain.

Du Cuivre, si, lorsqu'on y plonge une lame de fer bien décapée, celle-ci se recouvre en peu de temps d'une couche métallique d'un rouge plus ou moins foncé, tellement qu'alors la lame de fer semble être une lame de cuivre.

Du Tellure, si, après en avoir retiré le bismuth, le plomb, l'argent et le palladium, le carbonate de potasse y produit un précipité en partie soluble dans la potasse caustique ; si, saturant ensuite la dissolution alcaline par un acide, il s'en dépose un oxide blanc ; enfin, si cet oxide, mêlé avec du noir de fumée et de l'huile, puis calciné dans une cornue, laisse sublimer des globules métalliques, blancs-bleuâtres et solides à la température ordinaire.

Du Mercure, si, en chauffant jusqu'au rouge dans une cornue la partie du précipité de l'expérience précédente, qui résiste à l'action dissolvante de l'alcali, il se vaporise des globules métalliques liquides à la température ordinaire, ou bien encore si l'on obtient de semblables globules en calcinant les métaux avant de les traiter par l'acide nitrique.

Du Cobalt, si, après l'avoir étendue d'eau et y avoir plongé une lame de fer pour en précipiter le bismuth, le plomb, l'argent, le palladium, le cuivre, le tellure, le mercure, on obtient une liqueur d'où l'on puisse retirer un oxide susceptible de former un verre bleu avec le borax : à cet effet, il faudra mêler la liqueur, d'abord avec une certaine quantité d'acide muriatique, puis avec un excès d'ammoniaque ; ensuite on la filtrera et on la fera bouillir avec de la potasse caustique ; ce sera le dépôt formé par l'action de cet alcali qui, fondu avec 20 à 25 fois son poids de borax, devra le colorer en bleu.

De l'Urane, si, en traitant par l'acide nitrique le précipité formé par l'ammoniaque dans l'expérience précédente, évaporant jusqu'à siccité la dissolution qui en résultera, versant de l'eau sur le résidu et répétant ces deux mêmes opérations plusieurs fois, on finit par avoir une liqueur jaune douée des mêmes propriétés que celle qui proviendrait de l'action de l'acide nitrique sur l'urane (2055).

Examinons maintenant la seconde dissolution (2061).

La dissolution muriatique devra être rapprochée de même que la dissolution nitrique ; et lorsqu'elle sera concentrée au point d'avoir perdu la majeure partie de son excès d'acide, il faudra y ajouter peu à peu un petit excès d'hydro-sulfure de potasse ; les acides arsenique et molybdique, qu'elle pourra contenir, s'uniront à la potasse et resteront dissous, tandis que les oxides, quels qu'ils soient, seront précipités en combinaisons avec l'hydrogène sulfuré ou le soufre ; alors, après avoir filtré la liqueur, on la traitera comme nous venons de dire (page 71), pour y découvrir ces deux sortes d'acides métalliques. Quant au précipité, qui sera composé peut-être d'hydro-sulfure d'antimoine, d'hydro-sulfure d'étain et de sulfure de bismuth, on le fera bouillir avec l'acide muriatique concentré qui décompose et dissout facilement ces hydro-sulfures et n'a aucune action sur le bismuth sulfuré. Si la nouvelle dissolution précipite par l'eau, c'est une preuve qu'elle contiendra de l'antimoine, et l'on saura, par son action sur la dissolution d'or, si elle contient de l'étain.

D'ailleurs, comme le sulfure de bismuth est attaquable par l'acide nitrique, et qu'en le traitant par cet acide à l'aide de la chaleur, il en résulte un nitrate soluble, cristallisable, décomposable par l'eau, et un dépôt de soufre et de sulfate, il sera toujours facile de le reconnaître.

2062. Après avoir traité le mélange des différens métaux dont on voudra reconnaître la nature, par l'eau, l'acide sulfurique faible, l'acide muriatique, l'acide nitrique, il faudra calciner le résidu avec une fois ou une fois et demie son poids de nitrate de potasse dans un creuset de platine ; si ce résidu se compose, ce qui sera possible, de chrôme, de tungstène, de colombium, de titane, de cérium, d'osmium, de rhodium, de platine, d'or et d'iridium, voici ce qui arrivera : le chrôme, le tungstène et le colombium s'acidifieront et s'uniront à la potasse ; le titane, le cérium, l'iridium et l'osmium s'oxideront ; peut-être s'oxidera-t-il aussi un peu de platine.

Dans tous les cas, l'on fera chauffer la masse restante, d'abord avec de l'eau bouillante, puis avec de l'acide muriatique concentré, et enfin, avec de l'acide nitro-muriatique ; il en résultera trois dissolutions, l'une alcaline et les deux autres acides : c'est dans la dissolution alcaline que se rencontreront le chrôme, le tungstène, le colombium et une partie de l'osmium. On sera certain qu'elle contiendra :

De l'Osmium, si, en y versant de l'acide nitrique, la filtrant dans le cas où elle se troublerait, et la soumettant à l'ébullition dans une cornue, il passe dans les récipiens une liqueur incolore, ayant l'odeur de l'acide muriatique oxigéné, susceptible de devenir bleue par la noix de gale et de laisser déposer des flocons noirs par l'action du zinc.

Du Chrôme, si, après y avoir versé de l'acide nitrique, l'avoir filtrée pour séparer le dépôt que cet acide pourrait y former et l'avoir saturée de potasse, de soude ou d'ammoniaque, le nitrate acide de mercure y produit un précipité rouge devenant vert au grand feu.

Du Tungstène, si les acides sulfurique, nitrique,

muriatique, y forment un précipité blanc, et si ce précipité devient jaune par l'un de ces acides bouillans.

Du Colombium, si les acides sulfurique, nitrique, muriatique y forment un précipité blanc, comme nous venons de dire; et si, en traitant ce précipité par l'acide muriatique bouillant, faisant évaporer la liqueur jusqu'à siccité, calcinant le résidu et le traitant par l'eau, il reste une poudre blanche jouissant des mêmes propriétés que celle qui provient de l'acide colombique traité de la même manière.

C'est dans la dissolution muriatique (2062) que se trouveront le titane, le cérium, l'iridium. Pour savoir si elle contient ces métaux, il faudra la concentrer, l'étendre d'eau, puis la filtrer et y plonger une lame de fer, et enfin la décanter et y verser du tartrate de potasse; l'eau en précipitera la majeure partie du titane à l'état d'oxide facile à reconnaître (2093); le fer en précipitera l'iridium en poudre noire à l'état métallique; et quand bien même il se précipiterait en même temps un peu de platine et même de rhodium, ce qui aurait lieu si ces deux derniers métaux pouvaient être attaqués, du moins en partie, par le nitre, les propriétés caractéristiques de l'iridium ne seraient point assez masquées pour ne point le distinguer. Le tartrate de potasse en précipitera le cérium à l'état de tartrate; en calcinant ce tartrate, on obtiendra un oxide de couleur d'ocre qui, chauffé avec l'acide muriatique, donnera lieu à de l'acide muriatique oxigéné et à une dissolution incolore, sucrée, etc. (2056).

C'est dans la dissolution nitro-muriatique (2062) qu'il faudra rechercher le platine et l'or : pour peu qu'elle contienne de platine, on parviendra à y reconnaître ce métal, en la concentrant et y versant une dissolution elle-même concentrée de muriate d'ammoniaque; il en résultera un précipité jaune dont on extraira le platine par la calcination (1195).

Après avoir éprouvé la dissolution par le muriate d'ammoniaque, il faudra l'éprouver par le proto-sulfate de fer et le proto-muriate d'étain; si elle contient de l'or, ce muriate y produira un précipité de pourpre de cassius, et le sel ferrugineux réduira tout à coup ce métal.

Dans le cas où la dissolution contiendrait un peu d'iridium, ce qui serait possible, le précipité formé par le muriate d'ammoniaque serait d'un jaune-orangé, à moins qu'elle ne fût pas très-concentrée.

Enfin, le rhodium n'étant attaquable, ni par l'eau, ni par les acides, ni par le nitrate de potasse, c'est dans le résidu provenant de l'action de ces différens agens sur le mélange métallique que devra être contenu ce métal; le résidu même n'en devrait pas contenir d'autre. Cependant, s'il arrivait qu'il n'y eût point de résidu, il ne faudrait pas en conclure que le mélange ne contient point de rhodium, parce que l'on sait que la présence des autres métaux facilite la dissolution de celui-ci; il se trouverait, sans doute, dans la dissolution muriatique ou nitro-muriatique dont on l'extrairait par des procédés analogues à ceux que nous avons indiqués dans l'extraction des métaux (1192).

2063. *Analyse de quelques mélanges métalliques compliqués ; savoir :*

D'étain, de bismuth, de plomb, de cuivre et d'argent (a). Que l'on traite ce mélange à chaud par un excès d'acide nitrique de 25 à 30°; que l'on évapore la liqueur presque jusqu'à siccité et que l'on verse de l'eau sur le résidu, il en résultera une dissolution de nitrates d'argent, de plomb, de cuivre, et un dépôt de peroxide d'étain et d'oxide de bismuth : ceux-ci, séparés, en les mettant de nouveau en contact avec l'acide nitrique, comme il est dit (2076), donneront, par leur poids, les quantités d'étain et de bismuth du mélange. Quant aux quantités d'argent, de plomb et de cuivre, on les déterminera en versant dans la dissolution : d'abord, de l'acide muriatique ; puis du sulfate de potasse ou de soude ; et enfin de l'hydrate de potasse. L'acide muriatique précipitera l'oxide d'argent ; l'acide sulfurique du sulfate alcalin précipitera l'oxide de plomb ; et l'hydrate de potasse, l'oxide de cuivre. L'on obtiendra donc ainsi du muriate d'argent, du sulfate de plomb et du deutoxide de cuivre, dont il suffira de prendre les poids pour connaître ceux d'argent, de plomb et de cuivre. (*Voyez* l'Analyse de l'alliage d'étain et de plomb, celle de l'alliage d'or et

(a) Nous nous contenterons d'indiquer la marche générale que l'on doit suivre dans cette analyse, ainsi que dans les suivantes. Il ne sera question ni des lavages, ni des filtrations, ni des dessications, ni de toutes les autres opérations que l'on pratique en analysant ces divers composés. Le lecteur doit être maintenant au courant de tous ces détails analytiques, d'autant plus qu'ils ont été exposés (2018).

d'argent, et celle de l'alliage du zinc et du cuivre, pour l'estimation des quantités de plomb, d'argent et de cuivre, (2069, 2072, 2073).

2064. *D'étain, de bismuth, de plomb, d'argent, de cuivre et de zinc.* — L'on déterminera les quantités des quatre premiers métaux, comme dans l'analyse précédente, et l'on séparera, par la potasse, comme dans celle de l'alliage du laiton (2072) les deux autres, qui resteront tous deux en dissolution dans l'acide nitrique ; l'alcali les précipitera à l'état d'oxide, redissoudra le premier et laissera l'oxide de cuivre intact.

2065. *D'étain, de bismuth, de plomb, d'argent, de cuivre, de zinc et de manganèse.* — En suivant toujours le même mode d'analyse, l'étain, le bismuth, le plomb, l'argent et le zinc se trouveront isolés ; mais le cuivre et le manganèse resteront mêlés. Or, comme ils seront oxidés et que l'ammoniaque dissout très-bien l'oxide de cuivre et n'a aucune action sur l'oxide de manganèse, il sera facile de les séparer ; d'ailleurs, par l'évaporation, on chassera toute l'ammoniaque et l'on obtiendra du deutoxide de cuivre pur ; l'on conclura la quantité de cuivre du poids de ce deutoxide, et celle du manganèse de la quantité de son oxide, qu'on supposera être au *maximum* d'oxidation.

2066. *D'étain, de bismuth, de plomb, d'argent, de cuivre, de zinc, de manganèse, d'or et de platine.* — Traitez encore ce mélange comme le précédent, vous séparerez le bismuth, le plomb, l'argent, le cuivre, le zinc et le manganèse, et vous obtiendrez un résidu composé de peroxide d'étain, d'or et de platine ; mettez ensuite ce résidu en contact avec l'acide muriatique, vous dissoudrez l'oxide d'étain, qu'il vous sera facile de précipiter par l'ammoniaque; il ne vous restera plus que de l'or et du platine que vous convertirez en muriates par l'acide nitro-muriatique; versant alors du proto-sulfate de fer dans la dissolution de ces deux métaux, vous en réduirez l'or qui se déposera peu à peu; puis, faisant passer de l'hydrogène sulfuré à travers cette dissolution, ainsi privée d'or, vous unirez le platine au soufre; enfin, calcinant avec le contact de l'air le sulfure de platine qui apparaîtra sous forme de flocons noirs, vous extrairez le platine.

2067. *D'étain, de bismuth, de plomb, d'argent, de cuivre, de zinc, de manganèse, d'or, de platine, de fer.* — Si l'on sépare le bismuth, le plomb, l'argent, le cuivre, le zinc, comme il vient d'être dit, le fer, à l'état de tritoxide, se trouvera mêlé, partie avec l'oxide de manganèse, partie avec l'oxide d'étain, l'or et le platine : il ne s'agira donc, pour terminer l'opération, que d'analyser les deux résidus qui en résulteront. En faisant bouillir le dernier, d'abord avec de la potasse, puis avec de l'acide muriatique, l'on dissoudra l'oxide d'étain et l'oxide de fer : de la dissolution alcaline, l'on précipitera l'oxide d'étain par l'acide nitrique, et de la dissolution muriatique, l'on précipitera l'oxide de fer par l'ammoniaque; l'or et le platine restant seront traités comme dans l'analyse précédente. Quant à l'oxide de fer et à l'oxide de manganèse, on les séparera par l'un des deux procédés que nous allons exposer.

Le premier consiste à les dissoudre dans l'acide sulfurique, à étendre la dissolution d'eau et à y verser peu à peu de la potasse faible ; on obtiendra ainsi un précipité rougeâtre de sous-sulfate de fer et un précipité d'un blanc-jaunâtre d'oxide de manganèse ; mais celui-ci ne se fera qu'en dernier lieu et qu'assez longtemps après l'autre : il sera donc facile de reconnaître l'époque à laquelle il faudra filtrer la liqueur pour recueillir le sous-sulfate ; ce sera lorsqu'après s'être troublée par la potasse, elle cessera de se troubler par de petites quantités de cet alcali, et qu'elle se troublera, au contraire, par des quantités d'alcali plus grandes. Le sous-sulfate devra être calciné pour en chasser l'acide sulfurique, et l'oxide de fer être réuni à celui qui était mêlé avec l'oxide d'étain ; par ce moyen, l'on aura tout l'oxide de fer et l'on connaîtra, par conséquent, la quantité de ce métal (*a*) : le poids de l'oxide de manganèse donnera également celui de manganèse.

Le second procédé est fondé sur la propriété qu'a le nitrate de fer de se décomposer facilement par l'évaporation, et sur celle qu'a le nitrate de manganèse de ne point éprouver d'altération par ce moyen. En effet, si l'on dissout de l'oxide de manganèse et de l'oxide de fer dans l'acide nitrique ; que l'on fasse évaporer la dissolution jusqu'à parfaite siccité ; que surtout l'on calcine un peu le résidu ; qu'on le traite ensuite par l'eau, et qu'on jette le tout sur un filtre, l'oxide de fer restera sur celui-ci, tandis que l'oxide de manganèse

(*a*) Il serait possible qu'on trouvât encore un peu d'oxide de fer dans l'eau de lavage de l'oxide de bismuth : dans le cas où il y en aurait, on le précipiterait par la potasse, et on le réunirait à celui qu'on aurait déjà obtenu.

uni à l'acide nitrique passera à travers avec la liqueur, d'où on le séparera par la potasse.

SECTION IV.

Analyse des Alliages utiles et de quelques autres plus compliqués dans leur composition ; savoir :

2068. *De mercure et d'étain, de mercure et de bismuth, de mercure et d'argent, de mercure et d'or.* — C'est en chauffant graduellement jusqu'au rouge ces différens alliages dans une petite cornue dont le col est muni d'un nouet de linge plongeant dans l'eau, qu'on détermine la proportion de leurs principes constituans ; le mercure se volatilise et vient se condenser dans le récipient, tandis que l'autre métal reste dans la cornue : tout autre alliage formé de mercure et d'un métal fixe, ou qui ne se volatiliserait pas au-dessous de la chaleur rouge, s'analyserait de la même manière.

2069. *D'étain et de plomb.* — L'on prendra une certaine quantité d'alliage, par exemple 10 grammes ; on les introduira dans une fiole et l'on versera dessus 60 à 70 grammes d'acide nitrique pur à environ 30° de l'aréomètre de Beaumé ; puis l'on exposera le tout à une chaleur graduelle ; bientôt l'acide nitrique se décomposera, et de cette décomposition résultera du peroxide d'étain blanc et insoluble, et du nitrate de plomb soluble. Lorsque l'on n'apercevra plus de parcelle métallique et que la liqueur étant très-acide et bouillante, il ne se dégagera plus de gaz, il faudra la faire évaporer presque à siccité, l'étendre d'eau, la jeter sur un filtre et laver le résidu jusqu'à ce que l'eau de lavage ne rougisse plus le tournesol ou ne noircisse plus par l'hydrogène sulfuré; faisant alors sécher ce résidu, qui ne sera composé que de peroxide d'étain, le calcinant, le pesant, et en retranchant la quantité d'oxigène qu'il contient, c'est-à-dire, 27,2 sur 127,2, l'on aura la quantité d'étain de l'alliage. L'on réunira ensuite toutes les eaux de lavage à la liqueur filtrée, et l'on y ajoutera un excès de sulfate de potasse ou de soude; tout l'oxide de plomb se précipitera uni à l'acide sulfurique, de sorte que pour connaître la quantité de plomb, il n'y aura plus qu'à recueillir le précipité, le laver, le sécher, le peser et observer que, dans le sulfate de plomb, l'acide est à l'oxide comme 100 est à 279,74, et que dans l'oxide, l'oxigène est au plomb comme 7,7 est à 100, ou bien que 100 de sulfate de plomb contiennent 68,39 de plomb.

2070. *D'étain et de cuivre.* — Pour peu qu'on réfléchisse sur les propriétés de l'étain et du cuivre, il est facile de voir que l'analyse de cet alliage doit se faire en partie comme la précédente : seulement, au lieu de sulfate de potasse ou de soude, il faut verser dans la liqueur filtrée un excès de dissolution d'hydrate de potasse ou de soude, laver, par décantation, le précipité d'hydrate de deutoxide de cuivre que l'on obtiendra, jusqu'à ce que les eaux de lavage ne soient plus troublées par le nitrate de baryte, faire sécher ce précipité et même le faire rougir pour le transformer en deutoxide de cuivre pur, le peser et conclure de son poids la quantité de cuivre de l'alliage, ce que l'on fera en retranchant 20 pour 100 de ce poids.

2071. *De plomb et d'antimoine.* — Cette analyse se fait absolument comme celle de l'alliage d'étain et de plomb (2069) : mais au lieu de retrancher 27,20 sur 127,20 de résidu, il faut en retrancher 37,20; car le peroxide d'antimoine dont ce résidu est composé contient, sur 137,20 d'oxide, 100 de métal et 37,20 d'oxigène.

2072. *De zinc et de cuivre, ou de laiton, de similor.* — Faites dissoudre 10 à 12 grammes d'alliage, à l'aide d'une douce chaleur, dans l'acide nitrique faible; étendez la dissolution d'un peu d'eau; versez-y un assez grand excès d'hydrate de potasse ou de soude; faites-la bouillir pendant un quart d'heure et lavez le résidu, par décantation, jusqu'à ce que les eaux de lavage ne verdissent plus le syrop de violettes, vous obtiendrez ainsi le zinc oxidé en dissolution dans la liqueur, et le cuivre à l'état de deutoxide pour résidu. Il suffira de sécher, de calciner, de peser ce résidu et d'en retrancher 20 sur 100 pour avoir la quantité de cuivre de l'alliage; mais il sera nécessaire de faire un plus grand nombre d'opérations pour avoir la quantité de zinc. En effet, après avoir réuni les eaux à la liqueur même, on y ajoutera d'abord un petit excès d'acide muriatique ou sulfurique qui transformera la potasse et l'oxide de zinc en sulfates ou muriates, puis du sous-carbonate de potasse ou de soude qui en précipitera tout l'oxide de zinc uni à l'acide carbonique; lavant alors ce carbonate, le séchant et le faisant rougir, on le décomposera et l'on n'aura plus que de l'oxide, dont on déduira facilement la quantité de zinc de l'alliage, puisque cet oxide est formé de 100 de zinc et de 24,4 d'oxigène.

2073. *D'argent et d'or.* — L'argent étant soluble dans l'acide nitrique, et l'or n'y étant pas soluble, il faudra laminer cet alliage et le traiter par l'acide nitrique de même que le précédent, mais à plusieurs reprises, ou plutôt jusqu'à ce qu'il ne se dégage plus de deutoxide d'azote; le résidu, bien lavé et calciné au rouge, donnera la quantité d'or, et l'on conclura celle de l'argent de la quantité de muriate qu'on obtiendra en versant de l'acide muriatique dans la liqueur, lavant le précipité, le faisant sécher et le pesant; 100 parties de ce précipité représenteront 74,60 d'argent.

Cependant, si la quantité d'argent était très-petite, l'acide nitrique ne le dissoudrait qu'en partie; il faudrait alors combiner l'alliage avec une telle quantité d'argent que celui-ci fît au moins les trois quarts de la masse : on tiendrait compte de cette addition à la fin de l'opération, ainsi que nous allons dire tout-à-l'heure (2081).

2074. *D'argent et de cuivre.* — C'est encore l'acide nitrique qu'il faut employer pour analyser cet alliage, du moins par la voie humide (*a*). La dissolution de l'alliage dans cet acide étant faite et étendue d'eau, l'on y versera peu à peu de l'acide muriatique qui en précipitera tout l'argent à l'état de muriate : après quoi, l'on filtrera la liqueur et on lavera le précipité jusqu'à ce que les eaux de lavage cessent de devenir bleues

(*a*) Il est une autre méthode d'analyse pour cet alliage; c'est celle de la coupellation (3077). L'on ne se sert même que de cette méthode pour déterminer le titre de toutes les monnaies et de tous les ustensiles d'argent.

par l'ammoniaque ; puis l'on réunira les eaux à la liqueur filtrée, et l'on y ajoutera un excès de dissolution d'hydrate de potasse ou de soude qui en séparera tout le cuivre à l'état de deutoxide : ce deutoxide bien lavé, séché et calciné, donnera la quantité de cuivre, de même que le muriate d'argent donnera la quantité d'argent (549, 966).

2075. *D'argent, de cuivre et d'or.* — C'est également par l'acide nitrique qu'il faut traiter cet alliage ; l'argent et le cuivre se dissoudront, et l'or restera intact : on appréciera le poids de celui-ci comme dans l'article (2073), et l'on déterminera la quantité d'argent et de cuivre contenue dans la dissolution, comme nous venons de le dire (2074).

L'on voit donc que cette analyse participe des deux précédentes, et que, par conséquent, si l'alliage contenait trop peu d'argent ou de cuivre, il faudrait, pour le rendre plus attaquable par l'acide, le combiner avec une certaine quantité de l'un de ces métaux, et de préférence avec l'argent, parce que ce métal n'étant point oxidable, on tiendrait plus facilement compte de ce qu'on en ajouterait (*a*).

2076. *De bismuth, d'étain et de plomb.* — Que l'on se rappelle que l'acide nitrique ne fait qu'oxider l'étain, mais qu'il oxide et dissout le bismuth et le plomb ; que l'eau précipite l'oxide du nitrate de bismuth, et qu'elle ne trouble point le nitrate de plomb ; enfin, que le sulfate de potasse décompose le nitrate

(*a*) L'on peut aussi déterminer la quantité de cuivre de cet alliage par la coupellation (2083) ; mais ce n'est que par l'acide nitrique qu'on peut séparer avec exactitude l'argent de l'or.

de plomb, et qu'il résulte de cette décomposition du nitrate de potasse soluble et un sulfate insoluble contenant 68,39 pour 100 de plomb, et l'on verra qu'on parviendra facilement à faire l'analyse de l'alliage d'étain, de bismuth et de plomb, de la manière suivante :

1° L'alliage sera traité à chaud par un excès d'acide nitrique, à environ 30°, jusqu'à ce qu'on n'aperçoive plus de parcelle métallique, ou mieux qu'il ne se dégage plus de gaz; puis l'on évaporera la liqueur presque entièrement, et l'on versera de l'eau, à plusieurs reprises, sur la masse restante, pour la laver; par ce moyen, l'on dissoudra tout le plomb à l'état de nitrate, et l'on obtiendra un résidu blanc contenant l'étain et le bismuth oxidés; faisant chauffer alors ce résidu avec une nouvelle quantité d'acide nitrique, on redissoudra tout l'oxide de bismuth; mais, pour séparer, sans la décomposer, la portion de nitrate de bismuth qui pourrait être adhérente à l'oxide d'étain, il faudra avoir le soin de laver celui-ci avec de l'acide nitrique faible.

Ces opérations faites, l'analyse sera presque achevée. En effet, il suffira de sécher, de calciner, et de peser l'oxide d'étain, pour connaître la quantité d'étain; d'évaporer la dissolution de nitrate de bismuth jusqu'à siccité, de décomposer ce nitrate, par le feu, dans un creuset de platine, et de peser l'oxide qui en proviendra, pour savoir combien il y a de bismuth; enfin, de verser du sulfate de potasse dans la dissolution de nitrate de plomb, de recueillir, laver, sécher et peser le sulfate de plomb qui se précipitera : 127,2 d'oxide d'étain contiennent 100 d'étain; 111,72 d'oxide de bismuth contiennent 100 de bismuth; et 100 de sulfate de plomb, 68,39 de plomb.

SECTION V.

Analyse de quelques alliages par la coupellation.

2077. Les coupelles sont des petites coupes très-poreuses, qui se font en comprimant, dans un moule, des os calcinés, broyés et lavés. Il y en a du poids de 12 grammes et demi, et d'autres du poids de 17 grammes. On n'emploie presque toujours que les premières. Toutes laissent écouler les oxides fondus, comme un tamis très-serré, et sont au contraire imperméables aux métaux; de sorte que ceux-ci restent à leur surface, tandis que ceux-là passent à travers leurs parois; phénomène qui provient, à n'en pas douter, de ce que les oxides peuvent mouiller la matière de la coupelle, et de ce que les métaux ne peuvent contracter aucune adhérence avec elle. Aussi voit-on les métaux à l'état liquide conserver, dans la coupelle, une forme demi-sphérique, comme le mercure dans le verre, et les oxides en fusion s'étendre sur ses parois et bientôt les pénétrer à la manière de l'eau. Une coupelle, en un mot, peut être regardée jusqu'à un certain point, comme un véritable filtre perméable seulement à quelques liquides.

Si donc l'on met, dans une coupelle, deux métaux, l'un inaltérable par l'air, et l'autre susceptible de s'oxider et de donner lieu à un oxide très-fusible, il est évident qu'en les exposant à une chaleur convenable, on parviendra à en faire la séparation. On y parviendrait encore, quand bien même l'oxide serait infusible, pourvu qu'il se trouvât en contact avec un autre oxide qui le rendît fusible. Il faut toutefois que, dans l'un et l'autre cas, le métal inaltérable ne soit point volatil; il faut même qu'il puisse se fondre et former culot au degré de chaleur que l'on emploie; sans cela il resterait disséminé, adhérent à la portion d'oxide dont la surface de la coupelle serait imprégnée, et ne pourrait être recueilli complétement.

C'est en effet de cette manière qu'on procède à ce genre d'analyse. L'opération s'exécute toujours en plaçant les métaux dans la coupelle bien sèche, et mettant celle-ci, pendant un certain temps, dans la moufle du fourneau de coupelle, où la température varie ordinairement de 26° à 35° du pyromètre de Wedgwood.

D'après cela, l'on peut donc dire que l'analyse par la coupelle est une opération qui a pour objet de séparer les métaux inaltérables par l'air, fusibles et non volatils à la température de 26° à 35°, de ceux qui sont oxidables par ce fluide, et dont les oxides entrent facilement en fusion, soit seuls, soit en s'unissant à d'autres oxides.

Or, comme il n'existe que l'or et l'argent qui réunissent les trois propriétés d'inaltérabilité, de fusibilité et de fixité, à la température précédente, il s'ensuit qu'eux seuls peuvent être séparés exactement des métaux qui donnent lieu à des oxides fusibles ou capables de le devenir par leur union avec d'autres.

2078. Lorsque ce dernier cas a lieu, ce qui arrive souvent, on y satisfait toujours en mettant une certaine quantité de plomb dans la coupelle avec l'alliage; le plomb facilite d'abord la fusion des métaux qui constituent l'alliage ; puis il s'oxide, ainsi que ceux qui sont unis à l'or et à l'argent, les liquéfie et les entraîne à travers la coupelle.

Citons maintenant les principaux exemples.

2079. *Analyse d'un alliage de plomb et d'argent.* — L'on introduit la coupelle dans la moufle, et, lorsque le fourneau est assez chaud pour que celle-ci soit à environ 27° du pyromètre de Wedgwood, on met l'alliage dans la coupelle (*a*). Bientôt il entre en fusion, se recouvre d'une couche d'oxide de plomb, s'aplatit, laisse exhaler des fumées, et prend un mouvement assez considérable qui, renouvelant la surface de la matière, en favorise l'oxidation. Tout le plomb passe ainsi à l'état d'oxide, et tout l'oxide, à mesure qu'il se forme, fond et est absorbé par la coupelle, à l'exception d'une très-petite partie qui se volatilise et produit les fumées dont nous venons de parler. En même temps que ces phénomènes ont lieu, il s'en présente d'autres non moins importans pour la conduite de l'essai. L'alliage diminue de volume, et laisse sur le bassin de la coupelle une trace ou une empreinte circulaire d'un rouge-brun ; sa surface, qui était d'abord sensiblement plane, devient de plus en plus convexe, et offre des points brillans qui vont continuellement en augmentant. À cette époque, le plomb est presque entièrement absorbé, et l'on doit ramener la coupelle sur le devant de la moufle. Là, en très-peu de temps, les points brillans disparaissent ; l'alliage présente toutes les cou-

(*a*) La moufle, à ce degré de chaleur, paraît d'un rouge-blanc ; c'est ordinairement vers le tiers de la profondeur de son ouverture qu'on place la coupelle.

leurs de l'iris ; il perd un instant son éclat, et redevient tout à coup brillant par un mouvement instantané qu'on appelle *éclair, fulguration*. C'est à ce dernier signe qu'on reconnaît que l'opération est terminée. Alors il faut rapprocher de l'ouverture de la moufle la porte qui en avait été un peu éloignée, et attendre que l'argent soit complétement solidifié pour retirer la coupelle. Lorsqu'elle est refroidie, on en saisit le bouton d'argent avec une pince ; on en brosse la partie inférieure pour enlever les portions de matière terreuse qui pourraient y adhérer, et on le pèse. Son poids, retranché de celui de l'alliage, donne le poids du plomb.

Il est bien essentiel de ne point retirer la coupelle du fourneau immédiatement après l'éclair, parce que l'argent, se refroidissant trop promptement, il serait possible qu'il *végétât* ou *rochât*, c'est-à-dire, qu'au moment où la couche extérieure de l'essai se solidifierait, elle éprouvât un retrait assez grand pour qu'une petite partie du métal intérieur, encore liquide, formât une sorte d'herborisation à la surface du bouton, et fût projetée non-seulement dans la coupelle, mais au-dehors. Au reste, l'essai ne pourra être regardé comme bon, qu'autant qu'il sera bien arrondi, brillant, cristallisé en dessus, d'un blanc mat et grenu en dessous, et qu'il se détachera bien du bassin de la coupelle : si sa surface était terne et aplatie, on en conclurait qu'il *aurait eu trop chaud*, ou que la chaleur aurait été assez forte pour volatiliser un peu d'argent ; si sa surface était brillante dans plusieurs points, et présentait çà et là des espèces de cristaux d'un blanc mat ; si, de plus, il offrait de petites cavités en dessous, qu'il adhérât assez fortement à la coupelle ; enfin, s'il restait des écailles jaunâtres dans la coupelle, on en conclurait qu'il aurait eu trop froid et qu'il retiendrait du plomb : dans tous les cas, il faudrait recommencer l'essai jusqu'à ce qu'il fût tel que nous venons de dire d'abord.

2080. *Analyse d'un alliage de cuivre et d'argent.*— Le cuivre ne formant pas un oxide très-fusible, il faudra, d'après ce que nous avons dit (2078), employer une certaine quantité de plomb pour faire cette analyse. Supposons que l'alliage à analyser soit celui des monnaies de France, qui est formé de 9 parties d'argent et de 1 de cuivre : on mettra 7 grammes de plomb dans la coupelle, disposée comme précédemment, et élevée à la même température (2079) ; et lorsque le plomb sera fondu et découvert, on y ajoutera, avec des pincettes, un gramme d'alliage enveloppé dans du papier (*a*). Les trois métaux s'uniront presque à l'instant, et formeront un bain qui présentera les mêmes phénomènes que celui de plomb et d'argent (2079). Ainsi, dès que l'éclair aura paru, on sera certain que tout le plomb et le cuivre seront absorbés par la coupelle ; de sorte qu'il ne s'agira plus que de peser le bouton ou petit culot d'argent, pour connaître la proportion d'argent et de cuivre qui constituent l'alliage.

Si l'alliage, au lieu de contenir un dixième de cuivre, en contenait une plus ou moins grande quantité, il faudrait employer plus ou moins de 7 parties de plomb : par exemple, pour essayer l'argent de vaisselle, qui est au titre de 0,950, on n'emploie que quatre parties de plomb, tandis que, pour essayer l'argent du second

(*a*) On dit que le plomb se découvre, lorsque la couche d'oxide qui se forme d'abord et qui est terne vient à se fondre.

titre, qui est à 0,800, on en emploie 10 parties, et que, pour essayer la monnaie de billon, qui est au titre de 0,200, l'on en emploie 18 parties (*a*).

Ce que nous venons de dire suppose que l'on connaisse le titre de l'argent à essayer ; mais, lorsqu'on ne le connaît pas, on le détermine approximativement, en passant à la coupelle 0,1 de gramme de cet argent avec un gramme de plomb.

2081. *Détermination de la quantité d'or contenue dans les lingots, pièces, vases et ustensiles d'or.* — Si ces objets n'étaient composés que d'or et de cuivre (*b*), on pourrait se contenter de les passer à la coupelle avec du plomb, comme les alliages d'argent et de cuivre (2080); mais comme on doit toujours y supposer de l'argent, et qu'ils n'en contiennent jamais que très-peu, il faut les combiner avec une certaine quantité de ce métal en même temps qu'on les coupelle, et traiter ensuite l'essai par l'acide nitrique, opérations qui prennent, la première, le nom d'inquartation (*c*), et la dernière, le nom de départ. Par ce moyen, l'on parvient à dissoudre, et l'argent qu'on a ajouté et celui qui fait partie de l'alliage, tandis qu'autrement l'argent de l'alliage étant enveloppé d'or, il n'y aurait tout au plus que celui de la surface qui se dissoudrait. Dans tous les cas, l'or reste intact. Prenons pour exemple la mon-

(*a*) Pour faire ce dernier essai, il ne faut opérer que sur un demi-gramme, à moins qu'on emploie de grandes coupelles.

(*b*) Parmi ces objets, il n'y a que ceux qui sont faits avec de l'or affiné, ou dont on a séparé l'argent par les acides, qui ne contiennent point un peu de ce dernier métal.

(*c*) Ce nom provient de ce que l'inquartation se fait ordinairement avec 3 parties d'argent et 1 partie d'or, supposé fin.

naie d'or de France, qui, sur 1000 parties, doit contenir de 898 à 902 d'or ou 900, terme moyen.

Lorsque la coupelle est à 28° ou 29° du pyromètre de Wedgwood, l'on y met 7 grammes de plomb pur, et lorsque le plomb est découvert, l'on y ajoute un demi-gramme d'or et 1gram.,35 d'argent fin, enveloppés tous deux dans le même cornet de papier. Tous les phénomènes que nous avons décrits précédemment s'observent encore ici, et l'on reconnaît aux mêmes signes que l'opération est terminée (2079). Il faut donc la conduire comme celle de la coupellation de l'argent : seulement, comme l'essai n'est point sujet à rocher, l'on peut se dispenser, au moment où il est près de passer, de rapprocher la coupelle de l'ouverture de la moufle (*a*).

La coupellation étant faite, et l'essai brossé par-dessous avec la gratte-bosse, il doit être aplati sur une enclume avec un marteau, puis recuit ou chauffé jusqu'au rouge pour qu'il ne se gerce pas en passant au laminoir, laminé de manière à obtenir une lame d'un sixième de ligne d'épaisseur, recuit de nouveau, et roulé sur lui-même en forme de cornet : après quoi il est introduit avec 70 à 72 grammes d'aeide nitrique pur à 22° de l'aréomètre de Beaumé, dans un petit matras pyriforme dont la capacité peut être de 9 à 10 centilitres, et soumis peu à peu à la chaleur jusqu'au point de faire bouillir l'acide : au bout de 22 minutes d'ébullition, l'acide est décanté et remplacé par 30 à 36 grammes d'acide nitrique à

(*a*) L'or fin est le seul qui roche quelquefois.

32°, que l'on n'entretient bouillant que pendant dix minutes; alors on le décante aussi et on lave à plusieurs reprises, par décantation, le cornet avec de l'eau distillée; ensuite on remplit le matras d'eau, et on le renverse en recevant son col dans un petit creuset de terre où, par ce moyen, le cornet descend toujours sans se briser; enfin, relevant adroitement le col du matras, décantant l'eau du creuset, et plaçant celui-ci sur des cendres chaudes pour en vaporiser la majeure partie de l'humidité, il ne s'agit plus que de le faire rougir dans la moufle, de le laisser refroidir, d'en retirer l'or et de le peser.

Les essais d'or se font toujours sur un demi-gramme; mais la quantité de plomb et d'argent qu'on ajoute varie en raison du titre de l'or. La quantité d'argent doit être à peu près trois fois celle de l'or présumé dans l'alliage. Plus grande, le cornet n'aurait point assez de consistance et se briserait; plus petite, il pourrait rester de l'argent uni à l'or. Quant à la quantité de plomb, elle doit croître avec la quantité de cuivre. Ainsi, dans les essais d'or fin ou presque fin, c'est-à-dire, à 1000, 997, 995, 990 millièmes, on n'emploie que la quantité de plomb nécessaire pour faire fondre et allier facilement l'or et l'argent; 4 grammes suffisent ordinairement, tandis qu'il faut en employer 7 grammes dans les essais d'or à 900 millièmes, et 10 dans ceux à 750. Le titre approximatif de la pièce se détermine en passant à la coupelle un demi-gramme d'or avec 10 à 12 grammes de plomb, et regardant comme de l'or pur le bouton qu'on obtient : il pourrait être tout au plus allié à quelques centièmes d'argent; car une plus grande quantité de celui-ci altérerait la couleur de l'or et le rendrait verdâtre ou même blanc (*a*).

2082. *Analyse d'un alliage d'or et de cuivre.* — D'après ce que nous venons de dire, il suffit de passer à la coupelle un demi-gramme de cet alliage avec une quantité convenable de plomb, pour en connaître la quantité d'or, et par conséquent la quantité de cuivre. L'or retient, à la vérité, du cuivre et peut-être du plomb, mais si peu, surtout lorsqu'on a le soin d'opérer à 30 ou 32° du pyromètre de Wedgwood, que les erreurs que l'on commet ne sont jamais de l'ordre des centièmes.

2083. *Analyse d'un alliage d'or, d'argent et de cuivre.* — Cette analyse se fait absolument de la même manière qu'un essai d'or (2081). Seulement il faut élever un peu moins la température du fourneau, afin de ne pas volatiliser d'argent, et peser le bouton après la

(*a*) Il est une autre méthode de déterminer la quantité d'or d'un alliage d'or et de cuivre; mais cette méthode n'est qu'approximative et ne s'emploie que pour les bijoux, qui doivent être tous au titre de 0,750.

A cet effet, on frotte l'or sur une pierre noire très-dure, appelée *cornéenne lydienne* (vulgairement pierre de touche), de manière à former sur cette pierre une couche d'environ 2 à 3 millimètres de largeur et 4 millimètres de longueur : on passe sur cette couche de l'eau forte faite avec 25 parties d'eau, 38 parties d'acide nitrique et 2 parties d'acide muriatique : le 1er, à 1,340 de densité, et le 2e, à 1,173, et l'on observe attentivement les nuances qu'elle présente : si la trace conserve la couleur jaune et son éclat métallique, on juge que l'or est au moins à 0,750; mais si, au contraire, la trace prend une couleur rouge brune de cuivre brûlé, et s'efface en grande partie, en essuyant la pierre, on en conclut que l'or est à un titre inférieur et d'autant plus bas, que la trace est plus effacée.

coupellation. En effet, en retranchant le poids du bouton de celui de l'alliage et de l'argent qu'on aura pu ajouter, on connaîtra le poids du cuivre ; retranchant ensuite le poids du cuivre et le poids de l'or de celui de l'alliage, on aura celui de l'argent. Le poids de l'or sera donné directement comme à l'ordinaire.

Si l'alliage contenait naturellement assez d'argent, c'est-à-dire, 3 fois autant que d'or, ce que l'on saurait par une opération d'épreuve (*a*), il ne faudrait point en ajouter; à plus forte raison, s'il en contenait beaucoup plus. Il est à remarquer que, dans ce cas, l'or serait obtenu non plus en cornet, mais en poudre.

On trouve dans le commerce des lingots d'or et d'argent, ou d'or, d'argent et de cuivre. Ceux qui contiennent beaucoup d'argent et peu d'or prennent le nom de doré : ils sont blancs comme l'argent.

(*a*) Lorsqu'on a beaucoup d'habitude, l'on peut se contenter, pour l'opération d'épreuve, de passer à la coupelle un demi-gramme de l'alliage avec 10 à 12 grammes de plomb, de peser le bouton et d'en examiner la couleur. Le poids du bouton donne la quantité de cuivre, et sa couleur indique sensiblement la quantité d'argent ; s'il a la couleur de l'or vert, il en contiendra environ un tiers ; s'il est à peine coloré, il en contiendra à peu près partie égale ; si, placé à côté de l'argent, il paraît aussi blanc que celui-ci, il en contiendra au moins deux parties, et, dans ce cas, on se contentera d'en ajouter une partie.

Lorsqu'au contraire l'on manque d'habitude, il vaut mieux faire l'analyse comme nous venons de dire (2083), en opérant sur un demi-gramme d'or, et en employant 10 à 12 grammes de plomb et un gramme et demi d'argent.

SECTION VI.

Détermination de la proportion des principes constituans des sulfures, des iodures, des azotures, des phosphures métalliques.

2084. *Sulfures.* — Si l'on suppose qu'un oxide métallique soit décomposé par l'hydrogène sulfuré, il en résultera toujours de l'eau et un sulfure (*a*). Par conséquent la quantité de soufre dans les sulfures est proportionnelle à la quantité d'oxigène dans les oxides. Or, comme l'hydrogène sulfuré est formé de 6,145 d'hydrogène et de 93,855 de soufre; et que l'eau l'est de 88,29 d'oxigène et de 11,71 d'hydrogène, il est évident que le sulfure d'un métal quelconque doit contenir sensiblement deux fois autant de soufre que l'oxide de ce métal contient d'oxigène, puisque, d'après les proportions que nous venons de citer, une partie d'oxigène, en s'emparant d'une certaine quantité d'hydrogène de l'hydrogène sulfuré, rend libres deux parties de soufre. En effet 6,145, quantité d'hydrogène contenue dans 100 d'hydrogène sulfuré, absorbe 46,33 d'oxigène, qui sont aux trois cinquièmes d'une unité près, la moitié de 93,855, quantité de soufre également contenue dans 100 d'hydrogène sulfuré. Ainsi, un oxide composé de

(*a*) L'on se rappelle sans doute que tous les oxides des quatre dernières sections éprouvent, par l'hydrogène sulfuré, ce genre de décomposition. Seulement ceux de fer, de zinc, de manganèse, d'étain et d'antimoine ne produisent ce phénomène qu'à chaud. Si ceux des deux autres sections ne le produisent pas, c'est qu'ils retiennent trop fortement l'oxigène.

100 de métal et de 46,33 d'oxigène, exigerait 100 parties d'hydrogène sulfuré pour sa décomposition, et donnerait lieu à 52,475 d'eau et à 193,855 de sulfure.

2085. *Iodures.* — De même qu'en décomposant les oxides, l'hydrogène sulfuré donne lieu à de l'eau et à des sulfures; de même aussi l'hydrogène ioduré ou l'acide hydriodique, lorsqu'il en opère la décomposition, forme de l'eau et des iodures. La quantité d'iode des iodures est donc, comme la quantité de soufre des sulfures, proportionnelle à la quantité d'oxigène des oxides; mais l'acide hydriodique est formé de 1 volume de vapeur d'iode et de 1 volume d'hydrogène, et 1 volume d'hydrogène représente un demi-volume d'oxigène : il s'ensuit donc que la quantité d'iode dans les iodures est à la quantité d'oxigène dans les oxides comme le poids d'un volume de vapeur d'iode est à celui d'un demi-volume d'oxigène, c'est-à-dire, comme 8,6195 est à 0,55179 ou comme 15,62 est à 1.

2086. *Azotures.* — Lorsqu'on met de l'azoture de potassium ou de sodium en contact avec l'eau, celle-ci est décomposée, et il se forme tout à coup de l'ammoniaque et des deutoxides de potassium ou de sodium; d'où il suit que si le contraire avait lieu, c'est-à-dire, si l'ammoniaque décomposait les oxides, il en résulterait de l'eau et des azotures. La quantité d'azote des azotures est donc encore comme la quantité de soufre des sulfures et comme celle d'iode des iodures, proportionnelle à la quantité d'oxigène des oxides.

Qu'on se rappelle maintenant que l'ammoniaque est formé de 3 volumes d'hydrogène et de 1 volume d'azote, et que 3 volumes d'hydrogène en représentent un et demi d'oxigène, et l'on en conclura que la quantité d'azote dans les azotures est à la quantité d'oxigène dans les oxides, comme le poids d'un volume d'azote est au poids d'un volume et demi d'oxigène ; savoir : comme 0,96913 est à 1,65538, (ou comme 0,585 est à 1. D'après cela, les azotures de potassium et de sodium qui correspondent au deuxième degré d'oxidation, doivent être formés : le premier, de 100 de potassium et de 11,677 d'azote ; et le deuxième, de 100 de sodium et de 19,903 d'azote, proportions qui s'éloignent peu de celles que nous avons indiquées (573) et auxquelles nous sommes arrivés par une autre méthode.

2087. *Phosphures.* — Il paraît, d'après les expériences de M. Oberkampf, que l'hydrogène phosphoré est susceptible de décomposer l'oxide d'or, et qu'il résulte de cette décomposition de l'eau et du phosphure : sans doute qu'il agirait d'une manière analogue sur les autres oxides, s'il pouvait les décomposer : par conséquent, il est très-probable que les phosphures sont soumis, dans leur composition, à la même loi que les sulfures, les iodures, les azotures, c'est-à-dire, que la quantité de phosphore qu'ils contiennent est proportionnelle à la quantité d'oxigène des oxides. Ainsi donc, en admettant cette loi, il ne s'agira plus, pour connaître la proportion des principes constituans des phosphures, que de déterminer celle de l'hydrogène phosphoré.

2088. *Chlorures.* — S'il est permis d'élever quelques doutes sur la composition des phosphures, il n'est pas permis d'en élever sur celle des chlorures : ils sont bien certainement soumis à la loi de composition des sulfures, des iodures, des azotures ; car en faisant évaporer jusqu'à siccité un hydro-chlorate, c'est-à-dire, une combinaison d'oxide et d'hydrogène chloré ou acide hydro-chlorique, et calcinant le résidu, il se forme de l'eau et un chlorure, à moins que l'oxide ne soit point réductible, ou que, n'ayant que très-peu d'affinité pour l'acide hydro-chlorique, il ne laisse dégager celui-ci. Or, comme l'acide hydro-chlorique est formé d'un volume de gaz hydrogène et d'un volume de chlore; qu'un volume de gaz hydrogène absorbe un demi-volume d'oxigène, la quantité de chlore dans les chlorures doit être à la quantité d'oxigène dans les oxides, comme le poids d'un volume de chlore est au poids d'un demi-volume d'oxigène, ou comme 4,48 est à 1 (*a*).

L'on voit donc, en dernier résultat, que connaissant la proportion des principes constituans de l'hydrogène sulfuré, de l'hydrogène ioduré ou de l'acide hydriodique, de l'hydrogène azoté ou de l'ammoniaque, de l'hydrogène phosphoré, de l'hydrogène chloré ou de l'acide hydro-chlorique, de l'eau, il est facile de connaître celle des sulfures, des iodures, des azotures, des phosphures et des chlorures métalliques; que, dans ces derniers composés, les quantités de soufre, d'iode, d'azote, de phosphore, de chlore, sont proportionnelles aux quantités d'oxigène qu'exigent ces métaux pour passer à l'état d'oxidation auxquelles ces composés correspondent; et que, quand une certaine quantité de métal, par exemple de potassium,

(*a*) Nous raisonnons, dans l'hypothèse qui consiste à regarder le gaz muriatique oxigéné comme un corps simple, hypothèse dans laquelle le gaz prend le nom de chlore et l'acide hydro-muriatique celui d'acide hydro-chlorique (1234).

absorbera 1 d'oxigène, elle prendra 2 de soufre; 15,58 d'iode, 0,595 d'azote, 4,48 de chlore (*a*).

CHAPITRE IV.

De l'Analyse des Corps brûlés.

SECTION PREMIÈRE.

Un oxide étant donné, comment en reconnaître la nature ?

2089. Si l'oxide est susceptible de se dissoudre dans l'eau et de former avec elle une dissolution âcre, caustique, qui verdisse le sirop de violettes, il appartiendra à la seconde section, et l'on saura s'il est à base de potassium, ou de sodium, ou de barium, ou de strontium, ou de calcium, en le soumettant aux épreuves que nous avons indiquées (2053).

2090. Si l'oxide est sans odeur, et s'il est réductible par une chaleur moindre que le rouge naissant, ce sera un oxide de mercure ou un oxide appartenant à la dernière section; on en déterminera facilement l'espèce en recueillant le métal et l'examinant. (*Voyez* les caractères de ces métaux 2055, 2055 *bis*, 2056 *bis*, 2057).

2091. Si l'oxide n'est réductible par aucun agent connu, ni par le feu, ni par la pile, ni par le charbon,

(*a*) A la vérité, il existe quelques sulfures dont la composition s'écarte de cette loi; mais l'on peut regarder ces sulfures comme des composés de véritables sulfures avec le soufre ou le métal, opinion qui nous paraît maintenant la plus probable.

s'il est insipide, blanc, et s'il ne communique point à l'eau la propriété de verdir le sirop de violettes, il fera partie de la première section, qui comprend six oxides faciles à distinguer (*a*), savoir :

L'oxide de silicium, parce qu'il est insoluble, même à chaud, dans tous les acides, excepté l'acide fluorique; qu'il forme avec celui-ci un gaz particulier ; que, calciné avec 2 fois son poids d'hydrate de potasse dans un creuset d'argent ou de platine, il en résulte un composé vitreux, déliquescent, dont l'eau, par conséquent, peut opérer la dissolution ; que, concentrée, cette dissolution se prend en masse par les acides, tandis qu'étendue d'eau ils ne la troublent point, et que la plupart d'entr'eux produisent alors avec elle, par l'évaporation, une gelée transparente (pages 39 et 40 du 2e tome).

L'oxide de zirconium, parce qu'il produit un sel insoluble avec l'acide sulfurique, et des sels solubles et très-styptiques avec l'acide nitrique et l'acide muriatique ; qu'on le sépare facilement de ces divers sels par la potasse, la soude, l'ammoniaque, les hydrosulfures et les carbonates de ces bases, et que, de tous ces réactifs, le carbonate d'ammoniaque est le seul qui soit susceptible de redissoudre le précipité.

L'oxide d'aluminium, parce que, uni aux acides sulfurique, nitrique et muriatique, il donne lieu à des sels déliquescens, très-solubles et très-astringens, dont on peut le précipiter par la potasse, la soude,

(*a*) Les caractères que nous allons donner suffisent même pour distinguer ces six oxides, celui de zirconium excepté, indépendamment de l'action du feu, de la pile et du charbon, action toujours longue à constater.

l'ammoniaque, les hydro-sulfures saturés et les carbonates de ces trois bases ; que la potasse et la soude redissolvent le précipité, que le carbonate d'ammoniaque ne le redissout point, et qu'en versant, dans une dissolution concentrée de sulfate de cet oxide, de l'eau saturée de sulfate de potasse ou de sulfate d'ammoniaque, il se dépose tout à coup une foule de cristaux d'alun, qui, par une nouvelle cristallisation, affectent la forme d'octaèdre.

L'oxide de glucinium, parce que le sulfate, le nitrate, le muriate, dont il est la base, sont déliquescens, très-sucrés ; qu'il n'est point précipité de ces sels par les hydro-sulfures saturés de potasse, de soude et d'ammoniaque ; qu'il l'est, au contraire, par la potasse, la soude, l'ammoniaque, libres ou unies à l'acide carbonique, et qu'alors il est susceptible de se redissoudre, non-seulement dans la potasse et la soude, comme l'alumine, mais aussi dans le carbonate d'ammoniaque, comme la zircône.

L'oxide d'yttrium, parce qu'il jouit des mêmes propriétés que celui de glucinium, si ce n'est qu'il n'est point soluble dans la potasse et la soude, et que son sulfate, loin d'être déliquescent, ne se dissout que dans 30 à 40 parties de son poids d'eau.

L'oxide de magnésium, parce qu'il est insoluble dans la potasse, la soude, le carbonate d'ammoniaque ; qu'il forme, avec l'acide sulfurique, un sel qui cristallise en primes quadrangulaires, et des sels déliquescens avec les acides nitrique et muriatique ; que ces divers sels sont très-solubles et trèsamers ; qu'ils ne sont troublés ni par les carbonates saturés, ni par les hydro-sulfures saturés de potasse, de soude, d'ammoniaque; qu'ils le sont, au contraire, par les sous-carbonates; que l'ammoniaque précipite une partie de l'oxide de ceux qui sont neutres, et n'altèrent point la transparence de ceux qui contiennent un assez grand excès d'acide; enfin, que la potasse et la soude les décomposent complètement.

2092. Si l'oxide est sans odeur, s'il n'est point réductible par la seule action de la chaleur rouge-cerise, s'il se réduit, au contraire, en le mêlant avec environ le quart de son poids de noir de fumée et un peu d'huile, et l'exposant peu à peu dans une cornue de grès, à la chaleur d'un fourneau à réverbère; si, enfin, le métal provenant de cette réduction se trouve fondu ou volatilisé, ce sera de l'oxide de zinc, ou d'arsenic, ou de tellure, ou d'antimoine, ou d'étain, ou de bismuth, ou de plomb ou de cuivre : l'un des quatre premiers, si le métal est sublimé en tout ou en partie (*a*); et l'un des quatre derniers, s'il ne l'est pas, et s'il est sous forme de culot ou de globules. Dans tous les cas, on reconnaîtra quel est le métal par les procédés qui ont été exposés (2054—2057), et on en conclura la nature de l'oxide (*b*).

(*a*) Comme l'antimoine ne se sublime qu'à la faveur des gaz, il est mieux de supposer qu'il puisse faire partie des métaux volatilisés et des métaux seulement fondus, et de le mettre, par conséquent, dans les deux séries.

(*b*) Les oxides de cuivre, d'antimoine, de bismuth, d'étain, de plomb, d'arsenic, peuvent être encore reconnus :

L'*oxide de cuivre*, parce qu'il se dissout dans l'acide nitrique que la dissolution est bleue ou verte, et que le fer qu'on y plonge se couvre de cuivre à l'instant même.

L'*oxide d'antimoine*, parce qu'il est insoluble dans l'acide ni-

2093. Enfin, ce sera :

De l'oxide d'osmium, s'il a une forte odeur d'acide muriatique oxigéné, une saveur très-âcre, et si, projeté sur les charbons ardens, il les fait brûler comme le nitre, etc. (2057).

De l'oxide de manganèse, si, fondu dans un creuset avec cinq ou six fois son poids de potasse du commerce, il en résulte du caméléon minéral.

De l'oxide de chrôme, s'il est d'un vert foncé, et si calciné avec un poids de potasse égal au sien, il donne

---

trique, qu'il se dissout dans l'acide muriatique, que la dissolution est incolore, qu'elle précipite en blanc par l'eau et en jaune orangé par l'hydrogène sulfuré.

L'*oxide d'étain*, parce qu'il est, comme l'oxide d'antimoine, insoluble dans l'acide nitrique et soluble dans l'acide muriatique; que la dissolution est incolore; qu'elle n'est point troublée par l'eau, et qu'elle précipite en jaune par l'hydro-sulfure, lorsque l'étain est à l'état de deutoxide, degré d'oxidation auquel il sera toujours, en ayant soin de traiter l'oxide, quel qu'il soit, par l'acide nitrique, avant de le mettre en contact avec l'acide muriatique.

L'*oxide de bismuth*, parce qu'il est soluble dans l'acide nitrique et muriatique; que les deux dissolutions sont incolores, qu'elles précipitent en blanc par l'eau, et en noir par l'hydrogène sulfuré.

L'*oxide de plomb*, parce qu'il est soluble dans l'acide nitrique, après avoir été toutefois calciné, s'il est rouge ou puce; que la dissolution est incolore, sucrée; qu'elle n'est point troublée par l'eau; qu'elle forme, avec l'acide sulfurique, un précipité blanc tout-à-fait insoluble, et avec l'acide muriatique, un précipité également blanc, mais qui se dissout dans une grande quantité d'eau.

L'*oxide d'arsenic*, parce que, projeté sur des charbons incandescens, il donne lieu à une fumée blanche très-épaisse qui répand l'odeur d'ail ou de phosphore, qu'il se dissout dans l'acide nitrique, et que la dissolution précipite en jaune par l'hydrogène sulfuré.

lieu à une masse jaunâtre de chrômate de potasse, susceptible de former avec l'eau une dissolution jaune, qui, saturée par l'acide nitrique, précipite le nitrate acide de mercure en rouge, le nitrate d'argent en violet, et le nitrate et l'acétate de plomb en jaune vif.

De l'oxide de fer, s'il se dissout dans l'acide muriatique et si la dissolution forme, avec le prussiate de potasse ferrugineux, un précipité abondant qui soit bleu ou qui le devienne tout à coup par l'addition de l'acide muriatique oxigéné.

De l'oxide de cobalt, si, chauffé au chalumeau ou dans un creuset avec 20 à 25 fois son poids de borax, il se réduit en verre bleu, et si, mis en contact avec de l'acide muriatique étendu d'eau, il en résulte une dissolution rose qui, par les alcalis, se trouble et laisse déposer des flocons gélatineux d'un bleu-violacé.

De l'oxide de nickel, s'il est soluble dans l'acide nitrique, si la dissolution est d'un vert de pré, si le fer n'en précipite aucun métal et si l'ammoniaque qui la trouble d'abord en rétablit ensuite la transparence et la rend bleue.

De l'oxide d'urane, si l'acide nitrique peut en opérer la dissolution, et si cette dissolution jouit des propriétés énoncées (2055).

De l'oxide de cérium, s'il forme, avec l'acide muriatique, un muriate qui nous offre tous les phénomènes que nous avons exposés au sujet du cérium (2057).

De l'oxide de titane, si, après avoir été calciné avec la potasse et lavé, il se dissout dans l'acide muriatique, et si la dissolution se comporte comme celle dont nous avons parlé en traitant des caractères du titane (2057).

Enfin, *de l'oxide de molybdène*, s'il est bleu, et si, par l'acide nitrique, il se transforme en une poudre blanche, douée des propriétés de l'acide molybdique (2123).

SECTION II.

Un mélange d'oxide étant donné, déterminer la nature de chacun d'eux (a).

2094. Nous conseillons de traiter d'abord le mélange, à plusieurs reprises, par un excès d'acide muriatique bouillant : tous les oxides se dissoudront, moins la silice, l'oxide d'argent, et peut-être le protoxide de mercure et l'oxide de titane (*b*).

Plongeant ensuite une lame de fer dans la dissolution, l'on en réduira l'iridium, l'or, le platine, le rhodium, le palladium, l'osmium (*c*), le mercure deutoxidé, le tellure, le cuivre, le plomb, le bismuth, l'antimoine, l'arsenic, l'étain : après quoi, l'on rendra très-acide la liqueur décantée, et l'on y versera de

---

(*a*) L'oxide de molybdène n'ayant pas encore été bien étudié, nous n'en ferons pas mention.

(*b*) Je dis peut-être, car il serait possible que l'oxide de titane n'eût point assez de cohésion pour résister à l'action de l'acide muriatique, et que le protoxide de mercure reçût de quelques autres oxides de l'oxigène qui le fît passer à l'état de deutoxide, et qui le rendît soluble dans cet acide.

(*c*) L'oxide d'osmium doit se volatiliser en grande partie au moment où l'on fait chauffer le mélange avec l'acide muriatique. Pour en reconnaître l'existence, il vaudrait mieux, d'après cela, procéder à la dissolution dans une cornue munie d'un récipient, et chercher à retirer l'oxide d'osmium de la liqueur distillée, comme nous l'avons dit (1193).

l'ammoniaque en excès ; par ce moyen, l'on en précipitera les oxides de cérium, de titane, d'urane, de chrôme, de fer, de manganèse, de zircônium, de glucinium, d'yttrium et d'aluminium ; ceux de nickel, de zinc, de cobalt, de magnésium, de calcium, de barium, de strontium, de potassium, de sodium, resteront dissous, comme faisant partie, les quatre premiers, de sels doubles ammoniacaux ; et les cinq autres, de muriates simples (*a*).

Si alors, l'on fait passer du gaz hydrogène sulfuré à travers la nouvelle liqueur filtrée, l'on en séparera le nickel, le zinc et le cobalt à l'état de sulfures ou d'hydro-sulfures ; et si, filtrée de nouveau, l'on y ajoute du sous-carbonate d'ammoniaque, tout ce qu'elle contiendra de magnésie, de chaux, de baryte, de strontiane, se déposera sous forme de carbonates ; la potasse et la soude seront les seules bases qui ne seront point précipitées.

L'on voit donc que si le mélange contenait tous les oxides, il serait transformé en six parties composées de cinq dépôts et une dissolution. Supposons ce cas, qui est le plus compliqué, et voyons maintenant comment on pourra séparer ou reconnaître au moins chaque espèce d'oxide.

2095. *Premier dépôt.* — Le premier dépôt sera formé au plus de silice, d'oxide de titane, de muriate d'argent, et de proto-muriate de mercure. En le mettant en contact avec une dissolution de potasse ou de soude faible, à la température de 50 à 60°, l'on

(*a*) Cependant, si le mélange contenait tout à la fois de l'oxide d'aluminium et de l'oxide de magnésium, celui-ci serait entraîné, au moins en partie, par l'autre (617, art. 4°).

décomposera les muriates et l'on s'emparera de leur acide ; faisant chauffer alors le résidu avec l'acide nitrique pur, l'on dissoudra les oxides d'argent et de mercure ; versant ensuite de la potasse ou de la soude dans la dissolution, on les précipitera, de sorte qu'il ne faudra plus que les calciner dans une cornue pour les réduire et séparer le mercure de l'argent. Quant à la séparation de la silice et de l'oxide de titane, c'est encore de potasse qu'on se servira pour l'opérer; on fera rougir ces deux oxides, avec 3 à 4 fois leur poids de cet alcali, dans un creuset de platine, et l'on traitera la masse par l'eau, qui laissera l'oxide de titane intact, et ne dissoudra que l'alcali et la silice : celle-ci s'obtiendra à la manière ordinaire. D'ailleurs, on reconnaîtra chacun de ces corps par les caractères qui les distinguent, et que nous avons exposés (2090, 2091, 2093).

2096. *Second dépôt.* — Celui-ci n'étant composé que de métaux réduits, l'on cherchera à reconnaître chacun d'eux, comme il a été dit (2053), en se rappelant toutefois que le rhodium, par l'influence de quelques autres métaux, peut devenir soluble, non-seulement dans l'acide nitro-muriatique, mais encore dans l'acide nitrique; ainsi il faudra donc le chercher dans le résidu et dans la dissolution.

2097. *Troisième dépôt.* — C'est dans ce dépôt que devront se trouver les oxides de cérium, d'urane, de chrôme, de fer, de manganèse, de zircônium, de glucinium, d'yttrium, d'aluminium, et peut-être de titane (*a*).

(*a*) Observons de nouveau que, dans le cas où le mélange con-

La glucine et l'alumine étant les seules de ces bases solubles dans la potasse ou la soude, seront dissoutes, à l'aide de la chaleur, par ces alcalis, et séparées en sur-saturant la dissolution alcaline d'acide muriatique, la mêlant et l'agitant avec un grand excès de sous-carbonate d'ammoniaque qui les précipitera toutes deux et qui redissoudra la glucine (*a*).

Après avoir enlevé la glucine et l'alumine, on dissoudra le résidu dans l'acide muriatique; puis l'on étendra la dissolution d'eau, et on la fera bouillir pour en précipiter la majeure partie de l'oxide de titane; cela fait, il faudra la verser peu à peu dans un grand excès de sous-carbonate d'ammoniaque; ce sous-carbonate, par l'agitation, retiendra l'yttria et la zircône; filtrant donc la liqueur et la faisant chauffer, l'yttria et la zircône se déposeront : on les séparera en les dissolvant de nouveau dans l'acide muriatique et y ajoutant successivement de l'hydro-sulfure d'ammoniaque saturé et de l'ammoniaque : l'hydro-sulfure mettra en liberté la zircône, et l'ammoniaque l'yttria.

Il ne restera plus qu'à rechercher la présence des oxides de cérium, d'urane, de fer, de chrôme et de manganèse : à cet effet, le dépôt ayant été traité comme il vient d'être dit, on le calcinera jusqu'au rouge avec un poids de potasse égal au sien; s'il con-

---

tiendrait de l'oxide d'aluminium et de magnésium, l'oxide d'al umi nium, au moment de sa précipitation par l'ammoniaque (20 94) traînerait au moins une partie de celui-ci.

(*a*) Si l'alumine était unie à la magnésie, elle ne serait dissoute, à la vérité, qu'en partie par la potasse; mais on n'en reconnaîtrait pas moins bien l'existence de cette base.

tient du manganèse, il en résultera une masse verte ou du caméléon minéral ; et s'il renferme du chrôme, en délayant cette masse dans l'eau et abandonnant la liqueur à elle-même, celle-ci deviendra jaune, et acquerra, saturée par un acide, la propriété de précipiter en rouge le nitrate acide de mercure, et en violet le nitrate d'argent.

Le dépôt devra nécessairement contenir du fer, puisqu'on se sera servi de ce métal pour en précipiter beaucoup d'autres; mais, pour savoir si le mélange en contenait primitivement, il faudra verser du prussiate de potasse dans une partie de la première dissolution muriatique, que l'on privera auparavant d'un grand nombre de métaux par l'hydrogène sulfuré.

Enfin, l'on parviendra à reconnaître les oxides de cérium et d'urane, en rassemblant la partie non attaquée par la potasse, la dissolvant dans l'acide muriatique, faisant passer de l'hydrogène sulfuré à travers la dissolution et y versant ensuite du tartrate de potasse. Au moyen de l'hydrogène sulfuré, on en précipitera l'urane à l'état de sulfure que l'on convertira en nitrate, sel facile à distinguer (2055) ; et, par la calcination, l'on extraira du tartrate l'oxide de cérium, dont les caractères ont été précédemment assignés (2095 *a*).

(*a*) C'est dans la liqueur restante que se trouverait la magnésie qui pourrait être entraînée par l'alumine, si toutefois le mélange contenait tout à la fois ces deux bases salifiables. Elle s'y trouverait avec une partie de l'alumine elle-même, tout l'oxide de fer, et presque tout l'oxide de manganèse, et on la retirerait en ajoutant successivement à la liqueur de l'hydro-sulfure d'ammoniaque saturé et de la potasse : l'hydro-sulfure en séparerait l'alumine pure, l'oxide de fer et l'oxide de manganèse à l'état d'hydro-sulfure; et la potasse, la magnésie légèrement carbonatée.

2098. *Quatrième dépôt.* — Ce dépôt, qui ne peut être formé que d'hydro-sulfure ou de sulfure de nickel, de cobalt et de zinc, devra être traité par l'acide nitrique. L'on concentrera la dissolution, et lorsqu'elle sera privée de la plus grande partie de son excès d'acide, on y ajoutera de l'ammoniaque qui en séparera presque tout l'oxide de cobalt. La liqueur étant filtrée, on y versera un excès de potasse, on la fera bouillir, et bientôt toute l'ammoniaque se volatilisera, et l'oxide de nickel se précipitera : l'on retirera, d'ailleurs, l'oxide de zinc de la dissolution alcaline, comme il a été dit (2072).

2099. *Cinquième dépôt.* — Le cinquième dépôt ne comprendra tout au plus que des carbonates de baryte, de strontiane, de chaux et de magnésie : son analyse est fondée sur ce que l'alcool concentré et bouillant dissout bien les muriates de strontiane, de chaux et de magnésie, et qu'il est sans action sur le muriate de baryte ; qu'il dissout également bien les nitrates de chaux et de magnésie, et qu'il n'attaque que très-difficilement le nitrate de strontiane ; enfin, que le sulfate de chaux est pour ainsi dire insoluble dans l'eau, et que le sulfate de magnésie y est très-soluble. (*Voyez*, pour plus de détails 2102).

2100. 6° *Matières du mélange qui peuvent être contenues dans la dissolution d'où provient le cinquième dépôt.* — Ces matières sont la potasse et la soude unies à l'acide muriatique ; elles sont d'ailleurs mêlées avec du muriate et du carbonate d'ammoniaque. Pour en reconnaître l'existence, il faudra évaporer la dissolution presque jusqu'à siccité, verser sur la liqueur restante un excès d'acide sulfurique, continuer l'évaporation et calciner le résidu jusqu'au rouge; par ce moyen, l'on se débarrassera de tous les sels ammoniacaux, et l'on obtiendra la potasse et la soude en combinaison avec l'acide sulfurique : les sulfates seront dissous dans l'eau et séparés l'un de l'autre par l'évaporation et la cristallisation. (*Voyez* ces sulfates 824 et 825).

2101. *Analyse de divers mélanges d'oxide; savoir :*

1° *D'oxide d'étain et de protoxide de plomb.*

2° *D'oxide d'étain et d'oxide de cuivre.*

3° *De protoxide de plomb et d'oxide d'antimoine.*

4° *D'oxide de zinc et d'oxide de cuivre.*

5° *D'oxide d'argent et d'oxide de cuivre.*

6° *D'oxide de bismuth, d'oxide d'étain et de protoxide de plomb.*

7° *D'oxide d'étain, d'oxide de bismuth, de protoxide de plomb et d'oxide d'argent.*

8° *D'oxide d'étain, d'oxide de bismuth, de protoxide de plomb, d'oxide d'argent, d'oxide de cuivre et d'oxide de zinc.*

9° *D'oxide d'étain, d'oxide de bismuth, de protoxide de plomb, d'oxide d'argent. d'oxide de cuivre, d'oxide de zinc et d'oxide de manganèse.*

Toutes ces analyses se font absolument de la même manière que si les métaux étaient à l'état métallique (2063—2077).

2102. 10° *De baryte, de strontiane, de chaux, de*

magnésie. — Après avoir uni ces bases à l'acide muriatique et desséché les muriates, on traitera ceux-ci par l'alcool concentré et bouillant qui les dissoudra tous, excepté le muriate de baryte ; puis, l'on étendra d'eau la dissolution alcoolique et l'on y versera du sous-carbonate de potasse pour en précipiter la strontiane, la chaux et la magnésie à l'état de carbonates ; traitant alors ces carbonates par l'acide nitrique, et les nitrates qui en proviendront par l'alcool, de même que les bases viennent de l'être par l'acide muriatique et ce dernier réactif, les nitrates de chaux et de magnésie se dissoudront, et l'on obtiendra, pour résidu, le nitrate de strontiane ; ramenant de nouveau la chaux et la magnésie à l'état de carbonates, et versant dessus de l'acide sulfurique faible jusqu'à ce qu'il y en ait un très-léger excès, il en résultera deux sulfates, l'un de chaux très-peu soluble, et l'autre de magnésie très-soluble, qu'on séparera par la filtration. De la quantité de muriate de baryte bien desséché, l'on conclura celle de baryte ; il en sera de même des quantités de sulfate de chaux, de sulfate de magnésie et de nitrate de strontiane, relativement à celles des bases qui entrent dans leur composition (811, 893, 966).

2103. 11e *D'alumine, de glucine, d'yttria, de zircône, de silice, d'oxide de fer, d'oxide de manganèse et d'oxide de chrôme.* — La silice étant l seule de ces bases, insoluble dans l'acide muriatique, il sera facile de la séparer : cette séparation faite, l'on versera, dans la dissolution, de l'hydro-sulfure d'ammoniaque saturé qui ne précipitera que l'alumine, la zircône et les oxides de fer, de manganèse et de chrôme (*a*). L'yttria et la glucine resteront donc dans la liqueur filtrée, d'où l'on pourra successivement les retirer en y ajoutant de la potasse en excès, filtrant la nouvelle liqueur, la faisant chauffer avec de l'acide muriatique, pour dégager tout l'hydrogène sulfuré, et la mêlant ensuite avec de l'ammoniaque; la potasse mettra en liberté l'yttria, et retiendra la glucine, qui sera elle-même rendue libre par l'ammoniaque. La séparation de ces deux bases est fondée, comme on voit, sur la propriété qu'a la potasse de dissoudre la glucine et de ne point dissoudre l'yttria.

La silice, la glucine et l'yttria étant isolées, l'on mettra le dépôt d'alumine, de zircône et des oxides de fer, de manganèse et de chrôme, en contact avec la potasse liquide, à la température de 60 à 70°; par ce moyen, l'on dissoudra l'alumine et on l'obtiendra en sur-saturant d'acide la dissolution et y versant de l'ammoniaque.

Pour extraire la zircône, il faudra dissoudre de nouveau les quatre oxides restans dans l'acide muriatique et agiter la dissolution avec un grand excès de sous-carbonate d'ammoniaque: les oxides de fer, de manganèse et de chrôme seront précipités; la zircône, au contraire, restera dissoute (2097; il suffira de faire bouillir la liqueur pour se la procurer: si elle était colorée, on la purifierait comme il est dit (507).

Comment séparer maintenant l'oxide de chrôme des oxides de fer et de manganèse? En calcinant les trois

(*a*) *Voyez* la nature du précipité (1152). Il est essentiel que l'hydro-sulfure ne contienne pas de carbonate.

oxides avec leur poids de nitrate de potasse dans un creuset de platine; l'oxide de chrôme s'acidifiera et s'unira en partie à la base du nitrate : l'oxide de manganèse entrera bien aussi, à la vérité, en combinaison avec l'alcali; mais, en jetant de l'eau sur la masse et exposant la liqueur à l'air, tout l'oxide de manganèse se déposera avec l'oxide de fer, tandis que tout l'oxide de chrôme, devenu acide, restera, dans la dissolution, uni à la potasse. Pour l'en extraire, on saturera la dissolution d'acide nitrique, l'on y versera du nitrate de mercure et l'on calcinera le chrômate de mercure qui se produira (533).

Quant aux oxides de fer et de manganèse, on procédera à leur séparation par la méthode qui a été exposée précédemment (2097).

2104. 12° *De baryte, de strontiane, de chaux, de magnésie, de glucine, d'yttria, d'alumine, de zircône, de silice, d'oxide de fer, d'oxide de manganèse, d'oxide de chrôme.* — Cette analyse se compose, en quelque sorte, des deux précédentes. En effet, le mélange doit être traité par l'acide muriatique, et la dissolution par l'hydro-sulfure d'ammoniaque. Par l'acide, on dissout toutes les bases, excepté la silice; et, par l'hydro-sulfure, on précipite l'alumine, la zircône, l'oxide de fer, l'oxide de manganèse et l'oxide de chrôme, à la séparation desquels on procède comme nous venons de dire; versant ensuite un excès d'acide muriatique dans la liqueur filtrée, on la fait chauffer pour en dégager l'hydrogène sulfuré; après quoi, l'on y ajoute successivement de l'ammoniaque et du sous-carbonate de potasse liquides : de là résultent deux dépôts, le premier de glucine et d'yttria, et le second de sous-carbonates de baryte, de chaux, de strontiane, de magnésie ; on détermine les quantités de bases de ces carbonates, de même que si les bases étaient libres (2102) ; quant à la glucine et à l'yttria, elles sont mises en contact à chaud avec la potasse liquide qui dissout la glucine et n'attaque point l'yttria, et l'on extrait, d'ailleurs, la glucine de la dissolution alcaline, à la manière ordinaire, c'est-à-dire, en sursaturant d'acide cette dissolution, et y ajoutant de l'ammoniaque.

Analyse des pierres.

2105. Les pierres sont des combinaisons naturelles de divers oxides, renfermant quelquefois, mais comme principes accessoires, des acides, des combustibles, des sels.

Presque toutes sont formées de silice, d'alumine, de chaux, de magnésie, d'oxide de fer, et d'oxide de manganèse, unis deux à deux, trois à trois, quatre à quatre, etc. ; elles contiennent rarement de la glucine, de l'yttria, de la zircône, de la potasse, de la soude, de l'oxide de chrôme ; plus rarement, de la baryte, de l'oxide de nickel ; plus rarement encore, d'autres oxides : les deux premiers, c'est-à-dire, la silice et l'alumine sont ceux qui entrent le plus souvent et le plus abondamment dans leur composition.

2106. Il est peu de pierres qui n'aient assez de dureté pour résister à l'action des acides muriatique, sulfurique, nitrique : de là, la nécessité de détruire leur aggrégation de la manière suivante, avant de les traiter par ces acides.

La pierre devra d'abord être réduite en poudre impalpable (*a*) : à cet effet, on la broiera dans un mortier d'agathe ou de silex, par partie d'un demi-gramme au plus, jusqu'à ce que la poussière placée entre l'ongle et le doigt ne paraisse plus rugueuse ; ensuite, on en pesera 5 ou 10 grammes, que l'on mettra avec trois fois leur poids d'hydrate de potasse ou de soude dans un creuset d'argent ou de platine. Celui-ci, surmonté de son couvercle, sera exposé peu à peu à la chaleur rouge, puis retiré du feu, dès que la matière sera fondue ou au moins devenue pâteuse, ce qui aura lieu dans l'espace de trois quarts d'heure, et abandonné à lui-même pour qu'il refroidisse ; alors, on y versera de l'eau à plusieurs reprises, que l'on fera chauffer et que l'on décantera chaque fois dans une capsule, sans en perdre la plus petite portion ; par ce moyen, toute la matière se séparera du creuset et deviendra susceptible de se dissoudre, à la température ordinaire ou du moins de l'eau bouillante, dans l'acide muriatique qui devra être ajouté par portion, en ayant soin, pour en faciliter l'action, d'agiter la matière avec une spatule. Lorsque la dissolution sera complétement évaporée, il faudra l'évaporer jusqu'en consistance plus que pâteuse, afin d'en volatiliser l'excès d'acide et d'en précipiter la silice (*b*) : après quoi,

(*a*) Lorsque la pierre est très-dure, il est bon de la faire rougir et de la plonger dans l'eau ; par ce moyen, on l'étonne et on en facilite la pulvérisation. Il faut s'assurer que, dans cette calcination, elle ne perd rien, ou tenir compte de ce qu'elle pourrait perdre.

(*b*) Lorsque l'évaporation touchera à sa fin, il sera nécessaire de ménager le feu et de remuer sans cesse la matière, pour empêcher qu'il ne s'en projette hors la capsule.

délayant le résidu dans 8 à 10 fois son volume d'eau, portant la liqueur à l'ébullition et la filtrant, l'on recueillera la silice sur le filtre; l'on extraira les autres bases de la liqueur réunie aux eaux de lavage, à la manière ordinaire (2104), en se rappelant que les pierres ne contiennent qu'un certain nombre d'oxides que nous avons fait connaître (2105). Au reste, il faudra consacrer une première opération à la recherche des principes constituans de la pierre que l'on voudra analyser, et en faire une seconde pour déterminer la proportion de ces principes.

2107. Si l'on ne trouvait pas, à quelques centièmes près, le poids sur lequel l'opération serait faite, ce serait une preuve que la pierre contiendrait probablement de la potasse ou de la soude, et peut-être l'un et l'autre de ces alcalis. L'on s'en convaincrait en fondant une certaine quantité de pierre dans l'acide borique, délayant la matière dans l'eau, la traitant par l'acide muriatique, faisant évaporer la dissolution jusqu'à siccité, versant de l'eau sur le résidu, filtrant la liqueur et y ajoutant du carbonate d'ammoniaque, la filtrant et la faisant évaporer une seconde fois, et calcinant fortement la masse restante (*a*); le nouveau résidu que l'on obtien-

(*a*) La première évaporation a pour objet de volatiliser l'excès d'acide muriatique; l'eau, de dissoudre les muriates; la première filtration, de les séparer de la silice et de la majeure partie de l'acide borique qui se déposent pendant l'évaporation; le carbonate d'ammoniaque, de décomposer ceux qui sont à base de chaux, de magnésie, d'alumine, etc.; la seconde filtration, d'obtenir en dissolution limpide la potasse ou la soude, unie à l'acide muriatique et mêlée au muriate d'ammoniaque provenant de l'action du carbonate d'ammoniaque, la seconde évaporation, d'avoir ces muriates à l'état

drait serait la potasse ou la soude unie à l'acide muriatique. On le décomposerait par l'acide sulfurique, et faisant dissoudre la masse saline dans l'eau, on séparerait, par voie de cristallisation, les deux sulfates qu'elle pourrait contenir. Le poids de ces sulfates donnerait celui de leurs bases.

2108. Enfin si ne trouvant pas, à quelques centièmes près, le poids sur lequel l'opération serait faite, la pierre ne contenait pas d'alcali, il deviendrait probable qu'elle contiendrait un acide ; alors on chercherait à le connaître en soumettant la pierre à diverses épreuves, puis on en déterminerait autant que possible la quantité.

2109. Supposons qu'il s'agisse d'analyser l'aigue-marine qui, d'après M. Vauquelin, est composée de 69 parties de silice, de 13 d'alumine, de 16 de glucine, de 1 d'oxide de fer et de 0,5 de chaux.

1° Après en avoir séparé la silice, comme nous venons de dire, l'on versera un excès d'ammoniaque dans la dissolution qui contiendra cinq muriates : du muriate d'alumine, du muriate de glucine, du muriate de fer, du muriate de chaux et du muriate de potasse. Cet alcali décomposera les trois premiers muriates et en précipitera les bases. Celles-ci seront recueillies sur un filtre, et lavées jusqu'à ce que les eaux de lavage ne verdissent plus le sirop de violettes.

2° La liqueur étant réunie aux eaux de lavage, l'on

---

solide; la calcination, de vaporiser le muriate d'ammoniaque; et le traitement du résidu par l'acide sulfurique, de transformer les muriates de potasse et de soude en sulfates, qui sont plus faciles à séparer par la cristallisation que les muriates.

y ajoutera du sous-carbonate de potasse, afin d'opérer la décomposition du muriate de chaux ; il en résultera, d'une part, du muriate de potasse soluble, et de l'autre, du sous-carbonate de chaux insoluble. Ce sous-carbonate lavé, séché et fortement calciné, donnera pour résidu toute la chaux de l'aigue-marine.

3° L'alumine, la glucine et l'oxide de fer, précipités de leurs muriates (*Expérience première*), seront enlevés à l'état gélatineux avec un couteau de corne ou d'ivoire, de dessus le filtre, et traités à chaud dans une capsule par un grand excès de potasse caustique liquide, qui dissout l'alumine et la glucine, et qui est sans action sur l'oxide de fer. Au bout de 15 à 20 minutes d'ébullition, on retirera la capsule du feu ; et lorsqu'elle ne sera plus qu'à 30 ou 40°, on filtrera la liqueur (*a*) et on lavera le filtre jusqu'à ce qu'il cesse de donner des signes d'*alcalinité :* alors l'oxide de fer resté sur le filtre sera enlevé avec un couteau, comme précédemment, puis séché, calciné et pesé.

4° Lorsque ces opérations seront faites, l'on saturera d'acide nitrique ou d'acide muriatique la liqueur alcaline ; puis l'on y ajoutera un excès d'ammoniaque pour en précipiter complétement la glucine et l'alumine.

5° Ces deux bases lavées et recueillies, on les dissoudra dans de l'acide muriatique faible, et l'on versera peu à peu la dissolution dans un grand excès de carbo-

---

(*a*) Si la liqueur était trop caustique ou l'était assez pour trouer le papier, il faudrait l'étendre d'eau.

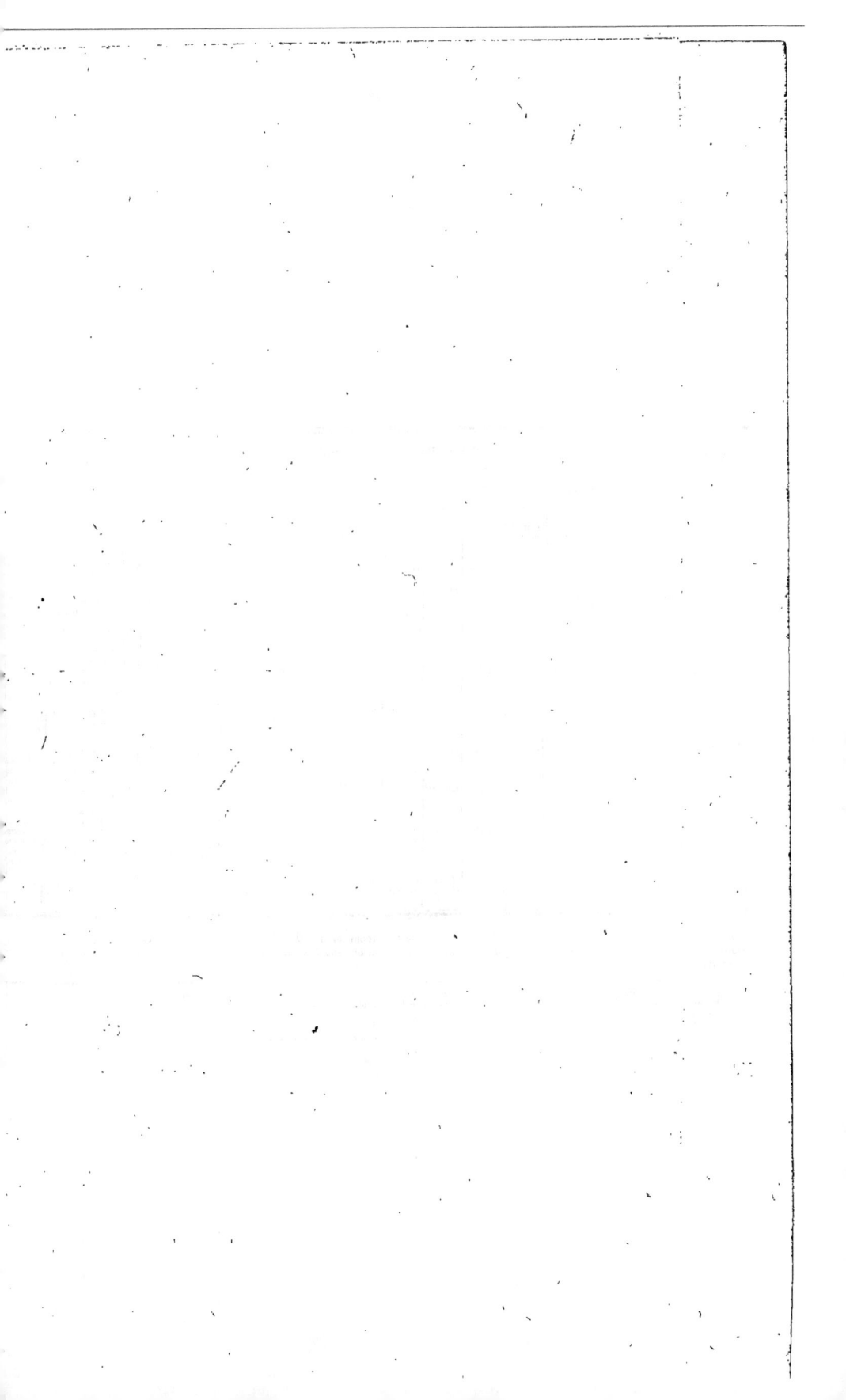

NOMS de L'EAU.	QUANTITÉ d'eau.	GAZ (*)		CARBONATES DE				MURIATES DE			SULFATES DE			AUTRES MATIÈRES.	OBSERVATI[ONS]
		Acide carbonique	Hydrogène sulfuré.	Chaux.	Magnésie.	Soude.	Fe.	Soude.	Chaux.	Magnésie.	Soude.	Chaux.	Magnésie.		
Aix (1)......	quantité indéter..	quantité indéter.	quantité indéterm.	quantité indéter.	....	....	quantité indéter.	....	....	quantité indéter..	quantité indéter.	quantité indéter.	quantité indéter..	Plus, un peu de matière extractive animale.	Toutes quantités exprimées anciens p[...] si ce n'es[...] quantité d[...] d'Aix-la-[...] pelle et de[...] laruc, e[...] leurs pri[...] pes fixes. L'expres[...] p. c. sig[...] pouces cu[...] celle g^me[...] signifie g[...] me, et [...] g^n signif[...] grain.
Aix-la-Chapelle (2)....	1000 g^mes	18p. c.,05.	28p. c.,54.	0g^e.,1304	0g^e.,0440	0g^e,5444	......	2g^e,9697	....	....	0g^e,2637	....	....	Plus, 0g^e.,0705 de silice.	
Bagnères-de-Luchon (3).	quantité indét. (c)	....	quantité indéterm.	.... ..	....	quantité indéter.	....	quantité indéter.	....	....	quantité indéter.	....	....	Plus, un peu de silice et de matière extractive.	
Balaruc (4)..	6000 g^mes	36 p. c..	....	7 gram.	0,55g^mes.	....	des atomes.	45,05 g^e.	5,45 g^e..	.8,25 g^e.	....	4,20 g^e.	....	Suivant M. Saint-Pierre, elle laisse dégager beaucoup d'azote à la source.	
Enghien(5)...	100 livr.	185 grains	700 p. c..	214 g^ns..	13 g^ns. ⅓.	......	....	24 g^ns..	.... ..	80 grains	....	333 g^ns.	158 g^ns..	Plus, un peu de matière extractive et de silice.	
Mont-d'Or (6) (a)....	26 pintes	130 grains	....	116 g^ns..	38 grains.	... ..	11 grains	145 g^ns.	....	....	57 g^ns..	....	... .	Plus, 62 grains d'alumine.	
Passy (7) (b).	1 pinte..	0 ,20.	....	....	....	....	0,80 g^ns.	6,60 g^ns.	....	....	....	43,2 g^ns.	22,6 g^ns..	Plus, 7 grains ½ d'alun, 17 grains ¼ de sulfate de fer, et un atome de bitume.	La ma[tière] résineuse [...] tient en [...] porant l[es] eaux jus[qu'à] siccité, traitant [...] cessiveme[nt] le résidu [par] l'alcool. [Ce]lui-ci la [dis]sout enti[ère]ment.
Plombières (8)..........	1 pinte..	....	....	½ grain.	....	2g^r.,5g^ns	....	1 grain ¼	....	....	2 g^ns. ⅓.	....	....	Plus, 1 grain 1 tiers de silice, et 1 grain 1 douzième de matière animale.	
Pyrmont (9).	100 livr.	1500 g^ns..	....	348g^ns,75	339 g^ns..	....	105,5g^ns	122 g^ns.	....	134 g^ns..	289 (d).	....	547 (d).	Plus, 9 grains de principes résineux.	
Sedlitz (10)..	5 livres..	6 grains.	....	9g^ns,75.	6,25 g^ns..	....	....	....	....	....	34,5 g^ns.	25,75g^ns	1410 g^ns.	Plus, 3 grains trois quarts de matière résineuse.	
Seltz (11)...	2 pint. ¾.	près de 60 p. c....	....	17 grains	.29,5 g^ns.	24 grains	....	109,5 g^ns	....	....	....	....	....	....	
Spa (12).....	100 livr.	1080 p. c.	....	154,5g^ns	363,5g^ns.	154,5 (d)	.59,2g^ns	.18,2 g^ns	....	....	....	....	....	....	

Dans toutes les analyses d'eaux minérales sulfureuses, on ne fait mention que d'hydrogène sulfuré et de carbonates, ce qui pourrait croire que ces eaux ne contiennent jamais d'hydro-sulfure; mais si l'on obtient de semblables résultats, c'est sans doute parce qu'on évapor[e les] eaux avec le contact de l'air.

(1) Le docteur Bonvoisin.
(2) Reumont, médecin, et Monheim, pharmacien.
(3) Bayen.
(4) Figuier.
(5) Fourcroy.
(6) Bertrand, médecin et inspecteur des eaux.
(7) Deyeux.
(8) Vauquelin.
(9) Vestrumb.
(10) D'après Bouillon-Lagrange.
(11) Bergman.
(12) Bergman.

nate d'ammoniaque liquide, en ayant soin d'agiter de temps en temps le flacon dans lequel l'expérience sera faite : par ce moyen, la glucine restera dissoute, tandis que l'alumine se déposera sous forme de flocons blancs. Si donc l'on filtre la nouvelle liqueur, l'alumine se rassemblera sur le filtre, et l'on en connaîtra la quantité en la pesant après l'avoir lavée, séchée et calcinée.

6° Enfin, pour terminer l'analyse, il ne s'agira plus que d'extraire la glucine; et c'est à quoi il sera facile de parvenir en faisant bouillir la dissolution de carbonate d'ammoniaqne. Ce sel, en se vaporisant, laissera déposer la base, qui, comme l'alumine, devra être recueillie sur un filtre et pesée après son lavage, sa dessication et sa calcination.

2110. La marche que nous venons d'indiquer diffère un peu de celle que nous avons décrite précédemment (2104). Dans celle-ci, qui est générale, au lieu d'ajouter de l'ammoniaque à la liqueur après la séparation de la silice, on y ajoute de l'hydro-sulfure d'ammoniaque.

Il me semble que la première, c'est-à-dire, celle qui consiste à employer l'hydro-sulfure, mérite la préférence, lorsque la pierre contient de la magnésie et de l'alumine, et que la seconde ne doit être suivie que dans le cas où l'une de ces deux bases seulement ferait partie de la pierre. En effet, que l'on verse de l'ammoniaque dans une dissolution saline contenant des sels alumineux et des sels magnésiens, l'alumine, en se précipitant, entraînera au moins une partie de la magnésie, et l'on ne pourra séparer facilement ces deux bases qu'en les redissolvant dans un acide, et y ajoutant de l'hydro-sulfure (*a*) ; tandis que si, au contraire, la dissolution contenait des sels magnésiens sans sels alumineux, et qu'elle fût suffisamment acide, l'ammoniaque n'en précipiterait pas la plus petite quantité de magnésie. Du reste, l'analyse sera facile à faire dans les deux cas.

Analyse des Argiles.

2111. Les argiles étant formées tout au plus de silice, d'alumine, de carbonate de chaux, d'oxide de fer et d'eau, c'est par des procédés semblables à ceux que nous venons d'exposer qu'elles doivent être analysées.

L'on en extraira la silice de même que des pierres gemmes. Versant ensuite de l'ammoniaqne dans la dissolution acide, l'on en précipitera l'alumine et l'oxide de fer : après quoi filtrant la liqueur et y ajoutant du sous-carbonate de potasse, on obtiendra un nouveau précipité qui sera le carbonate calcaire.

(*a*) L'on parvient aussi, à la vérité, à séparer ces bases en les traitant par la potasse caustique liquide, dissolvant le résidu bien lavé dans un excès d'acide, ajoutant de l'ammoniaque à la dissolution, soumettant à la même série d'opérations le précipité que l'ammoniaque occasionne, et traitant encore de la même manière celui qu'on obtient en second lieu, etc. La potasse, à chaque fois, enlève une partie de l'alumine, de sorte que celle-ci, ne se trouvant plus en assez grande quantité dans la dissolution acide, n'entraîne, au moment de la précipitation par l'ammoniaque, qu'une partie de la magnésie. On finit donc par obtenir toute l'alumine en combinaison avec la potasse, et toute la magnésie en combinaison avec l'acide et l'ammoniaque, combinaisons d'où on les retire par les procédés ordinaires.

L'oxide de fer et l'alumine seront séparés par la potasse liquide, à la manière ordinaire.

Quant à l'eau, l'on pourra en connaître la proportion en calcinant fortement 100 parties d'argile, par exemple, dans un creuset de platine, et retranchant de ces 100 parties le résidu, plus l'acide carbonique du carbonate de chaux, qui se dégagera en même temps que l'eau par la calcination.

SECTION III.

Des principaux procédés qu'il faut employer pour déterminer la proportion des principes constituans d'un oxide métallique (*a*).

2112. Il est des oxides que la chaleur est susceptible de réduire facilement : tels sont ceux de mercure et de la dernière section. L'on peut donc déterminer par ce moyen la proportion de leurs principes constituans. Pour cela, on doit, 1° se procurer une certaine quantité d'oxide; 2° le dessécher complétement, soit en l'exposant à la température de l'eau bouillante, soit en le plaçant sous une cloche vide, dans une capsule à côté d'une autre contenant des fragmens de muriate de chaux; 3° en prendre 10 grammes au moins, 50 à 60 s'il est possible, et les introduire dans une petite cornue bien sèche, de manière qu'il n'en reste pas sur les parois du col; 4° peser cette cornue avec des balances

---

(*a*) Nous ne parlons point ici de l'analyse des oxides non métalliques : tous, excepté l'oxide de phosphore, ont été analysés. *Voyez* 287, 298, 347, 2051).

très-sensibles avant et après l'introduction de l'oxide, afin d'en connaître le poids à un demi-milligramme près; 5° y adapter un tube qui puisse s'engager sous une cloche pleine d'eau, et s'élever jusqu'à la partie supérieure de la cloche; 6° procéder à l'opération en portant peu à peu la cornue au rouge-cerise, pour qu'il n'y ait aucune portion d'oxide entraîné; 7° recueillir l'air des vaisseaux avec le gaz oxigène, entretenir le feu jusqu'à ce que la décomposition soit complète, et laisser le tube qui est adapté à la cornue plongé dans les gaz jusqu'à ce qu'elle soit à la même température que l'atmosphère (*a*); 8° retirer alors le tube, mais de manière qu'il ne rentre point d'air dans la cloche; 9° enfin, mesurer la quantité de gaz qu'elle contiendra dans cet état, quantité qui représentera précisément le volume de l'oxigène de l'oxide, et peser la cornue après l'avoir bien essuyée et en avoir ôté le bouchon. En retranchant ce poids de celui de la cornue et de l'oxide, on aura celui du métal, pourvu qu'il ne soit pas volatil. Celui de l'oxigène sera donné par le volume de ce gaz. Pour que l'analyse soit exacte, il faudra retrouver ainsi tout l'oxide, tant en oxigène qu'en métal.

2113. Si les métaux de la dernière section ont si peu d'affinité pour l'oxigène, qu'ils s'en séparent au-dessous de la chaleur rouge, ceux de la seconde et de la troisième en ont au contraire une si grande pour ce principe, qu'ils décomposent l'eau. Or, comme dans cette décomposition l'hydrogène est mis en liberté, il résulte

(*a*) Par ce moyen, il en rentre dans la cornue, après l'opération, autant qu'il en sort au commencement.

de là un moyen très-simple et très-exact pour connaître la quantité d'oxigène de l'oxide métallique qui se forme : c'est de peser le métal, de l'oxider complétement, et de recueillir tout l'hydrogène qui se dégage. Du volume de l'hydrogène, on conclut le volume de l'oxigène, et du volume de celui-ci on en conclut le poids.

L'opération se fait de deux manières. Lorsque le métal appartient à la seconde section, lorsque c'est du potassium, par exemple, on en remplit par compression un petit tube de verre fermé par un bout, et que l'on pèse avant et après l'introduction du métal, pour connaître exactement le poids de celui-ci, qui doit être au moins d'un demi-gramme ; fermant ensuite le tube avec un obturateur, on le porte sous une cloche pleine d'eau ; on écarte l'obturateur avec le doigt, et à l'instant même le métal agit sur l'eau, la décompose, et disparaît complétement en donnant lieu à un dégagement de gaz hydrogène qui se rassemble dans la cloche, et à du deutoxide de potassium qui reste en dissolution.

Mais, lorsque le métal appartient à la troisième section, l'eau seule ne suffit plus ; il faut joindre à son action celle de l'acide sulfurique ou de l'acide muriatique ; savoir : de l'un des deux pour le fer, le manganèse et le zinc, et de l'acide muriatique pour l'étain. On met le métal dans un petit matras placé sur un fourneau (*a*), et au col de ce matras on adapte deux

(*a*) On opèrera sur 30 grammes au moins de zinc, de fer et d'étain ; comme le manganèse est difficile à obtenir, on pourra n'opérer que sur 10 grammes de ce métal.

tubes, l'un à boule et à trois branches parallèles, et l'autre recourbé de manière qu'il s'engage sous une cloche pleine d'eau (*a*). L'appareil étant ainsi disposé, l'on verse une certaine quantité d'acide convenablement concentré, par le tube à trois branches, dans le matras, que l'on chauffe s'il en est besoin, et l'on en verse de temps en temps de nouvelles quantités jusqu'à ce que le métal soit complétement dissous (*b*). Alors on achève de remplir le matras avec de l'eau, en ayant soin d'en ajouter assez pour que le tube de communication se remplisse lui-même. Par ce moyen, tout l'air des vases et tout le gaz hydrogène se rassemblent dans la cloche; d'où il suit que, pour terminer l'analyse, il ne s'agit plus que de mesurer le gaz, de déterminer dans l'eudiomètre la quantité de gaz hydrogène qu'il contient (*c*), et de conclure de cette quantité le volume et le poids de l'oxigène absorbé par le métal.

2114. Plusieurs métaux sont susceptibles d'absorber l'oxigène au-dessous de la chaleur rouge et de passer tout entiers à un certain degré d'oxidation. C'est ainsi

---

(*a*) Que l'on suppose le tube EE recourbé à la partie inférieure et engagé sous une cloche pleine d'eau (*planche VI, fig.* 2), et l'on aura exactement l'appareil dont nous parlons.

(*b*) Pour le zinc, le manganèse et le fer, on peut employer l'acide sulfurique étendu de 6 fois son poids d'eau; pour l'étain, il faut se servir d'acide muriatique concentré, et encore l'action n'est-elle bien prononcée qu'à chaud.

(*c*) Cette analyse pourra se faire en traitant 100 parties de gaz et 50 de gaz oxigène dans l'eudiomètre à eau ou au mercure, et excitant l'étincelle à travers le mélange; les deux tiers de l'absorption représenteront la quantité de gaz hydrogène contenu dans les 100 parties de gaz.

que le potassium et le sodium passent à l'état de peroxide, l'arsenic à l'état de deutoxide.

Si donc l'on prend une certaine quantité de l'un de ces métaux, qu'on le mette en contact avec un excès de gaz oxigène dans une petite cloche courbe sur le mercure, qu'on le chauffe avec la lampe, et qu'après l'opération l'on retranche le volume du résidu gazeux, du volume gazeux primitif, l'on aura le volume et par conséquent le poids de l'oxigène absorbé.

Lorsque l'expérience se fera sur le potassium et le sodium, il faudra placer ces métaux dans une petite capsule ovale de platine et d'argent pour répartir promptement la chaleur qui est très-forte, et éviter la fracture de la cloche (234); mais, lorsqu'elle se fera sur l'arsenic, le métal pourra être placé sur le verre même. Il est possible de déterminer aussi par ce moyen la quantité de gaz oxigène qu'exige le protoxide de barium pour passer à l'état de deutoxide, et je crois qu'on réussirait également à déterminer la proportion des principes constituans de l'oxide de tellure, en raison de la volatilité de celui-ci.

2115. L'acide nitrique attaque la plupart des métaux, et de son action sur eux résultent quelquefois des oxides qu'il ne dissout point, et d'autres fois des oxides qu'il dissout à la vérité, mais dont il se sépare par l'action d'une chaleur rouge, sans que ces oxides se vaporisent ou éprouvent la moindre altération. A la première classe appartiennent l'étain, l'antimoine; dans la seconde se trouvent le zinc, le fer, le bismuth, le cuivre, le plomb, etc. Il est évident, d'après cela, que l'on peut, au moyen de cet acide, déterminer combien ces métaux exigent d'oxigène pour passer à certains degrés d'oxidation; savoir : les six premiers à l'état de peroxide, et le plomb à l'état de protoxide ou d'oxide jaune.

L'expérience devra être faite dans un creuset de platine dont on connaîtra le poids. L'on y mettra 14 à 15 grammes d'un de ces métaux en poudre, en limaille ou en grenaille, et l'on y versera peu à peu de l'acide nitrique pur, dans un tel état de concentration, que l'action soit modérée : lorsque tout le métal sera dissous ou lorsqu'il sera complétement oxidé, ce qu'on reconnaîtra à ce qu'il ne produira plus de vapeurs rouges avec l'acide nitrique à l'aide de la chaleur, l'on fera évaporer la liqueur jusqu'à siccité, en ayant soin d'éviter que la matière puisse être projetée; alors on couvrira le creuset et on le chauffera jusqu'au rouge pendant 20 à 25 minutes, excepté pour l'oxidation de l'étain, du fer et de l'antimoine (*a*); puis on le laissera refroidir et on le pèsera; d'où l'on conclura la quantité d'oxigène fixé par le métal.

2116. L'on peut encore déterminer la quantité d'oxigène d'un oxide métallique en dissolvant une certaine quantité du métal dans l'acide sulfurique, nitrique, muriatique ou nitro-muriatique, précipitant l'oxide par la potasse, la soude ou l'ammoniaque, ou les sous-carbonates de ces bases, le recueillant, le faisant sécher, le calcinant pour en chasser l'acide carbonique qu'il pourrait retenir, et le pesant; mais il faut

(*a*) Pour celle de l'étain et du fer, on pourra le retirer aussitôt qu'il sera rouge; pour celle de l'antimoine, il ne faudra pas le faire rougir; car à cette température le peroxide d'antimoine abandonne une portion de son oxigène.

pour cela que l'oxide métallique puisse être précipité complétement par l'alcali ou le sous-carbonate alcalin que l'on emploie ; qu'il soit insoluble dans ces réactifs ; qu'il soit inaltérable par le feu et par l'air.

2117. Mais de tous les procédés que l'on peut employer, le plus général est celui qui est fondé sur la loi de composition des sels ; savoir : que dans tous les sels d'un même genre et au même état de saturation, les quantités d'oxigène des oxides sont proportionnelles aux quantités d'acide. Il suffit donc de connaître, par exemple, combien les sulfates neutres de baryte, de strontiane, de chaux, de magnésie, etc., contiennent d'acide sulfurique, pour savoir combien leurs oxides contiennent d'oxigène, lorsqu'on sait d'ailleurs qu'un autre sulfate, celui de cuivre, est formé de 100 d'acide, 80 de cuivre et 20 d'oxigène.

L'on tirera également un grand parti, pour l'analyse des oxides qui ont le même radical, de la loi de composition à laquelle ils sont soumis (502).

2118. D'ailleurs, lorsqu'on voudra déterminer la proportion des principes constituans d'un oxide, il ne faudra pas se contenter de faire cette détermination par un seul procédé, s'il en est plusieurs qui s'y prêtent ; l'on sera d'autant plus certain de l'exactitude des résultats, qu'on y arrivera par un plus grand nombre de voies différentes.

SECTION IV.

Un Acide minéral étant donné, en reconnaître la nature.

2119. En traitant de l'analyse des gaz, nous avons

fait connaître les caractères distinctifs des acides gazeux; savoir : de l'acide carbonique, de l'acide sulfureux, de l'acide nitreux, de l'acide muriatique suroxigéné, de l'acide carbo-muriatique, de l'acide fluoborique, de l'acide hydro-muriatique, de l'acide hydriodique (2030). Il ne nous reste donc plus qu'à exposer les caractères de ceux qui sont liquides ou solides, c'est-à-dire, des acides borique, phosphorique, arsenique, chrômique, molybdique, colombique, tungstique, phosphoreux, sulfurique, nitrique, fluorique, iodique. Les sept premiers sont solides à la température ordinaire, et les cinq autres, liquides. Deux seulement sont colorés, l'acide tungstique, qui est jaune, et l'acide chrômique, qui est purpurin.

2120. *Acide borique.* — Fusible et vitrifiable par l'action d'une chaleur rouge, fixe, presque insipide, ne rougissant que faiblement la teinture de tournesol, peu soluble dans l'eau, se déposant en cristaux lamelleux de sa dissolution chaude et saturée à mesure qu'elle se refroidit; enfin s'unissant à la potasse et la soude, et donnant lieu, avec ces alcalis, à des borates très-solubles, dont il peut être précipité sous forme cristalline par la plupart des autres acides.

2121. *Acide phosphorique.* — Cet acide est fusible et vitrifiable comme l'acide borique; mais il se réduit en vapeurs à une haute température; il rougit avec force le tournesol; il est très-caustique, très-soluble dans l'eau, déliquescent, incristallisable; d'ailleurs il est susceptible d'être décomposé par le charbon, et de donner du phosphore à un degré de chaleur qui excède à peine le rouge naissant.

2122. *Acide arsenique.* — Caustique, rougissant la

teinture de tournesol, soluble dans l'eau, déliquescent, incristallisable de même que l'acide phosphorique : ce qui le distingue de celui-ci et de tous les autres, c'est qu'il se transforme, à une température élevée, en oxigène et deutoxide d'arsenic, et qu'en le chauffant avec du charbon dans une cornue, il laisse exhaler de l'arsenic qui vient se condenser dans le col sous forme de cristaux.

2123. *Acide molybdique.* — Facile à reconnaître par la propriété qu'il a d'être blanc, peu sapide, de rougir faiblement la teinture de tournesol, de se fondre et de cristalliser par le refroidissement en l'exposant à l'action du feu dans des vases fermés, de s'exhaler sous forme de fumées blanches en le chauffant dans des vaisseaux ouverts, d'être peu soluble dans l'eau, d'en être précipité à l'état d'oxide bleu par une lame de zinc ou d'étain, de former avec la potasse, la soude et l'ammoniaque, des molybdates dont il est séparé à l'état de poudre blanche par la plupart des acides.

2124. *Acide colombique.* (*Voyez* précédemment, page 64, article *Colombium.*)

2125. *Acide tungstique.* — Les caractères de celui-ci sont d'être jaune, insipide, sans action sur la teinture de tournesol, infusible, insoluble dans l'eau, très-soluble dans la potasse, la soude, l'ammoniaque ; de former avec ces alcalis des tungstates incolores que les acides sulfurique, nitrique, muriatique décomposent, et dont ils précipitent une matière blanche susceptible de devenir jaune par l'action de l'un de ces trois acides bouillans (1130) ; enfin de former en outre avec l'ammoniaque un tungstate qui devient également jaune par la seule action du feu (585 *bis*).

2126. *Acide phosphoreux.* — L'état de sirop auquel il peut être réduit, la légère odeur qu'il répand, sa forte action sur la teinture de tournesol, et surtout la propriété qu'il a de donner lieu à du gaz hydrogène phosphoré spontanément inflammable à une température qui n'excède pas beaucoup celle de l'eau bouillante, et de laisser dégager du phosphore lorsqu'on le traite par le charbon à une haute température, le font aisément reconnaître.

2127. *Acide sulfurique.* — Lorsqu'un acide sera sans odeur ; qu'il formera dans la dissolution de nitrate ou de muriate de baryte très étendue d'eau un précipité blanc insoluble dans un excès d'acide ; que, uni à la potasse ou à la soude, et calciné avec le charbon, il donnera lieu à un sulfure produisant dans la bouche l'odeur et la saveur d'œufs pourris, on sera certain que cet acide sera de l'acide sulfurique plus ou moins concentré.

2128. *Acide nitrique.* — Pour le reconnaître, il suffit de le mettre dans un verre en contact avec de la tournure de cuivre : à l'instant même il se produit de la vapeur nitreuse qui est rouge. Observons cependant que s'il était très-étendu d'eau, cette vapeur ne se produirait bien qu'à chaud.

2129. *Acide fluorique.* — C'est le seul acide qui attaque le verre, le corrode, en dissolve la silice, et qui forme avec elle un gaz particulier.

2130. *Acide iodique.* — Soumis à une douce chaleur, il peut être évaporé jusqu'en consistance de sirop ; mais si on l'expose à une température d'environ 200°, il se transforme en oxigène et en iode ; sa saveur est très-aigre quand il est concentré ; l'acide sulfureux et l'hydrogène sulfuré en séparent l'iode instantanément; il en est de même de l'acide hydriodique, dont l'iode se dépose en même temps; les acides sulfurique et nitrique n'ont, au contraire, aucune action sur lui; il forme dans la dissolution d'argent un précipité blanc soluble dans l'ammoniaque; il s'unit à toutes les bases, et donne lieu à des sels peu solubles: ceux de potasse, de soude, fusent à la manière du nitre sur les charbons ardens; celui d'ammoniaque fulmine par la chaleur (Gay-Lussac).

Déterminer la proportion des principes constituans des Acides minéraux.

2131. Les procédés que l'on doit suivre pour analyser les acides carbonique, muriatique suroxigéné, carbo-muriatique, molybdique, phosphoreux, borique, ont été décrits lorsque nous avons fait l'histoire de ces acides. Nous avons dit aussi comment on peut déterminer la proportion des principes constituans de l'acide nitreux, de l'acide nitrique, de l'acide hydriodique, de l'acide sulfureux, du gaz muriatique suroxigéné et du gaz muriatique, en traitant de l'analyse des gaz composés (2051). Nous allons maintenant parler de celle des acides sulfurique, arsenique, chrômique, colombique, tungstique, fluorique, iodique.

2132. *Acide sulfurique.* — C'est en brûlant par l'acide nitrique une certaine quantité de soufre, précipitant l'acide sulfurique qui en résulte par le nitrate de baryte, recueillant, lavant, séchant et pesant le sulfate de baryte, qu'on parvient à déterminer la proportion des principes de cet acide. L'on peut également y parvenir en observant que l'acide sulfurique est formé de 1 volume d'oxigène et de 2 volumes de gaz sulfureux, et en considérant d'ailleurs que celui-ci contient probablement un volume d'oxigène égal au sien. (*Voyez* ce qui a été dit précédemment, page 49, article *Acide sulfureux.*)

2133. *Acide arsenique.* — Que l'on traite à chaud une certaine quantité d'arsenic par un excès d'acide nitrique, tout le métal passera à l'état d'acide arsenique; que l'on sature ensuite l'acide d'hydrate de potasse, et que l'on verse dans la liqueur une dissolution de nitrate de plomb, tout l'acide arsenique se précipitera à l'état d'arséniate, qu'il sera facile de laver, de recueillir et de sécher. Il ne s'agira donc, d'après cela, pour savoir combien l'acide arsenique contient d'oxigène, que de connaître la quantité d'acide de l'arséniate de plomb; et c'est ce que l'on déterminera en dissolvant une certaine quantité de plomb dans l'acide nitrique, ajoutant à la dissolution neutre une dissolution neutre elle-même d'arséniate de potasse, pesant l'arséniate précipité, et se rappelant que 100 parties de plomb absorbent 7,7 d'oxigène pour passer à l'état de protoxide. Supposons qu'en employant 100 parties d'arsenic, on obtienne 511,09 d'arséniate de plomb, et qu'en employant 333,95 de plomb on obtienne la même quantité d'arséniate, l'acide arsenique se trouvera composé de 100 d'arsenic et de 51,428 d'oxigène; car les 511,09 d'arséniate le seront de 333,95 de plomb, de 100 d'arsenic, et de 77,14 d'oxigène dont 25,72 seront unis au plomb et par conséquent 51,42 à l'arsenic.

2134. *Acides chrômique, colombique, tungstique.*

— On ne connaît point de méthodes sûres pour faire l'analyse de ces acides.

2135. *Acide fluorique.* — Cet acide n'a point encore été analysé. On soupçonne qu'il résulte de la combinaison d'un corps combustible avec l'hydrogène, et que, sous ce rapport, il se rapproche de l'acide hydriodique.

2136. *Acide iodique.* — 100 parties d'iodate de potasse bien desséché donnent, en les calcinant dans une cornue, 22,59 d'oxigène et 77,41 d'iodure de potassium (*a*) (*b*). Or, dans les iodures, l'iode est au métal comme 3,813 est à 1; par conséquent les 77,41 d'iodure de potassium contiennent 58,937 d'iode et 18,473 de potassium. Mais 100 de potassium exigent 20,425 d'oxigène pour passer à l'état de potasse (*c*) : donc les 18,473 de ce métal, appartenant aux 100 parties d'iodate, doivent être unis à 3,773 de ce gaz. Que l'on retranche actuellement ces 3,773 de 22,59, quantité totale d'oxigène, et l'on aura évidemment celle qui est nécessaire pour acidifier les 58,937 d'iode : d'après cela, l'acide iodique est formé de 100 d'iode et de

(*a*) Cette opération doit être faite comme celle qui est relative à la décomposition des oxides de la sixième section (2112).

(*b*) Le résidu de la calcination est réellement un iodure ; car en le mettant en contact avec l'eau, il ne se forme que de l'hydriodate qui est neutre, tandis que si le métal était oxidé, il se produirait non-seulement de l'hydriodate, mais encore de l'iodate facile à reconnaître, parce que l'acide sulfureux en précipite l'iode.

(*c*) Cette proportion d'oxigène, adoptée par M. Berzelius, s'accorde mieux avec tous les phénomènes, que celle de 19,95 que nous avons donnée (504).

31,927 d'oxigène en poids, ou de 1 d'iode et de 2,5 d'oxigène en volume (Gay-Lussac).

CHAPITRE V.

De l'Analyse des Sels minéraux.

SECTION PREMIÈRE.

Un Sel minéral étant donné, en déterminer la nature.

2137. La première chose à faire, pour arriver à la solution de ce problème, est de déterminer le genre auquel le sel appartient.

Les genres sont au nombre de 23; savoir :

1° Les carbonates;
2° Les sulfites;
3° Les sulfites sulfurés;
4° Les nitrites;
5° Les muriates suroxigénés;
6° Les hydro-sulfures;
7° Les muriates;
8° Les fluo-borates;
9° Les carbo-muriates;
10° Les fluates;
11° Les hydriodates;
12° Les iodates;
13° Les nitrates;
14° Les borates;
15° Les sulfates,
16° Les phosphates;
17° Les phosphites;
18° Les arséniates;
19° Les arsénites;
20° Les chrômates;
21° Les molybdates;
22° Les tungstates;
23° Les colombates.

2138. Supposons que le sel fasse effervescence avec l'acide sulfurique, à la température ordinaire, ou du moins à une température peu élevée, il fera partie de la première série, et l'on jugera du genre par la nature du gaz qui se dégagera.

Des nitrites, il se dégage un gaz rouge.

Des muriates suroxigénés, il s'en dégage un d'un jaune-verdâtre.

Celui des sulfites est reconnaissable par son odeur.

Il en est de même de celui des hydro-sulfures.

Les carbonates en donnent un qui est sans couleur, qui n'a qu'une odeur légèrement piquante, et qui ne trouble point la transparence de l'air.

La propriété qu'ont ceux qui proviennent des muriates, des fluo-borates, des fluates et des carbo-muriates, d'être très-piquans et de former des vapeurs blanches dans l'air, ne permet de les confondre avec aucun autre (*a*). D'ailleurs, en les produisant dans une petite fiole et les recueillant sur le mercure, on les distinguera tout de suite : si le sel est un fluate, le gaz, en se dissolvant dans l'eau, laissera déposer des flocons blancs ; si le sel est un fluo-borate, le gaz noircira le papier avec lequel on le mettra en contact ; si le sel est un muriate, le gaz se dissoudra tout entier dans moins de la centième partie de son volume d'eau, la dissolution précipitera le nitrate d'argent, et le précipité se redissoudra dans

(*a*) Le gaz hydriodique répand aussi des vapeurs blanches ; mais lorsqu'on traite les hydriodates par l'acide sulfurique, il se trouve décomposé, et l'on obtient du gaz sulfureux et de l'iode en vapeur.

l'ammoniaque ; enfin, si le sel est un carbo-muriate, le gaz sera formé de deux parties d'acide muriatique et d'une d'acide carbonique, et alors, en les mettant en contact avec un peu d'eau, l'on dissoudra le premier de ces deux acides, tandis que l'autre conservera son état gazeux.

Les hydriodates ont des caractères tout aussi tranchés que les sels dont nous venons de parler. A la vérité, lorsqu'on les traite par l'acide sulfurique, on décompose leur acide, mais on obtient du gaz sulfureux reconnaissable par son odeur, et de l'iode dont une partie se réduit en vapeur, remarquable par sa couleur violette ; de plus, l'acide muriatique oxigéné et l'acide nitrique en séparent l'iode, de même que l'acide sulfurique.

2139. Supposons maintenant que le sel ne fasse point effervescence avec l'acide sulfurique, ou, ce qui est la même chose, ne laisse dégager aucun gaz à la température ordinaire, ou à une température de 60 à 80°, le sel appartiendra aux genres de la deuxième série, à moins que ce ne soit du muriate d'argent.

On saura si le sel est un nitrate en le traitant, pur d'abord, puis mêlé avec la limaille de cuivre, par l'acide sulfurique concentré, à la température ordinaire : dans le premier cas, il y aura dégagement de vapeurs blanches sans effervescence ; et, dans le second, dégagement de vapeurs rouges avec effervescence ; toujours aussi le sel projeté sur des charbons incandescens en augmentera plus ou moins la combustion, propriété que possèdent également les muriates suroxigénés et quelques iodates.

Si le sel est un sulfate, il suffira, pour le reconnaître, d'en faire bouillir 1 partie avec 1 partie et demie à 2 parties de nitrate de baryte et 8 à 10 parties d'eau, pendant quelque temps ; il se fera un dépôt de sulfate de baryte qui, lavé, séché et calciné jusqu'au rouge avec un poids de charbon égal au sien, se transformera en sulfure dont la saveur est la même que celle des œufs pourris.

Les iodates ne sont pas moins faciles à reconnaître que les nitrates et les sulfates. Ils sont tous insolubles ou très-peu solubles dans l'eau. L'acide sulfureux et l'hydrogène sulfuré liquides les décomposent et en séparent l'iode, que l'on peut rendre sensible en recueillant le dépôt et le chauffant dans un ballon. L'acide muriatique en opère également la décomposition ; il s'empare de l'oxigène de l'acide iodique, et donne lieu à de l'acide muriatique oxigéné, dont une partie se dégage et dont une autre s'unit avec l'iode. Ils sont aussi décomposés par l'acide sulfurique ; et de là résulte, mais seulement à une température de 200° au moins, du gaz oxigène, de l'iode en vapeur. L'acide muriatique oxigéné ne les altère point. Enfin, aucun ne résiste à la chaleur d'un rouge obscur, et, alors, la plupart laissent dégager de l'oxigène et de l'iode : quelques-uns seulement ne laissent dégager que de l'oxigène.

2140. Si le sel n'appartient pas à la première série, ni aux genres nitrate, sulfate, iodate de la seconde, on en conclura que ce doit être un borate, ou un phosphate, ou un phosphite, ou un arséniate, ou un arsenite, ou un chrômate, ou un molybdate, ou un colombate, ou un tungstate ; alors, il faudra en combiner l'acide avec la potasse ou la soude, à moins qu'il ne soit dejà uni à l'une de ces bases ou à l'ammoniaque (*a*).

A cet effet, lorsque le sel sera soluble dans l'eau, on l'y dissoudra, l'on y versera une dissolution de sous-carbonate de potasse ou de soude, jusqu'à ce qu'il ne se fasse plus de précipité, et l'on filtrera la liqueur : celle-ci contiendra le nouveau sel à base alcaline, tandis que sur le filtre restera, le plus souvent à l'état de carbonate, l'oxide du sel qu'il s'agissait de décomposer. Mais, lorsque le sel sera insoluble, on le fera bouillir, réduit en poudre, avec 8 à 10 fois son poids d'eau, et 2 à 3 fois son poids de sous-carbonate de soude ; par ce moyen, on le décomposera complétement, ou du moins partiellement (722) ; et, dans tous les cas, la liqueur étant filtrée, l'on y ajoutera de l'acide acétique, de manière à transformer le sous-carbonate alcalin en acétate ; on la fera évaporer à siccité ; puis l'on traitera à chaud le résidu par l'alcool rectifié qui dissoudra l'acétate de soude et laissera intact le sel résultant de la combinaison de la soude avec l'acide que l'on veut connaître (*b*). L'on obtiendra donc ainsi du borate ou du chrômate, etc., de soude, reconnaissables aux caractères que nous allons exposer.

Le chrômate est le seul de ces sels qui soit coloré : il est jaune ; sa dissolution précipite en jaune vif par l'acétate de plomb, en violet par le nitrate d'argent, et

(*a*) Les sels à base de potasse, de soude, d'ammoniaque, sont tous solubles dans l'eau, et leur dissolution n'est pas précipitée par les sous-carbonates de ces bases.

(*b*) Si le résidu se dissolvait tout entier dans l'alcool, ce serait une preuve que le nouveau sel serait soluble dans le liquide. Alors au lieu de transformer le carbonate de potasse en acétate, il faudrait le transformer en sulfate qui y serait insoluble.

en rouge par le nitrate acide de mercure : c'est de ce dernier précipité que l'on extrait l'oxide de chrôme par la calcination.

Lorsqu'on verse de l'acide nitrique ou muriatique dans la dissolution concentrée du borate, on en sépare à l'instant même l'acide borique qui se dépose sous forme de petites écailles, et qui jouit de propriétés caractéristiques (2120).

Que l'on dissolve le molybdate et qu'on ajoute à la liqueur un peu d'acide sulfurique, il se formera un dépôt pulvérulent d'acide molybdique ; en y plongeant ensuite une lame d'étain, elle deviendra bientôt bleue.

En mêlant la dissolution du tungstate avec un acide puissant, il en résulte un précipité, triple, blanc, floconneux, qui devient jaune par l'action de l'acide bouillant, et n'est plus alors que de l'acide tungstique.

L'arséniate et l'arsenite, mêlés avec la moitié de leur poids de charbon, et exposés à l'action de la chaleur rouge dans une cornue, se décomposent et laissent dégager de l'arsenic qui s'attache au col du vase. Ils se distinguent d'ailleurs entre eux : l'arsenite, parce qu'il précipite le sulfate de cuivre en vert, que l'acide nitrique en sépare une poudre blanche, et que, mêlé avec l'hydro-sulfure de potasse ou de soude et un acide, il s'en dépose de l'orpiment; l'arséniate, parce qu'il précipite le sulfate de cuivre en blanc-bleuâtre, et que les acides et les hydro-sulfures n'y font naître aucun changement sensible, du moins dans l'espace de quelques minutes.

De la dissolution du colombate, l'on précipite, par

les acides sulfurique, nitrique et muriatique, l'acide colombique sous forme de poudre blanche (2124).

Quant aux phosphates et aux phosphites qui sont, le premier sans action sur les sels mercuriels, et le second doué, au contraire, de la propriété de les réduire, ils se distingueront des autres par la possibilité d'en extraire du phosphore; mais, pour cela, il faut les dissoudre, verser du muriate de chaux dans la dissolution, et traiter le phosphate et le phosphite de chaux qui se précipitent, de la même manière que nous avons dit (787).

2141. Après avoir reconnu le genre par les procédés qui viennent d'être exposés, il faudra s'occuper de la détermination de l'espèce.

2142. Toutes les fois que le sel sera soluble dans l'eau, et que sa dissolution ne sera troublée ni par la potasse, ni par la soude, ni par l'ammoniaque, ni par leurs carbonates, ni par leurs hydro-sulfures, on sera certain qu'il aura pour base un de ces trois alcalis.

Ce sera un sel ammoniacal, si, mêlé avec un peu de chaux en poudre et d'eau, il s'en dégage une odeur vive; un sel à base de potasse, s'il ne jouit pas de cette propriété, et si l'eau qui en est saturée précipite les dissolutions de platine concentrées; un sel à base de soude, s'il n'est point susceptible, non-seulement d'exhaler d'odeur vive avec la chaux, mais encore de former des précipités avec le muriate de platine.

2143. Toutes les fois, au contraire, que le sel sera insoluble dans l'eau, ou bien qu'y étant soluble, sa dissolution sera précipitée par la potasse ou la soude, ou l'ammoniaque, ou leurs carbonates, ou leurs hydro-sulfures, il aura pour base tout autre oxide que l'un de ces trois alcalis. Que faudra-t-il faire alors ? Extraire l'oxide, pur ou combiné avec l'acide carbonique. C'est à quoi l'on parviendra de la manière suivante :

Si le sel est soluble dans l'eau, on l'y dissoudra et l'on y versera un excès de dissolution d'alcali ou de carbonate alcalin (*a*).

S'il est insoluble, on le réduira en poudre fine et on le fera bouillir avec 10 à 12 fois son poids d'eau, et 3 à 4 fois son poids de sous-carbonate de potasse, en ayant soin, dans le cas où cette quantité de carbonate alcalin ne suffirait pas pour le décomposer complétement, de décanter la liqueur ou de la filtrer, et de traiter le résidu par une nouvelle quantité de matière alcaline (*b*) : après quoi, le dépôt que fournira le sel devra être lavé à grande eau et recueilli. Ce dépôt sera l'oxide ou le carbonate cherché ; on en déterminera la nature comme nous avons dit (2089) : seule-

---

(*a*) On doit se servir du carbonate alcalin, lorsque l'alcali ne trouble pas le sel, ou lorsqu'un excès d'alcali redissout le précipité qu'il produit d'abord.

Il y a quelques sels insolubles dont la décomposition par les carbonates alcalins est très-difficile ; mais on observe que ces sels sont tous décomposés par l'acide sulfurique, que leurs bases forment avec cet acide des sels insolubles, et que les sulfates qui en résultent sont facilement décomposés par le carbonate de potasse : dans ce cas, il y aurait donc de l'avantage à transformer le sel en sulfate. Au reste, en ne dissolvant pas tout le carbonate qui se produira, l'on sera toujours certain de ne dissoudre aucune partie du sel qu'il s'agit de décomposer. Il restera dans le résidu, de préférence au carbonate.

(*b*) Il arrivera très-rarement qu'on soit obligé d'employer deux fois du sous-carbonate de potasse. La décomposition sera complète lorsque tout le résidu se dissoudra avec effervescence dans l'acide nitrique, en supposant toutefois que l'oxide soit susceptible de s'unir à l'acide carbonique.

ment, la première épreuve ne devra se faire sur le carbonate qu'autant qu'il aura été calciné jusqu'au rouge avec un peu de noir de fumée dans une petite cornue, afin d'en mettre la base à nu et de savoir si elle est soluble dans l'eau, si elle est âcre, caustique, enfin si elle est alcaline.

SECTION II.

Des procédés par lesquels on parvient à déterminer la quantité des acides et des oxides qui composent les Sels.

2144. Ces procédés sont tout aussi variés que ceux que l'on suit dans l'analyse des oxides.

2145. *Premier procédé.* — Le premier consiste à mettre en contact l'acide avec l'oxide, et à tenir compte des quantités d'acide et d'oxide qui s'unissent, soit en les pesant toutes deux, s'il est possible, soit en pesant au moins l'une d'elles et retranchant son poids de celui du sel desséché.

Supposons d'abord qu'il s'agisse de l'analyse du sulfate calcaire qui est peu soluble, et dont la base est peu soluble elle-même. L'on prendra 10 à 12 grammes de chaux vive et pure, que l'on éteindra dans une capsule; ensuite on la délayera dans l'eau, et l'on versera dessus peu à peu de l'acide sulfurique faible, en ayant soin d'agiter la matière avec une spatule; puis, lorsque l'acide sera en grand excès, l'on fera évaporer le tout jusqu'à siccité, et l'on calcinera le sulfate jusqu'au rouge, pour vaporiser l'eau et l'acide excédent. Retanchant alors le poids de la chaux de celui du sulfate, l'on aura celui de l'acide (*a*). L'on ferait de la même manière l'analyse des sulfates de strontiane, de magnésie et de baryte (*b*).

Supposons maintenant qu'il s'agisse de l'analyse du sulfate d'ammoniaque, qui est très-soluble, et dont l'acide et la base sont aussi très-solubles ; ce qu'il y aura de mieux à faire sera de prendre deux dissolutions faibles, l'une d'acide et l'autre d'ammoniaque, dont on connaîtra les quantités d'acide et d'alcali réels, et de rechercher, en mêlant peu à peu l'alcali à l'acide, combien il faudra d'alcali pour neutraliser 100 ou 200 grammes d'acide.

Supposons enfin qu'il s'agisse de l'analyse du muriate d'ammoniaque qui est solide, et dont la base et l'acide sont gazeux, on mesurera sur le mercure un certain volume d'acide, et l'on y fera passer peu à peu du gaz ammoniac jusqu'à ce que l'absorption soit totale. Par ce moyen, l'on déterminera facilement le rapport dans lequel les deux gaz se combineront, d'autant plus qu'il sera simple (*Voyez* le tableau, tome I, page 182), et l'on conclura de ce rapport et de la pesanteur spécifique des gaz, la proportion pondérale de l'acide et de la base du sel.

2146. *Deuxième procédé.* — Le deuxième procédé

(*a*) Il faut nécessairement verser sur la chaux un grand excès d'acide ; sans cela, on n'aurait pas la certitude qu'elle serait toute entière neutralisée, à cause de l'espèce de bouillie qui se forme.

(*b*) Comme le sulfate de magnésie est soluble, il ne faudra verser d'acide que jusqu'à ce que la magnésie soit dissoute. Il en serait de même relativement à la base de tout autre sulfate soluble ; bien entendu d'ailleurs que, si le sulfate était décomposable par la chaleur, on ne l'exposerait pas à une très-haute température.

est l'inverse du précédent. En effet, on l'exécute en prenant une certaine quantité de sel bien desséché, séparant l'acide de l'oxide, déterminant ainsi le poids de l'un d'eux au moins, et le retranchant de celui du sel même.

Si le sel est indécomposable par la chaleur, ou s'il ne se décompose qu'à une haute température, on le desséchera en le calcinant jusqu'au rouge; mais s'il ne peut résister à l'action d'une chaleur rouge, il faudra se contenter de l'exposer à la température de l'eau bouillante, ou même de le placer dans le vide près d'un corps absorbant.

La dessication étant faite, l'on procédera à la détermination des quantités d'acide et d'oxide.

On sait que la plupart des oxides sont insolubles dans l'eau et susceptibles d'être séparés par la potasse, la soude et l'ammoniaque. Il sera donc possible d'employer ce moyen pour en estimer la quantité; mais il faudra, 1° que l'oxide ne se dissolve pas dans un excès d'alcali; 2° qu'il n'absorbe pas d'acide carbonique, ou s'il en absorbe, qu'il le laisse dégager par l'action du feu sans éprouver d'altération. Tels sont les oxides des sels de magnésie, d'alumine, de glucine, d'yttria, de zircône, de tritoxide de fer, de deutoxide de cuivre, etc.

Si la plupart des oxides sont insolubles dans l'eau, tous les acides, au contraire, y sont solubles, excepté l'acide tungstique et l'acide colombique, et encore l'eau a-t-elle une action marquée sur celui-ci. Par conséquent l'on ne pourra isoler au plus tout l'acide d'un sel par précipitation au moyen d'un autre acide, qu'autant que le sel sera un colombate ou un tungstate.

Il est peu d'acides qui ne forment avec quelques bases, et peu de bases qui ne forment avec quelques acides, des sels insolubles. L'on peut donc employer la voie des doubles décompositions (721) pour déterminer la quantité d'acide et d'oxide d'un grand nombre de sels. Citons, pour exemple, le sulfate de soude d'une part, et le muriate de baryte de l'autre. Que l'on dissolve dans l'eau une certaine quantité de sulfate de soude, que l'on y verse un excès de dissolution de nitrate, ou de muriate, ou d'acétate de baryte, on obtiendra un précipité de sulfate de baryte qui contiendra tout l'acide du sulfate de soude ; que l'on fasse ensuite la même opération, mais en dissolvant dans l'eau une certaine quantité de muriate de baryte, et y ajoutant un excès de dissolution de sulfate de soude, ou de potasse, ou d'ammoniaque, l'on obtiendra encore un précipité de sulfate de baryte ; celui-ci renfermera toute la baryte du muriate : que l'on recueille séparément ces deux précipités, qu'on les lave, qu'on les sèche et qu'on les calcine ; du poids du premier, l'on conclura celui de l'acide du sulfate de soude, et du poids du second, celui de la base du muriate de baryte ; car l'on trouve, par la combinaison directe (2145), que 290,47 parties de sulfate de baryte sont composées de 100 d'acide sulfurique et de 190,47 de baryte.

Lorsque l'acide sera faible, gazeux et très-peu soluble dans l'eau, il suffira, pour en connaître le poids, de prendre une fiole contenant de l'acide nitrique à 18° ou 20°, d'y projeter peu à peu le sel, et de retrancher du poids total de la fiole, de l'acide et du sel, celui de la fiole et du liquide qui s'y trouvera, après l'entière dissolution de la matière saline. C'est ainsi qu'on détermine combien les carbonates contiennent d'acide carbonique (*a*).

Enfin, lorsque l'oxide sera fixe, qu'il n'éprouvera aucune altération à une haute température, ou qu'il n'éprouvera que des altérations dont il sera possible de tenir compte, que l'acide ou ses principes pourront être volatilisés, il faudra calciner le sel dans un creuset de platine, pour connaître la quantité de l'oxide. La plupart des nitrates, des nitrites et des carbonates sont composés d'acides et d'oxides qui sont dans ce cas.

2147. *Troisième procédé.* — Lorsqu'on met un deut-iodure, un deuto-chlorure, un deuto-sulfure de potassium, de sodium, etc. (*b*), en contact avec l'eau, il en résulte des hydriodates, des hydro-chlorates, des hydro-sulfures de potasse, de soude, qui sont neutres. Or, comme ce résultat est dû à l'eau qui se décompose, et qu'elle est formée de 88,29 d'oxigène et de 11,71 d'hydrogène, il est évident que, connaissant la composition de l'hydracide ou de l'oxide qui se produit, et celle de l'iodure, du chlorure, etc., l'on en conclura celle de l'hydriodate, de l'hydro-chlorate, etc. Ce procédé n'est applicable, comme on

---

(*a*) On a le soin de ne pas employer un trop grand excès d'acide nitrique, et alors le poids de la petite quantité d'acide carbonique qui reste en dissolution se trouve à peu près compensé par celui de la vapeur d'eau qui est emportée par l'acide carbonique dégagé.

(*b*) Si tous les iodures, chlorures, sulfures, ne jouissent pas de cette propriété, cela tient évidemment à ce que tous ne peuvent pas décomposer l'eau.

voit, qu'aux sels dont l'acide a pour élémens l'hydrogène et un autre corps combustible.

2148. *Quatrième procédé.* — Si l'on sépare l'oxigène de l'acide et de l'oxide d'un sulfate, d'un sulfite, d'un iodate, d'un chlorate, et si l'on suppose que le soufre, l'iode, le chlôre restent unis au métal de leur sel respectif, l'on obtiendra un sulfure, un iodure, un chlorure, correspondant au degré d'oxidation du métal : c'est ce qui a lieu quand on calcine la plupart des chlorates, et les iodates de potasse, de soude : aussi peut-on déterminer de cette manière la quantité d'oxigène uni, tant au métal qu'au corps combustible, dans ces différens sels. Par conséquent, la composition des sulfures, chlorures, iodures, étant donnée, il sera facile d'en déduire celle des sulfates, sulfites, chlorates, iodates, pourvu que l'on connaisse celle des oxides et des acides sulfurique, sulfureux, iodique et chlorique.

Il est probable que ce que nous venons de dire des sulfates, etc., est applicable aux phosphates, aux nitrates.

2149. *Cinquième procédé.* — Ce procédé est sans contredit le plus exact et le plus général ; il est fondé sur la loi de composition à laquelle tous les sels sont soumis. Tous ceux qui sont du même genre et au même état de saturation, étant formés d'une telle quantité d'acide et d'oxide que la quantité d'acide est proportionnelle à la quantité d'oxigène de l'oxide, il suffit de connaître la composition des oxides et d'une espèce de sel d'un genre quelconque, pour pouvoir déterminer, par le calcul, celle de toutes les espèces de ce genre. Par exemple, le deuto-sulfate neutre de cuivre est composé de 100 d'acide et de 99,75 de deutoxide ; mais cette quantité de deutoxide contient 19,95 d'oxigène ; par conséquent, tous les autres sulfates neutres doivent être composés de 100 d'acide et d'une quantité d'oxide qui contiendra 19,95 d'oxigène.

2150. Au reste, pour plus de certitude, il faudra toujours, autant que possible, employer divers procédés, et se servir de l'un pour vérifier l'autre. Les nombres que l'on trouvera devront être tels qu'en considérant deux sels de genre et d'espèce différens, et en supposant que la base de l'un se combine avec l'acide de l'autre, il en résulte deux autres sels au même état de saturation (704). Soit, comme exemple, le sulfate neutre de plomb et le sous-carbonate de soude qui, en se décomposant, donnent naissance à du sulfate neutre de soude et à du sous-carbonate de plomb. Ces quatre sels sont formés : le premier, de 100 d'acide et de 279 de protoxide de plomb ; le second, de 100 d'acide et de 142,327 de soude ; le troisième, de 100 d'acide et de 78,467 de soude ; et le quatrième de 100 d'acide et de 506,06 de protoxide de plomb. Si l'on opère sur 379 de sulfate de plomb ; comme ces 379 renferment 100 d'acide sulfurique, il faudra, pour en opérer la décomposition, une quantité de sous-carbonate de soude qui contienne 78,467 de soude ; cette quantité sera de 133,599 : il y aura, par conséquent, 279 de protoxide de plomb et 55,132 d'acide carbonique qui seront séparés tant du sulfate de plomb que du sous-carbonate de soude. Or, ces deux quantités sont précisément dans le même rapport que celles d'acide et d'oxide qui constituent le sous-carbonate de plomb, ce qui doit être lorsque l'analyse est bonne ; elle serait évidemment mauvaise, si ces quantités étaient dans un autre rapport. Cette méthode très-simple de vérification a été proposée par Richter et M. Guyton. (Ann. de Chimie, tome 25, page 292.)

CHAPITRE VI.

Analyse des Eaux minérales.

2151. Les eaux qu'on appelle *minérales* sont celles qui contiennent assez de matières étrangères pour être sapides et avoir une action très-marquée sur l'économie animale. Leur température est très-variable ; il en est qui sont chaudes ; quelques-unes même le sont presque autant que l'eau bouillante, tandis que d'autres au contraire sont au même degré de chaleur que l'atmosphère : de là celles qui prennent le nom de *thermales*, et celles qui, par opposition, prennent le nom de *froides*. Ce phénomène remarquable dépend, à n'en pas douter, des terrains que les eaux traversent, avant d'arriver dans les lieux où elles se rassemblent.

2152. Les substances qu'on y a annoncées jusqu'à présent sont :

L'oxigène,

L'azote,

L'acide carbonique,

L'hydrogène sulfuré,
L'acide borique,
L'acide sulfureux,
La silice,
La soude,

Les sulfates de soude, d'ammoniaque, de chaux, de magnésie, d'alumine, de potasse, de fer, de cuivre;

Les nitrates de potasse, de chaux, de magnésie;

Les muriates de potasse, de soude, d'ammoniaque, de chaux, de magnésie, d'alumine, de manganèse, de baryte.

Les carbonates de potasse, de soude, de magnésie, de chaux, d'ammoniaque, de fer;

Les hydro-sulfures de soude, de chaux;

Le sous-borate de soude;

Des matières végétales et animales en petite quantité.

2153. L'azote paraît exister dans les eaux, dont la température n'est pas très-élevée.

Il en est de même de l'oxigène, à moins qu'elles ne contiennent des hydro-sulfures.

Il en est peu aussi qui ne renferment quelques traces d'acide carbonique : on le rencontre particulièrement dans celles qui sont mousseuses; elles en contiennent plusieurs fois leur volume.

L'hydrogène sulfuré ou les hydro-sulfures font partie de toutes celles qui ont une odeur ou une saveur d'œufs pourris.

L'acide sulfureux, de quelques-unes de celles qui avoisinent les volcans.

L'acide borique, de quelques lacs d'Italie (334).

La silice, de celles de Geyzer et de Rikum en Islande, de celles de Carlsbad et de quelques autres.

La soude, de celles de Geyzer et de Rikum.

Les sulfates de soude, de chaux, de magnésie; les muriates de soude, de chaux, de magnésie; les carbonates de soude, de chaux, de magnésie, de fer, sont les sels qu'on rencontre le plus souvent dans les eaux minérales. Ces trois derniers carbonates y sont ordinairement tenus en dissolution à la faveur de l'acide carbonique.

Le muriate d'ammoniaque, le sulfate d'ammoniaque, le sulfate de fer, l'alun, le sulfate de cuivre, le nitrate de potasse, le nitrate de chaux, le borax, ne s'y trouvent que rarement. Les trois premiers appartiennent, comme l'acide sulfureux, à quelques-unes de celles qui sont voisines des volcans; le sulfate de cuivre, à celles qui coulent à travers des couches pyriteuses; et le borax, à quelques lacs de l'Inde et de l'Italie.

S'il est vrai que le nitrate de magnésie, le muriate de potasse, le carbonate de potasse, le carbonate d'ammoniaque, soient aussi des ingrédiens des eaux minérales, du moins sont-ils encore plus rares que les précédens.

Enfin, quoique Bergman ait annoncé l'existence du muriate de baryte et du muriate de manganèse dans les eaux minérales, nous doutons fort qu'ils en fassent quelquefois partie; nous doutons également que l'on y rencontre le muriate d'alumine qu'y a admis le docteur Withering.

2154. Toutes ces substances ne se trouvent jamais ensemble dans une eau minérale, d'autant plus qu'il en est quelques-unes qui se décomposent réciproquement : tel est, par exemple, le sous-carbonate de soude, relativement aux sulfates, nitrates et muriates de chaux et de magnésie ; la même eau en contient rarement au-delà de huit ; rarement aussi elle renferme une grande quantité de l'une d'elles.

Parmi les substances qui entrent dans la composition d'une eau minérale, il en est toujours qui, par leur abondance ou leur énergie, ont la plus grande influence sur les propriétés que cette eau possède. De là la division qu'on fait des eaux minérales en 4 classes : eaux hépatiques ou sulfureuses ; eaux acidules ou gazeuses ; eaux ferrugineuses ; eaux salines : mais il est évident, d'après le principe même de la classification, qu'il doit exister des classes mixtes.

2154 *bis*. On peut presque toujours, par de simples essais, reconnaître la nature de la majeure partie des substances contenues dans les eaux.

Lorsqu'elles contiennent :

1° De l'hydrogène sulfuré sans hydro-sulfure, elles ont une odeur d'œufs pourris ; elles précipitent les dissolutions de plomb en noir, et perdent ces deux propriétés en les faisant bouillir.

2° De l'hydro-sulfure, elles ont la même odeur que quand elles contiennent de l'hydrogène sulfuré ; seulement cette odeur est beaucoup moins forte ; elles précipitent les dissolutions de plomb de la même manière, mais elles ne perdent aucune de ces propriétés par la chaleur.

3° De l'acide carbonique, elles sont aigrelettes, quelquefois mousseuses ; elles rougissent faiblement le tournesol, ou du moins à la chaleur de l'ébullition elles laissent dégager un gaz qui précipite l'eau de chaux.

4° Des sulfates, elles forment avec le nitrate ou le muriate de baryte un précipité blanc insoluble dans un excès d'acide.

5° Des muriates, le nitrate d'argent y fait naître des flocons blancs sur lesquels l'acide nitrique est sans action, et que l'ammoniaque redissout tout de suite.

6° Des carbonates insolubles, c'est-à-dire, de magnésie, ou de chaux, ou de fer, elles se troublent en les portant à l'ébullition, parce que l'acide carbonique, qui tient ces carbonates en dissolution, reprend l'état de gaz.

7° Du carbonate de fer sans sulfate de ce métal, l'ébullition y fait naître un dépôt coloré en jaune; elles précipitent en bleu par le prussiate ferrugineux de potasse, et cessent de précipiter ainsi après avoir été chauffées et filtrées.

8° Du carbonate de chaux ou de magnésie sans carbonate et sulfate de fer, elles ne précipitent pas en bleu par le prussiate ferrugineux de potasse, et elles laissent, par la chaleur, déposer une poudre blanche.

9° Du sulfate de fer, elles conservent la propriété de précipiter en bleu, après avoir été soumises à la chaleur de l'ébullition.

10° Du carbonate de soude ou de potasse, elles verdissent le sirop de violettes après qu'elles ont bouilli; et si on les filtre alors et qu'on y verse un acide, il s'en dégage du gaz carbonique.

11° Des sels calcaires, l'acide oxalique y produit un précipité blanc : si les sels calcaires sont autres que le carbonate de chaux, le même acide les trouble avant et après leur ébullition.

12° Des sels magnésiens autres que le carbonate, elles laissent déposer une poudre blanche après les avoir fait bouillir, les avoir filtrées et les avoir laissé refroidir, si l'on y verse du carbonate saturé, qu'on les filtre et qu'on les fasse bouillir de nouveau.

13° Des sels de cuivre, elles deviennent bleues par l'ammoniaque, et ne tardent point à recouvrir de ce métal le barreau de fer qu'on y plonge.

14° Des sels ammoniacaux autres que le carbonate, elles fournissent par l'évaporation un résidu qui, mêlé avec la chaux, laisse dégager une odeur vive et pénétrante d'ammoniaque.

15° De l'acide sulfureux, elles rougissent fortement le tournesol ; elles laissent précipiter du soufre par l'hydrogène sulfuré ; elles ont ou peuvent avoir une odeur de soufre en combustion, et donnent du moins, par la distillation, une eau acide qui, combinée avec la soude et exposée à l'air, ne tarde point à former avec les sels de baryte un précipité insoluble dans les acides.

16° Du carbonate d'ammoniaque, elles donnent à la distillation une eau qui est alcaline.

17° Des nitrates, si l'on y verse de la potasse jusqu'à ce qu'il ne s'y fasse plus de précipité, qu'on les filtre et qu'on les évapore, il en résultera un résidu qui, projeté sur les charbons incandescens, en augmentera la combustion çà et là.

2155. Au reste, la méthode d'analyse que nous allons indiquer est générale, et n'exige qu'un très-petit nombre des essais dont nous venons de parler.

Elle consiste à déterminer d'abord la proportion des différens gaz ou matières volatiles qui peuvent être contenues dans l'eau minérale, à évaporer ensuite une assez grande quantité de cette eau pour se procurer 15 à 20 grammes de résidu, à traiter ce résidu par l'eau distillée pour dissoudre tous les corps qui peuvent y être très-solubles, à évaporer la nouvelle dissolution jusqu'à siccité, et à mettre en contact la matière restante avec de l'alcool, à une douce chaleur : par ce moyen, on partage ce résidu en trois parties ; et comme il est rare qu'il contienne plus de cinq à six substances, il en résulte que chaque fraction en contient au plus deux ou trois qu'il est toujours facile de reconnaître et que l'on peut isoler, ou du moins dont on peut apprécier le poids. On rend ainsi très-simple une analyse très-compliquée.

Extraction des matières volatiles.

2155 *bis*. On détermine la quantité d'azote et d'oxigène en remplissant d'eau un ballon, y adaptant un tube recourbé plein d'eau lui-même, engageant l'extrémité du tube sous une éprouvette pleine de mercure et portant l'eau à l'ébullition; seulement il est nécessaire de faire passer dans l'éprouvette un peu de potasse ou de soude caustique, afin d'absorber l'acide carbonique ou l'hydrogène sulfuré que l'eau pourrait contenir. D'ailleurs, lorsqu'on connaît le volume total de l'oxigène et de l'azote, relativement à celui de l'eau, on peut estimer celui de l'un et celui de l'autre en soumettant le mélange à l'analyse.

Les eaux minérales contiennent rarement autant

d'oxigène et d'azote que l'eau ordinaire, et n'en contiennent jamais plus.

2156. Le meilleur moyen de déterminer la quantité de gaz carbonique est de remplir d'eau, aux trois quarts, un matras de 8 à 10 litres, d'y adapter un tube que l'on fera rendre à travers un bouchon au fond d'une éprouvette, de verser une dissolution d'ammoniaque et de muriate de chaux dans cette éprouvette, de surmonter le bouchon destiné à la fermer d'un autre tube recourbé qui plongera dans l'eau, de faire bouillir peu à peu l'eau du matras lorsque l'appareil sera ainsi disposé, et de soutenir l'ébullition pendant deux à trois minutes. De cette manière on sera certain de volatiliser tout l'acide carbonique; il arrivera tout entier dans la dissolution d'ammoniaque et de muriate calcaire, où, par l'influence de l'ammoniaque, il s'unira à la chaux; il en résultera donc du carbonate de chaux qui, recueilli, lavé et séché, donnera par son poids celui de l'acide carbonique, et, par conséquent, le volume de cet acide (*a*) (*b*).

(*a*) Le carbonate de chaux est formé de 100 d'acide et de 127,41 de chaux; le poids d'un litre d'acide est de 1,975, à 0 et sous la pression de 0m.,76.

(*b*) On se rappelle que les carbonates saturés laissent dégager une certaine quantité de leur acide à la température de l'eau bouillante. Si donc la liqueur contenait un carbonate, il faudrait en conclure que ce carbonate serait au moins neutre en partie; il pourrait l'être tout entier, comme il pourrait se faire aussi que l'acide fût en excès. On le saurait en comparant la quantité de gaz carbonique dégagé à la quantité de sous-carbonate que l'on obtiendrait dans le cours de l'analyse (2163, 2164), et se rappelant que les bases absorbent deux fois autant d'acide carbonique pour passer à l'état neutre que pour passer à l'état de sous-sel.

Dans le cas où, par hasard, l'eau contiendrait de l'acide sulfureux, on y ajouterait, avant de la chauffer, un peu d'acétate calcaire pour fixer cet acide : sans cela, il pourrait se volatiliser en partie, et donner lieu à un peu de sulfite de chaux insoluble.

2157. C'est par un procédé analogue qu'il faut déterminer la quantité d'hydrogène sulfuré. Il n'y a d'autre différence qu'en ce que l'on met alors une dissolution d'acétate acide de plomb dans l'éprouvette. Cet acétate n'a aucune action sur l'acide carbonique ; mais il absorbe et décompose l'hydrogène sulfuré, en donnant lieu à du sulfure de plomb qui se dépose sous forme de flocons noirs. Or, comme le sulfure de plomb est composé de 100 parties de plomb et de 15,4 de soufre, et qu'un litre d'hydrogène sulfuré, à zéro et sous la pression de 0m.,76, contient 1gram.,45 de soufre, il sera facile, par le poids du sulfure, de trouver la quantité de ce gaz (*a*).

2158. Lorsque les eaux, ce qui arrive très-rarement, contiennent de l'acide sulfureux, et qu'on veut connaître la quantité de cet acide, il faut le transformer par l'acide muriatique oxigéné en acide sulfurique, précipiter celui-ci par le nitrate de baryte, recueillir le sulfate, le laver, le sécher et le calciner. 100 parties de ce

---

(*a*) L'observation que nous venons de faire, relativement au gaz carbonique, s'applique aussi au gaz hydrogène sulfuré ; car les hydro-sulfures saturés laissent dégager une portion de leur acide, c'est-à-dire, d'hydrogène sulfuré, de même que les carbonates. Il est toujours facile de savoir au reste si une eau ne contient que de l'hydrogène sulfuré ; c'est de la faire bouillir et d'y verser ensuite de l'acide muriatique ; il ne s'y manifeste pas alors la plus faible odeur d'œufs pourris, tandis que si elle contenait de l'hydro-sulfure, cette odeur serait telle qu'il serait impossible de la supporter.

sulfate représentent en poids 27,65 d'acide sulfureux. Si les eaux contenaient de l'acide sulfurique, on en tiendrait compte, en y versant du nitrate de baryte, comme nous venons de dire, et en se rappelant que 290,47 de baryte contiennent 100 d'acide.

2158. Quant au carbonate d'ammoniaque, qui, comme l'acide sulfureux, se trouve aussi très-rarement dans les eaux, on en apprécie la proportion en distillant une certaine quantité de ces eaux, les condensant dans un ballon qui contient un peu d'acide muriatique, et faisant évaporer ensuite la liqueur jusqu'à siccité. Le poids du muriate d'ammoniaque que l'on obtient donne celui du sous-carbonate.

Extraction des matières fixes (a).

2159. C'est en évaporant les eaux jusqu'à siccité, qu'on se procure ces matières. L'évaporation pourra être faite dans une bassine de cuivre étamé. Lorsqu'elle sera terminée, il faudra enlever le résidu avec le plus grand soin. A cet effet, on en retirera d'abord le plus possible avec une carte et la barbe d'une plume; mais comme il en restera d'adhérent aux parois de la capsule, on rincera ces parois à plusieurs reprises avec de l'eau distillée, en les frottant avec le doigt. Par ce moyen, l'on dissoudra ou l'on détachera le reste, que l'on obtiendra par une nouvelle évaporation en la faisant dans une petite capsule de porcelaine. Lorsqu'on se sera procuré ainsi, d'une quantité connue d'eau, 15 à 30 grammes de ce résidu, on traitera ce résidu par

(a) On suppose dans ce que l'on va dire, que les eaux ne contiennent point d'hydro-sulfure. Voyez (2170) ce qu'il faut faire, lorsqu'elles en contiennent.

l'eau, après l'avoir bien séché et en avoir pris exactement le poids.

2160. *Traitement des matières fixes par l'eau distillée.* — Cette opération se fera en introduisant les matières dans une fiole avec 7 à 8 fois leur poids d'eau distillée, portant la liqueur à l'ébullition, la filtrant au bout de quelques minutes, à moins qu'elle ne soit limpide, et lavant le filtre.

2161. *Traitement, par l'alcool, des matières fixes solubles dans l'eau.* — Cette nouvelle opération se fera à peu près comme la précédente. Après avoir évaporé jusqu'à siccité la dissolution provenant de l'action de l'eau sur les matières fixes et pesé le résidu, on le traitera à plusieurs reprises et à l'aide d'une légère chaleur par de l'alcool concentré ; puis l'on filtrera la liqueur, on lavera le filtre avec de l'alcool, et l'on retirera par l'évaporation les substances qui se seront dissoutes : après quoi ces substances seront séchées et pesées, ainsi que celles que l'alcool n'aura pas attaquées.

2162. Au moyen de ces opérations successives, l'on partagera donc en trois parties les matières fixes que l'eau pourra contenir. Examinons maintenant quelles peuvent être ces matières, et quels sont les meilleurs moyens de les séparer.

2163. *Partie des matières fixes insolubles dans l'eau.* — La partie insoluble dans l'eau sera composée au plus de carbonates de chaux, de magnésie et de fer, de sulfate de chaux et de silice. Supposons qu'elle contienne ces cinq corps : On en prendra le poids dès qu'elle sera desséchée, et on la mettra en contact dans une capsule, avec un très-petit excès d'acide muriatique faible. Les carbonates de chaux, de magnésie et de fer se dissoudront ; ils seront séparés, par la filtration et un lavage convenable, du sulfate de chaux et de la silice. En rendant les muriates très-acides et y versant de l'ammoniaque, on en précipitera l'oxide de fer, qui, recueilli, lavé et séché, donnera par son poids celui du carbonate de fer. Ajoutant ensuite du sous-carbonate de soude à la liqueur ammoniacale, la chaux et la magnésie passeront à l'état de sous-carbonates qui se déposeront ; on les recueillera, on les lavera, puis enfin on les transformera en sulfates, comme nous avons dit précédemment (2102). L'un de ces sulfates étant soluble et l'autre ne l'étant pas, il sera facile de les séparer ; leur poids respectif indiquera la quantité de chaque base, et par conséquent la quantité de chacun de ces deux sous-carbonates.

Quant au sulfate de chaux et à la silice, il suffira, pour les isoler, de les faire chauffer avec un excès de sous-carbonate de potasse, et de traiter par l'acide muriatique leur résidu bien lavé. Le sous-carbonate décomposera le sulfate de chaux, et l'acide muriatique dissoudra le carbonate de chaux qui en résultera, de sorte que la silice restera intacte. Si l'on veut réformer le sulfate de chaux, afin d'en apprécier plus exactement le poids, l'on versera du sous-carbonate de potasse ou de soude dans la liqueur filtrée, et de l'acide sulfurique sur le précipité qui se fera.

2164. *Partie des matières fixes solubles dans l'eau et dans l'alcool très-concentré.* — Les matières solubles tout à la fois dans l'eau et dans l'alcool sont seulement le muriate de chaux, le muriate de magnésie, le nitrate de chaux, le nitrate de magnésie, la soude, le muriate d'ammoniaque, le muriate de soude, et encore ne dissout-il que peu de sel ammoniac et de sel marin. On reconnaît la plupart de ces différens corps comme nous l'avons dit précédemment (2155). La soude exclut les muriates et nitrates de chaux et de magnésie ; elle exclut aussi le muriate d'ammoniaque, de sorte qu'elle ne peut se trouver qu'avec le muriate de soude ; mais on sait qu'elle n'existe que très-rarement dans les eaux minérales, qu'il en est de même du muriate d'ammoniaque ; par conséquent, lorsque les eaux minérales ne contiendront point d'hydro-sulfure, ce qu'il sera toujours facile de reconnaître, et ce qui arrive le plus souvent, la partie soluble dans l'eau et dans l'alcool concentré sera composée généralement au plus de muriates et de nitrates de chaux, de magnésie et de muriate de soude. Pour en estimer la quantité, voici ce qu'il faudra faire :

L'on dissoudra ces sels dans l'eau et l'on y versera un excès de sous-carbonate d'ammoniaque. Les nitrates et muriates de chaux et de magnésie se décomposeront, et leurs bases se précipiteront unies à l'acide carbonique, tandis que leurs acides resteront dissous en combinaison avec l'ammoniaque. On recueillera les carbonates de chaux et de magnésie sur un filtre, on les lavera, et, par l'acide sulfurique, l'on déterminera les quantités de chaux et de magnésie qu'ils contiendront (2102) ; ensuite, l'on fera évaporer la liqueur où se trouveront le sel marin, le muriate, le nitrate et l'excès de carbonate d'ammoniaque. Lorsqu'elle sera évaporée à siccité, on introduira le résidu dans une petite cornue, du col de laquelle partira un tube qui s'engagera jusqu'au haut d'une cloche pleine de mercure ; l'on chauffera peu à peu la cornue, et bientôt le nitrate d'ammoniaque se convertira en eau et en protoxide d'azote; celui-ci se rendra dans la cloche avec l'air de l'appareil; mais comme, par le refroidissement, il rentrera dans la cornue autant de gaz qu'il en sortira par l'élévation de température, ce qu'il en restera dans la cloche représentera exactement la quantité de protoxide, en supposant toutefois que la température et la pression ne changent pas dans le cours de l'opération. Lorsque le nitrate d'ammoniaque sera complétement décomposé, c'est-à-dire lorsqu'il ne se dégagera plus de gaz, l'on brisera la cornue et l'on en retirera les muriates de soude et d'ammoniaque. Après en avoir pris le poids, on les calcinera jusqu'au rouge naissant dans un creuset de platine ou d'argent; par ce moyen, tout le muriate d'ammoniaqne sera volatilisé, de sorte qu'en versant de l'eau dans le creuset et la faisant évaporer, l'on obtiendra le sel marin: retranchant alors la quantité de celui-ci de la quantité du muriate d'ammoniaque et de soude, l'on aura celle du muriate d'ammoniaque: de celle-ci, l'on conclura la quantité d'acide muriatique des muriates de chaux et de magnésie, et du volume du protoxide d'azote, celle d'acide nitrique, et des nitrates. Ainsi, la quantité de sel marin sera connue directement; mais les quantités de nitrates et de muriates de chaux et de magnésie ne le seront que par celles de leurs bases et de leurs acides.

La méthode que nous venons d'indiquer est susceptible d'être modifiée. Au lieu de traiter toute entière, comme nous venons de dire, la liqueur qui contient le muriate de soude, le muriate, le nitrate, et l'excès de carbonate d'ammoniaque, l'on peut n'en traiter que la moitié et traiter l'autre de la manière suivante : Lorsque le carbonate d'ammoniaque en aura été chassé par l'ébullition, on le mettra en contact avec un excès de phosphate d'argent. Celui-ci décomposera les muriates de soude et d'ammoniaque ; et de là résultera du muriate d'argent, des phosphates de soude et d'ammoniaque. Ces deux derniers sels resteront en dissolution avec le nitrate d'ammoniaque ; le muriate d'argent s'en déposera, au contraire, sous forme de flocons, avec l'excès de phosphate d'argent : par l'acide nitrique, on enlèvera ce phosphate ; et le muriate, restant seul, on en prendra le poids. Cela étant fait, l'on versera du sous-carbonate de soude dans la liqueur filtrée, afin de transformer le phosphate et le nitrate d'ammoniaque en phosphate et nitrate de soude, puis on l'évaporera à siccité, et l'on fera chauffer le résidu avec de l'alcool à 0,850, qui dissoudra le nitrate de soude et n'agira sur aucun des autres sels. La quantité de nitrate de soude sec donnera celle de l'acide nitrique, et la quantité de muriate d'argent donnera celle de l'acide muriatique des muriates de soude, de chaux et de magnésie ; et comme l'on connaîtra la quantité de muriate de soude, et par conséquent celle de son acide, en retranchant celle-ci de la totalité de l'acide muriatique, l'on aura celle de l'acide des muriates de chaux et de magnésie.

L'on voit donc qu'en modifiant ainsi la méthode, l'on obtiendra les quantités d'acide nitrique et d'acide muriatique par deux voies différentes ; si les résultats concordent, ils n'en mériteront que plus de confiance.

2165. *Partie des matières fixes solubles dans l'eau et insolubles dans l'alcool très-concentré.* — Les matières fixes solubles dans l'eau et insolubles dans l'alcool sont plus nombreuses que les précédentes. On en compte 13 ; savoir : les sulfates de soude, de magnésie, d'ammoniaque, de fer, de cuivre, l'alun, le nitrate de potasse, les muriates de potasse et de soude, les carbonates de potasse et de soude, le sous-borate de soude, et l'acide borique (*a*).

2166. Les sulfates de magnésie, d'ammoniaque, de fer, de cuivre, les muriates et les carbonates de potasse et de soude, se reconnaissent aux caractères que nous avons exposés en parlant des épreuves à faire subir aux eaux minérales (2155) ; le sulfate de soude et le nitrate de potasse, en dissolvant les matières dans l'eau et les soumettant à la cristallisation (*b*) ; le borax, par la précipitation d'acide borique que l'acide sulfurique produira dans une dissolution concentrée de ces matières ; l'acide borique, par la cristallisation, de même que le sulfate de soude et le nitrate de potasse ; l'alun, de la même manière aussi, ou bien par l'extraction de l'alumine.

2167. Au reste, il s'en faut beaucoup qu'on rencontre ces différens sels ensemble ; plusieurs ne peuvent se trouver dans la même eau, et la plupart n'entrent que rarement dans la composition des eaux minérales. En effet, les sulfates d'ammoniaque, de fer, de

(*a*) Quoique nous ayons mis le sel marin au rang des matières solubles dans l'alcool, nous le mettrons aussi au rang des matières insolubles dans cet agent, parce que comme il y est très-peu soluble, il fait ordinairement partie des unes et des autres.

(*b*) Ces deux sels, faciles à distinguer parce que l'un fait brûler vivement les charbons incandescens, et que l'autre n'a aucune action sur eux, affecteront la forme de longues aiguilles (825, 905).

cuivre, l'alun, le nitrate, le muriate, le carbonate de potasse, le borax, l'acide borique, n'en font presque jamais partie, et par cela même qu'une eau contient du carbonate de soude ou de potasse, elle ne saurait contenir ni sulfate de magnésie, ni alun, ni sulfate de fer, ni sulfate de cuivre, ni acide borique. Ainsi le sulfate de soude, le sulfate de magnésie, le muriate de soude et le carbonate de soude, sont donc presque les seules matières solubles dans l'eau et insolubles dans l'alcool, qu'elles renferment; encore ne peut-il exister que trois de ces matières ensemble, puisque le sulfate de magnésie et le carbonate de soude se décomposent réciproquement. Exposons donc comment l'on peut en estimer la quantité.

2168. Supposons d'abord qu'il n'y ait point de sulfate de magnésie: en traitant le mélange à plusieurs reprises par de l'alcool, dont la pesanteur spécifique sera de 0,875, l'on dissoudra tout le sel marin; versant ensuite de l'acide acétique sur le sulfate et le carbonate de soude, l'on transformera celui-ci en acétate, lequel étant très-soluble dans l'alcool, sera facile à séparer du sulfate. La quantite d'acétate donnera celle de carbonate.

2169. Supposons maintenant qu'il n'y ait point de carbonate de soude, l'on séparera toujours le sel marin par de l'alcool à 0,875; puis l'on dissoudra le résidu dans l'eau, et l'on y versera du carbonate d'ammoniaque qui en précipitera la magnésie à l'état de sous-carbonate; faisant alors évaporer la liqueur et calcinant jusqu'au rouge dans un creuset de platine les sulfates de soude et d'ammoniaque qui composeront la matière restante, celui-ci se décomposera et se volatilisera ; le sulfate de soude, au contraire, n'éprouvera aucune altération, de sorte que, en pesant le reste avant et après la calcination, l'on connaîtra exactement la quantité de sulfate de soude. Quant à celle du sulfate de magnésie, on la conclura de la quantité de carbonate, ou bien l'on reformera le sulfate en traitant le carbonate par l'acide sulfurique faible.

2170. Nous venons d'examiner le cas où les eaux ne contiennent point d'hydro-sulfure sulfuré ; examinons maintenant celui où elles en contiennent (*a*).

1° On extrait les gaz de ces eaux, comme nous l'avons dit précédemment (2155 *bis*).

2° Le carbonate de chaux, le carbonate de magnésie, le sulfate de chaux et la silice s'en retirent aussi par les procédés ordinaires, si ce n'est qu'il vaut mieux évaporer l'eau dans une cornue que dans une bassine. Par ce moyen, l'air ne pouvant agir sur l'hydro-sulfure, n'apporte aucun trouble dans les résultats.

3° Pour estimer la quantité d'hydro-sulfure sulfuré, ce qu'il y a de mieux à faire, est d'introduire l'eau minérale dans une cornue tubulée dont la tubulure se trouve surmontée d'un tube à boule et à 3 branches (pl. XIII, fig. 10), d'adapter au col de la cornue un tube ordinaire que l'on fera plonger dans une éprouvette contenant de l'acétate acide de plomb, de verser de l'acide acétique dans l'eau par le tube à boule, et de porter peu à peu la liqueur à l'ébullition. L'hydro-sulfure sulfuré sera décomposé ; tout l'hydrogène sulfuré qu'il contiendra viendra se rendre dans l'éprouvette, et donnera lieu à du sulfure de

(*a*) L'hydro-sulfure n'est jamais pur; il doit être toujours plus ou moins sulfuré.

plomb, tandis que tout le soufre uni à l'hydro-sulfure se précipitera. Du poids du sulfure, l'on conclura celui de l'hydrogène sulfuré, et du poids de l'hydrogène sulfuré et du soufre celui de l'hydro-sulfure sulfuré (*a*) (*b*).

4° C'est par un procédé analogue qu'on détermine la quantité du carbonate de soude. Après avoir porté l'eau à l'ébullition pour en faire déposer les carbonates insolubles, on la filtre et on la traite par l'acide muriatique de même que quand il s'agit de déterminer la quantité d'hydro-sulfure. Seulement, au lieu d'acétate acide de plomb, l'on met une dissolution d'ammoniaque et de muriate de chaux dans l'éprouvette, et du bouchon qui la ferme l'on fait partir un tube qui plonge dans un autre vase, afin d'intercepter la communication de l'air. L'acide carbonique du carbonate alcalin se combine avec la chaux du muriate, par l'intermède de l'ammoniaque; et de là résulte du carbonate de chaux dont le poids indique celui du carbonate de soude. (*Voyez* n° 2156, note (*b*), afin de juger de l'état de saturation du carbonate).

5° Ces opérations étant faites, il faudra procéder à la séparation des autres matières.

Lorsque les eaux contiendront du carbonate de soude, elles ne pourront contenir en outre que des carbonates de chaux et de magnésie, de la silice, de

(*a*) Il vaudrait mieux, ce qui est quelquefois possible, déterminer directement la quantité de base de l'hydro-sulfure sulfuré que de la conclure du poids de l'hydrogène sulfuré et du soufre, d'autant plus que celui-ci est difficile à recueillir.

(*b*) Ce procédé suppose que les eaux ne contiennent point tout à la fois de l'hydrogène sulfuré et de l'hydro-sulfure. Si elles en contenaient, ce que leur odeur ferait connaître, il faudrait commencer par en dégager l'hydrogène sulfuré au moyen d'une douce chaleur.

l'hydro-sulfure de soude et des sels à base de soude. Alors on y versera un excès d'acide acétique, et on les fera évaporer jusqu'à siccité. Calcinant ensuite le résidu jusqu'au rouge, le traitant par l'eau, et filtrant la liqueur, l'on obtiendra seulement en dissolution la soude du carbonate et de l'hydro-sulfure, et les autres sels, qui ne seront en général que du sulfate et du muriate de soude. Par conséquent, en ajoutant du sous-carbonate d'ammoniaque à la dissolution pour faire passer complétement la soude à l'état de sous-carbonate, volatilisant l'excès de carbonate ammoniacal par une température d'environ 100°, il ne s'agira plus que de s'y prendre, comme nous l'avons dit (2168), pour déterminer les quantités de sel marin et de sulfate de soude : on déterminera en même temps la quantité d'acétate; celle-ci donnera la quantité de soude, et les quantités d'acide carbonique et d'hydrogène sulfuré donneront celles d'hydro-sulfure et de sous-carbonate.

Au contraire, lorsque les eaux ne contiendront point de carbonate de soude, non-seulement les carbonates de chaux et de magnésie, la silice et le sel marin, mais encore les nitrates, les muriates et les sulfates de chaux et de magnésie pourront en faire partie. Dans ce cas, l'on devra les agiter avec un excès de proto-muriate de mercure. Ce sel étant insoluble n'agira que sur l'hydro-sulfure, il le décomposera en donnant lieu à de l'eau, à du sulfure noir de mercure insoluble comme le muriate mercuriel, et à du muriate de chaux ou de soude, selon que l'hydrogène sulfuré sera uni à l'une ou à l'autre de ces deux bases. D'ailleurs on achèvera l'analyse en suivant exactement tout ce qui a été dit (2159—2170). La quantité d'hydrogène sulfuré fera connaître celle d'hydro-sulfure ; de la quantité d'hydro-sulfure, l'on déduira celle du muriate provenant de la combinaison de la base de l'hydro-sulfure avec l'acide muriatique du muriate mercuriel ; et retranchant celle-ci de la totalité du muriate qui aura la même base que l'hydro-sulfure, l'on aura la quantité de muriate contenu réellement dans les eaux.

2171. Nous ne ferons pas d'autres observations sur l'analyse des eaux minérales : il nous suffira de faire remarquer de nouveau que comme, par la méthode que nous avons indiquée (2155), nous partageons en quatre parties les substances que les eaux minérales contiennent, il sera toujours facile de les isoler, parce qu'elles sont rarement au-delà de huit, et qu'on les reconnaît sans peine. D'ailleurs, dans tous les cas, il faudra consacrer la première analyse à la recherche de ces substances, et une seconde à leur séparation. On trouvera, dans le tableau suivant, la composition de plusieurs eaux minérales. (*Voyez* ce tableau ci-joint.) Nous n'en avons cité que quelques-unes comme exemple ; il en existe un bien plus grand nombre.

La plupart des chimistes ont eu occasion de s'occuper de l'analyse des eaux minérales ; mais il n'y a, pour ainsi dire, que Bergman et Kirwan qui aient fait à ce sujet des dissertations générales. Celle de Bergman date de 1778, et celle de Kirwan de 1799. Toutes deux méritent d'être lues. On pourra aussi consulter avec avantage l'Essai de M. Bouillon-Lagrange sur les eaux minérales naturelles et artificielles. Cet Essai a été publié en 1810 et renferme la composition des eaux minérales analysées jusqu'à cette époque.

CHAPITRE VII.

Détermination de la proportion des principes constituans des matières végétales et animales.

2172. La solution de ce problème, que nous avons donnée avec M. Gay-Lussac dans nos recherches physico-chimiques, consiste à transformer les matières végétales et animales en eau, en acide carbonique et en azote, et à recueillir tous les gaz. Il est évident, en effet, qu'en remplissant ces conditions, l'analyse doit devenir d'une exactitude et d'une simplicité très-grandes : mais comment brûler complétement l'hydrogène et le carbone de ces substances, et en faire la combustion en vaisseau clos ?

On surmonte avec certitude le premier de ces obstacles par les oxides métalliques qui cèdent facilement leur oxigène, ou plutôt par le muriate suroxigéné de potasse. Le second présente beaucoup plus de difficultés ; car l'on ne peut point tenter la combustion dans une cornue pleine de mercure ; pour peu qu'on y brûlât de matière, la cornue serait brisée : il faut donc se servir d'un appareil dans lequel on puisse :

1° Brûler des portions de matière assez petites pour qu'il n'y ait pas fracture des vases ;

2° Faire un assez grand nombre de combustions successives pour que les résultats soient assez sensibles ;

3° Enfin, recueillir les gaz à mesure qu'ils sont formés.

C'est un appareil de ce genre que nous allons décrire (*voyez* cet appareil, *pl.* 32, *fig.* 3) : il est formé de trois pièces bien distinctes : l'une AA', est un tube de verre fort épais fermé à la lampe par son extrémité inférieure, ouvert au contraire par son extrémité supérieure, long d'environ 2 décimètres, et large de 8 millimètres : il porte latéralement à 5 centimètres de son ouverture un très-petit-tube BB' aussi de verre, qu'on y a soudé, et qui ressemble à celui qu'on adapterait à une cornue pour recevoir les gaz ; l'autre pièce est une virole CC' en cuivre, dans laquelle on fait entrer l'extrémité ouverte du grand tube de verre, et avec lequel on l'unit au moyen d'un mastic qui ne fond qu'à 40 degrés ; la dernière pièce est un robinet particulier DD' qui fait tout le mérite de l'appareil. La clef de ce robinet n'est pas trouée et tourne en tous sens, sans donner passage à l'air ; on y a seulement pratiqué à la surface, et vers la partie moyenne, une cavité capable de loger un corps du volume d'un petit pois : mais cette cavité est telle, qu'étant dans sa position supérieure, elle correspond à un petit entonnoir vertical E qui pénètre dans la douille, et dont elle forme en quelque sorte l'extrémité du bec ; et que, ramenée dans sa position inférieure, elle communique et fait suite à la tige même du robinet, qui est creuse et qui se visse à la virole. Ainsi, lorsqu'on met une matière quelconque dans l'entonnoir, bientôt la cavité se trouve remplie de cette matière, et la porte, lorsqu'on tourne la clef dans la tige du robinet, d'où elle tombe dans la virole et de là au fond du tube de verre. (On voit, *pl.* 32, *fig.* 4, ce robinet adapté seulement à la virole; la tige de ce robinet, *fig.* 3 et 4, passe à travers une capsule FF′, dont l'usage sera indiqué plus bas).

2173. Si donc cette matière est un mélange de muriate suroxigéné de potasse et de substance végétale dans des proportions convenables, et si la partie inférieure du tube de verre est suffisamment chaude, à peine la touchera-t-elle qu'elle s'enflammera vivement: alors la substance végétale sera détruite instantanément, et sera transformée en eau et en acide carbonique que l'on recueillera sur le mercure, avec le gaz oxigène excédent, par le petit tube latéral.

2174. Pour exécuter facilement cette opération, on conçoit qu'il est nécessaire que la matière se détache toute entière de la cavité et tombe au fond du tube: à cet effet, on la met en petites boulettes comme il sera dit tout à l'heure (*a*). On conçoit également qu'il est nécessaire de rechercher quelle est la quantité de muriate suroxigéné convenable pour brûler complétement la substance végétale; il faut même avoir la précaution d'en employer au moins moitié plus que cette subs-

(*a*) Il faut nécessairement donner la forme de boulette au mélange de muriate suroxigéné et de substance végétale ou animale: si ce mélange était en poudre, il contracterait une sorte d'adhérence avec les parois de la cavité pratiquée dans la clef, et il serait difficile de l'en détacher; d'ailleurs, il s'en introduirait entre la douille elle-même et la clef, les gâterait l'une et l'autre, et les mettrait bientôt hors de service. Enfin, en tombant dans le tube de verre, il y en aurait une portion qui s'attacherait aux parois de ce tube, et ne s'y décomposerait qu'imparfaitement, à cause du peu de chaleur à laquelle elle serait exposée.

tance n'en exige, afin que la combustion en soit complète (*a*).

2176. Mais de toutes les recherches qui doivent précéder l'opération, la plus importante à faire est évidemment l'analyse du muriate suroxigéné qu'on emploie. Pour cela on doit, 1° dessécher et même fondre une masse de ce sel (*b*); 2° la pulvériser, afin que toutes

---

(*a*) On trouve facilement quelles sont les proportions de muriate suroxigéné et de substance végétale qu'on doit employer, en faisant différens mélanges pulvérulens de ces corps, et les projetant dans un tube de verre dont l'extrémité est presque rouge-obscur. Tant que le résidu de la combustion n'est pas blanc, c'est une preuve que la quantité de muriate suroxigéné n'est point assez grande; il faut l'augmenter non-seulement jusqu'à ce que ce résidu soit blanc, mais outre-passer ce point de manière à rendre, comme on vient de le dire, l'excès d'oxigène très-prépondérant. Pour en être plus certain, on peut, si l'on veut, décomposer dans l'appareil une partie du mélange dont on croit les proportions bonnes, recueillir les gaz et les analyser approximativement en les traitant par la potasse. Nous avons pris cette précaution au commencement de notre travail; mais elle ne nous a plus été nécessaire au bout de quelque temps. Lorsqu'on la prend, on peut se contenter d'opérer sur un gramme de mélange, et, dans ce cas, on doit toujours mettre le mélange en boulettes, afin de ne pas gâter le robinet.

(*b*) Le muriate suroxigéné qu'on emploie doit être privé exactement de muriate oxigéné; on recommande de le fondre non-seulement pour le dessécher, mais aussi pour décomposer la petite quantité du muriate oxigéné qu'il pourrait encore contenir, quoique bien cristallisé. On recommande aussi d'opérer sur une masse assez considérable de muriate suroxigéné, afin de pouvoir faire un grand nombre d'analyses sans être obligé d'en changer. On peut en préparer cinq hectogrammes à la fois, qu'on conserve dans un flacon bien sec et bouché à l'émeri. La fusion s'en fait dans un creuset de Hesse, et la pulvérisation dans un mortier de laiton bien propre et chaud: cette pulvérisation est grossière, mais suffit pour s'assurer que la masse saline est parfaitement homogène.

les parties en soient homogènes ; 3° en prendre au moins 5 grammes, et les introduire dans une petite cornue de verre bien sèche, de manière qu'il n'en reste pas sur les parois du col ; 4° peser cette cornue avec des balances très-sensibles avant et après y avoir mis le sel, afin d'en connaître le poids à un demi-milligramme près ; 5° y adapter un tube qui puisse s'engager sous une cloche pleine d'eau, et s'élever jusqu'à la partie supérieure de cette cloche ; 6° procéder à la décomposition du sel, en portant peu à peu la cornue au rouge-cerise, pour qu'aucune portion de matière saline ne soit emportée ; 7° recueillir l'air des vaisseaux avec le gaz oxigène, et tenir compte de cet air en faisant refroidir la cornue et laissant le tube qui y est adapté, plonger dans les gaz jusqu'à ce qu'elle soit à la même température que l'atmosphère ; 8° enfin répéter cette analyse plusieurs fois, pour n'avoir aucun doute sur son exactitude.

2177. Tout cela étant bien conçu, il sera facile d'entendre comment on peut faire l'analyse d'une substance végétale avec le muriate suroxigéné. On broie cette substance sur un porphyre avec le plus grand soin ; on y broie également le muriate suroxigéné ; on pèse avec une balance très-sensible des quantités de l'une et de l'autre, desséchées au degré de l'eau bouillante ; on les mêle intimement ; on les humecte ; on les moule en cylindres ; on partage ces cylindres en petites portions, et on arrondit avec les doigts chacune d'elles, en forme de petites boules, qu'on expose pendant un temps suffisant à la température de l'eau bouillante, pour les ramener au même point de dessication que les matières primitives. Si la substance à analyser est un acide végétal, on la combine avec la chaux ou la baryte, avant de la mêler avec le muriate suroxigéné; on analyse le sel qui en résulte, et on tient compte de l'acide carbonique qui reste uni à la base après l'expérience. Enfin, si la substance à analyser contient quelques corps étrangers à sa nature, on en tient également compte.

Ces diverses opérations se font facilement :

1° On broie la substance végétale et le sel, et on les réduit en poudre impalpable, en les triturant d'abord avec la molette, et ensuite avec un couteau de fer, flexible et semblable à celui dont les peintres font usage.

2° On les dessèche au degré de l'eau bouillante, au moyen d'un appareil particulier. Cet appareil se compose de deux boîtes cylindriques, dont le fond de l'une s'adapte avec les bords supérieurs de l'autre : dans la boîte inférieure on met, par un conduit latéral surmonté d'un entonnoir, de l'eau que l'on porte au degré de l'ébullition; et dans la boîte supérieure, qu'on couvre en partie, on place les matières que l'on veut dessécher, et que l'on met à cet effet en couches minces dans des carrés de papier dont les bords sont relevés. On peut, quand on a beaucoup de matières à dessécher, conduire la vapeur aqueuse de ce premier appareil dans un second, et même un troisième, au lieu de la laisser dégager directement dans l'air; mais alors il faut avoir le soin d'entretenir toujours bien bouillante l'eau du premier appareil, pour que tous soient également chauds : autrement, on ne pourrait que commencer la dessication dans les deux derniers. On voit un appareil de ce genre, *pl.* 4, *fig.* 5 : GG', est la première boîte, ou celle qui contient l'eau; PP', la seconde; CC', le fourneau sur lequel elles sont placées; RZ', l'entonnoir par lequel on verse de l'eau dans la boîte inférieure; EE', le tuyau qui porte la vapeur d'eau dans un second appareil, etc.

3° Une petite capsule de verre est commode pour peser les matières. D'abord, on prend le poids de cette capsule, puis on y ajoute la substance végétale pulvérisée et desséchée, et on en prend le poids une seconde fois, etc. Il vaut mieux peser en dernier lieu le muriate suroxigéné, que la substance végétale, parce que le muriate étant en très-grande quantité par rapport à celle-ci, il est toujours facile d'en ôter de la capsule, si on y en a mis trop.

4° Pour mêler exactement la substance végétale et le sel, une fois pesés, on les met sur le porphyre, et on les retourne en tous sens avec la lame flexible du couteau dont nous avons parlé précédemment; s'il s'en perd après cette opération, la perte du sel et de la substance étant proportionelle à leur quantité respective, n'a aucune influence sur l'exactitude des résultats.

Ensuite on prend successivement de petites portions du mélange, et on les mêle aussi intimement que possible; enfin on les réunit toutes, et on les triture encore pendant quelque temps.

5° On parvient à humecter convenablement le mélange en y ajoutant peu à peu de l'eau et le remuant avec la lame d'un couteau. Il faut que la pâte en soit ferme et se moule facilement.

6° On moule cette pâte dans un petit cylindre creux de laiton; ce cylindre doit avoir au plus $0^{m},0025$ de diamètre intérieur, et peut être plus ou moins long, il doit être tranchant d'un côté ; quand on veut s'en servir, on le tient verticalement, et on en applique le tranchant avec un peu de force sur la pâte qu'on a aplatie avec le couteau : cette pâte passe dans le cylyndre, et lorsqu'il en contient assez pour faire trois boulettes, on l'en fait sortir avec une tige de même diamètre que le trou cylindrique. Si la pâte devient trop ferme, on la ramollit ; et si le cylindre creux s'engorge, on le nettoie avec la tige et de l'eau. (*Voyez pl.* 32, *fig.* 5, ce cylindre et cette tige. A représente la tige seule, et B représente la tige enfoncée dans le cylindre).

7° A mesure que la pâte est moulée, on doit la couper avec une lame de couteau très-fine en autant de portions susceptibles de faire des boulettes de grosseur convenable, et tout aussitôt on doit arrondir chacune de ces portions en les roulant tant soit pen entre les doigts. Sans cette précaution, elles ne sortiraient quelquefois que difficilement de la cavité pratiquée dans la clef du robinet.

8° Toutes les boulettes étant faites, on commence à les dessécher dans une capsule de verre, et on achève la dessication à la vapeur de l'eau bouillante, en les plaçant dans un carré de papier comme il a été dit (2177). Par ce moyen, on en volatilise toute l'eau qu'on y avait mise, et on est certain d'être arrivé à ce point lorsque, les pesant deux fois à demi-heure de distance, la deuxième pesée est la même que la première : alors on les introduit toutes dans un petit flacon bien sec, et on les y tient bien bouchées jusqu'à ce qu'on les analyse.

9° Pour analyser un sel qui résulte de la combinaison d'un acide végétal avec la baryte ou la chaux, on l'expose à la vapeur de l'eau bouillante jusqu'à ce qu'il ne perde plus d'humidité, et on le traite par l'acide sulfurique, s'il est à base de baryte, ou on le calcine, s'il est à base de chaux.

10° Enfin on détermine combien la substance qu'on veut analyser contient de corps étrangers, en incinérant une quantité donnée de cette substance; mais cette incinération exige quelques précautions qu'il est bon d'indiquer. On doit la faire dans un creuset de platine plutôt que dans un creuset d'argent, parce qu'on ne craint point de le fondre, et qu'elle est d'autant plus prompte que la température est plus élevée. Il faut que les cendres du fourneau ne puissent point se mêler avec celles de la matière. A cet effet, on doit couvrir le fourneau avec un têt, au centre duquel on a percé un trou circulaire capable seulement de laisser passer le creuset; on soutient celui-ci d'une manière quelconque, soit par les bords supérieurs avec un peu de terre, soit par-dessous avec un fromage, et, dans tous les cas, le tirage du fourneau doit être établi latéralement au moyen d'un conduit en tôle ou en terre.

Lorsque le creuset est rouge, on y projette peu à peu la substance végétale; elle brûle et se charbonne; de temps en temps on la remue avec une spatule : l'incinération étant achevée, on pèse le creuset, on en retire la cendre en le lavant, puis on le fait sécher; on le pèse de nouveau, et en défalquant le second poids du premier, on a pour reste la quantité de matières étrangères à la substance végétale.

2178. Lorsque ces diverses opérations sont faites, il ne s'agit plus, pour terminer l'analyse, que de décomposer une certaine quantité de muriate suroxigéné et de substance végétale, en boulettes, dans l'appareil que l'on a décrit précédemment; de recueillir tous les gaz provenant de cette décomposition; de les mesurer, et de les séparer les uns des autres : c'est à quoi l'on parvient comme on va le dire.

1° On commence par graisser la clef du robinet, afin qu'il ne fuie pas; on se sert à cet effet d'un mélange de suif et d'huile; on le fait fondre, et on en met seulement quelques gouttes sur la clef; ensuite on la tourne dans la douille, et on enlève tout ce qui peut être au fond de la cavité ou même dedans.

2° On fait un trou au milieu d'une brique L, et on y enfonce le tube de verre AA' jusqu'au petit tube latéral BB'; ensuite, d'une part, on pose les deux extrémités de cette brique sur deux petits murs parallèles élevés sur une table auprès de la cuve à mercure, hauts à peu près comme cette cuve, et distans l'un de l'autre d'environ 0m.,15, et, d'une autre part, on appuie l'extrémité inférieure du tnbe AA' sur une grille de fer G, qu'on soutient en la faisant pénétrer dans les murs mêmes.

3° On fait plonger le petit tube latéral BB' dans la cuve à mercure, et on place une ardoise entre la brique et ce tube pour qu'il ne s'échauffe pas, après avoir toutefois assujetti le tube AA' dans la brique avec du lut de terre infusible.

4° On met peu à peu des charbons rouges sur la grille et autour de l'extrémité inférieure du tube AA'; on met en même temps de la glace dans la petite capsule de laiton FF', pour empêcher que la graisse du robinet ne fonde et qu'il ne fuie; ensuite on met sous la grille G et au-dessous du tube AA', une lampe à esprit-de-vin HH' : bientôt la partie inférieure de ce tube approche de la chaleur rouge obscure ; alors on engage l'extrémité du tube recourbé BB' sous une petite éprouvette pleine de mercure, et on fait tomber successivement dans le tube AA', au moyen du robinet, un certain nombre de boulettes qu'il est inutile de peser. Chaque boulette s'enflamme presque aussitôt qu'elle est tombée, et donne lieu à un dégagement subit et assez considérable de gaz : par ce moyen, on chasse tout l'air de l'appareil, et on le remplace par un gaz absolument identique avec celui qui doit rester à la fin de l'expérience, de sorte qu'il y a exacte compensation, et qu'on n'a pas besoin de recueillir celui-ci.

5° Lorsqu'on a décomposé de cette manière une vingtaine de boulettes dans le tube AA', on incline la brique de manière à enfoncer davantage le tube recourbé dans le mercure; on enlève l'éprouvette où on a reçu en partie le gaz provenant de ces vingt boulettes, et on y substitue un flacon plein de mercure et bien jaugé. On soutient ce flacon sur une planche qui doit être percée d'un trou oblong; autrement, on risquerait de casser le tube en voulant l'introduire dans le flacon, d'autant plus que, pour ne point perdre de gaz, il est nécessaire qu'il s'élève jusqu'au-dessus du goulot du flacon.

6° L'appareil étant ainsi disposé, on pèse, à un demi-milligramme près, le petit flacon dans lequel on a mis les boulettes qu'il s'agit de décomposer (2177, art. 8°), si toutefois, pour ne point perdre de temps, on n'a pas eu le soin de prendre le poids d'avance. On verse plus ou moins de ces boulettes dans une sorte de main en laiton, *pl.* 32, *fig.* 6, et on les fait tomber avec une petite tige courbe l'une après l'autre dans le tube AA', jusqu'à ce que le flacon soit plein de gaz. (*Voyez* cette tige, *pl.* 32, *fig.* 7; elle est vue de face en A et de côté en B). A cette époque on dégage le tube de ce flacon; on l'engage sous un autre; on pèse de nouveau le petit flacon et toutes les boulettes restantes, et on recommence l'opération, etc. Si tous les flacons dans lesquels on recueille les gaz ont la même capacité, ils seront remplis de gaz par des poids égaux de mélanges, et si on examine ces gaz, on les trouvera parfaitement identiques : dans tous les cas, on note avec grand soin le thermomètre et le baromètre.

7° On doit tenir le tube, pendant toute l'opération, au plus haut degré de chaleur qu'il peut supporter sans se fondre, afin que les gaz ne contiennent point ou contiennent le moins possible de gaz hydrogène oxi-carburé; dans tous les cas, on doit en faire l'analyse sur le mercure; c'est une épreuve à laquelle il est indispensable de les soumettre. On opère sur deux cents parties de gaz obtenu, on y ajoute environ 40 parties de gaz hydrogène, on fait passer ce mélange dans un eudiomètre à mercure, et on y porte une étincelle électrique. Le gaz hydrogène qu'on a ajouté brûle au moyen de l'oxigène qui est en excès. Dans le gaz qu'on a recueilli, et il est évident que si ce gaz contenait quelques portions d'hydrogène oxi-carburé, elles brûleraient aussi. Après que la combustion a eu lieu, on mesure le résidu, et on voit de cette manière si les gaz contenaient de l'hydrogène oxi-carburé : en effet, supposons qu'ils n'en contiennent pas, l'absorption sera d'une fois et demie le volume du gaz hydrogène employé ; elle sera au contraire plus forte s'ils en contiennent, et d'autant plus forte, qu'ils en contiendront davantage. Dans tous les cas, on absorbe l'acide carbonique par la potasse et l'eau, et on s'assure si le gaz qui n'est point absorbé n'est que de l'oxigène pur, ou combien il en contient : on conclut de là, d'une manière précise, le rapport du gaz acide carbonique, de l'oxigène et de l'azote s'il y en a, dont est composé le gaz recueilli.

2179. On a donc ainsi toutes les données nécessaires pour connaître la proportion des principes de la substance végétale ; on sait combien on a brûlé de cette substance, puisqu'on en a le poids à 1 demi-milligramme près ; on sait combien il a fallu d'oxigène pour la transformer en eau et en acide carbonique, puisque la quantité en est donnée par la différence qui existe entre celle qui est contenue dans le muriate suroxigéné et celle qui est contenue dans les gaz ; enfin, on sait combien il s est formé d'acide carbonique, et on calcule combien il a dû se former d'eau. (*Voyez* 2044, art. 4°).

2180. La ma nière dont nous procédons à l'analyse des substances végétales et animales étant exactement connue, nous pouvons dire quelle est la quantité que nous en décomposons sans craindre d'affaiblir la confiance qu'on doit avoir en nos résultats : cette quantité s'élève tout au plus à six décigrammes. D'ailleurs, si on élevait le moindre doute sur l'exactitude de ces résultats, nous les dissiperions en rappelant que nous remplissons successivement de gaz deux et quelquefois trois flacons de même capacité ; que ces gaz sont identiques, et proviennent toujours d'un même poids de matière.

2181. Nous pourrions ajouter que l'exactitude d'une analyse consiste bien plus dans la précision des instrumens et des méthodes qu'on emploie, que dans la quantité de matière sur laquelle on opère. L'analyse de l'air est plus exacte qu'aucune analyse de sels, et cependant elle se fait sur 2 à 300 fois moins de matière que celle-ci. C'est que, dans la première, ou on juge des poids par les volumes qui sont très-considérables, les erreurs que l'on peut commettre sont peut-être 1000 ou 1200 fois moins sensibles que dans la seconde, ou on est privé de cette ressource. Or, comme nous transformons en gaz les substances que nous analysons, nous ramenons nos analyses non pas seulement à la certitude des analyses minérales ordinaires, mais à celle des analyses minérales les plus exactes, d'autant plus que nous recueillons au moins un litre de gaz, et que nous trouvons dans notre manière même de procéder la preuve d'une grande exactitude.

2182. Déjà nous avons fait par la méthode et avec les soins que nous venons d'indiquer, l'analyse de 15 substances végétales ; savoir : des acides oxalique, tartarique, mucique, citrique et acétique ; de la résine de térébenthine, de la copale, de la cire et de l'huile d'olive; du sucre, de la gomme, de l'amidon, du sucre de lait, et des bois de hêtre et de chêne. Nous allons rapporter successivement les résultats de ces quinze analyses.

Tableau contenant la proportion des principes de quinze substances végétales.

SUBSTANCES ANALYSÉES.	Carbone contenu dans cette substance.	Oxigène contenu dans cette substance.	Hydrogène contenu dans cette substance.	On en supposant que l'oxigène et l'hydrogène soient à l'état d'eau dans les substances végétales.		
				Carbone.	Eau.	Oxigène excédent.
Sucre..............	42,47	50,63	6,90	42,47	57,53	0
Gomme arabique.	42,23	50,84	6,93	42,23	57,77	0
Amidon.........	43,55	49,68	6,77	43,55	56,45	0
Sucre de lait.....	38,825	53,834	7,341	38,825	61,175	0
Chêne...........	52,53	41,78	5,69	52,53	47,47	0
Hêtre............	51,45	42,73	5,82	51,45	48,55	0
Acide mucique ..	33,69	62,67	3,62	36,69	30,16	36,15
Acide oxalique...	26,57	70,69	2,74	33,57	22,87	50,56
Acide tartarique..	24,05	69,32	6,63	24,05	55,24	20,71
Acide citrique....	33,81	59,86	6,33	33,81	52,75	13,44
Acide acétique...	50,22	44,15	5,63	56,22	46,91	2,87 hydro. excéd.
Résine de téréb..	75,94	13,34	10,72	75,94	15,16	8,90
Copale..........	76,81	10,61	12,58	76,81	12,05	11,14
Cire..............	81,79	5,54	12,67	81,79	6,30	11,91
Huile d'olives....	77,21	9,43	13,36	77,21	10,71	12,08

2183. Après avoir ainsi analysé les principales substances végétales, nous devions naturellement essayer l'analyse des substances animales; mais comme celles-ci contiennent de l'azote, il était possible que notre méthode d'analyse ne pût pas s'y appliquer immédiatement : c'est en effet ce qui a eu lieu. Toutes les fois que les substances animales sont mêlées avec un excès de muriate suroxigéné de potasse, et qu'on chauffe le mélange, il se forme toujours plus ou moins de gaz acide nitreux : il s'en forme d'autant plus que la température est moins élevée, et voilà pourquoi l'acide urique qui ne contient que peu de principes combustibles, en produit tant qu'il apparaît sous la forme de vapeur rouge ; tandis que la fibrine et l'albumine qui sont très-combustibles et qui, par cette raison, dégagent beaucoup de chaleur, n'en produisent qu'une très-petite quantité.

2184. On conçoit, d'après cela, que si dans l'analyse des substances animales et en général de toutes les substances qui contiennent de l'azote, on employait un excès de muriate suroxigéné, il en résulterait de grandes erreurs ; mais on conçoit aussi qu'on peut en employer une quantité telle, que ce sel ne soit point en excès, et pourtant en quantité capable de transformer complétement en gaz toute la substauce animale. Alors il est évident qu'il ne se formera ni acide nitreux, ni ammoniaque, et qu'on n'obtiendra que de l'eau, de l'azote, du gaz acide carbonique et du gaz hydrogène oxi-carburé, dont on pourra opérer la séparation : on arrivera même facilement à des proportions telles qu'on n'obtienne que très-peu de gaz hydrogène oxi-carburé, et qu'on obtienne au contraire beaucoup de gaz acide carbonique (*a*).

(*a*) Pour éviter toutes difficultés, on va indiquer comment on a analysé le gaz provenant de la décomposition des matières animales par le muriate suroxigéné de potasse.

Ces proportions se détermineront aisément par des essais préliminaires, au moyen de petites cloches portées à une chaleur voisine du rouge-obscur (*a*).

1° On a rempli le tube gradué de mercure et on y a fait passer 180 à 200 parties de ce gaz.

2° Comme ce gaz ne contenait que très-peu d'hydrogène oxi-carburé, et que, mêlé avec l'oxigène, il n'aurait point détonné par l'étincelle électrique, on y a ajouté tout à la fois environ 80 parties d'oxigène et 40 parties d'hydrogène, pour en rendre la détonnation facile et la combustion complète.

3° On a introduit ce mélange de gaz dont les proportions étaient parfaitement connues, dans l'eudiomètre à mercure, et on a fait passer une étincelle à travers; il en est résulté que tout le gaz hydrogène et le gaz hydrogène oxi-carburé ont été brûlés et transformés en eau et en acide carbonique.

4° Après avoir mesuré sur le mercure et dans le tube gradué le résidu gazeux, qui était un mélange de gaz acide carbonique, de gaz azote et de gaz oxigène, on l'a traité par la potasse caustique pour en déterminer la quantité de gaz acide carbonique ensuite ayant mêlé le nouveau résidu avec un excès d'hydrogène et l'ayant fait détonner dans un petit eudiomètre à eau, on a eu celle d'azote qui s'y trouvait contenu. Mais afin de ne point avoir des doutes à cet égard, on a cru devoir s'en assurer par une sorte de contre-preuve. En effet, il aurait pu se faire que, dans la première détonnation, le gaz hydrogène oxi-carburé n'eût point été brûlé tout entier; dès-lors, la portion de ce gaz échappé à la combustion se serait retrouvée en dernier lieu avec tout l'azote et l'excès de gaz oxigène, et il est évident que, dans ce cas, on en aurait conclu une trop grande quantité d'azote, etc. Supposons qu'il en soit ainsi, il sera facile de s'en apercevoir; car, si l'on recherche à la fin de l'analyse quelle est la quantité d'hydrogène avec laquelle l'azote reste mêlé, on verra qu'elle est plus grande qu'elle ne doit être; ce sera une preuve que l'analyse ne vaut rien, et doit être répétée en mêlant avec les gaz provenant des matières animales plus de gaz oxigène qu'on n'y en a mis d'abord.

(*a*) On pèse deux à trois décigrammes de substance animale pulvérisée, on les mêle intimement sur un porphyre avec

2185. Cette analyse n'est pas plus difficile à faire que celle des substances végétales; on y procède absolument de la même manière, et nous n'avons aucune observation à faire à cet égard, si ce n'est sur la réduction en poudre de la substance animale et sur son mélange avec le sel. Il faut la dessécher au degré de l'eau bouillante pendant long-temps, la broyer, puis la dessécher de nouveau et la broyer encore, et ainsi de suite jusqu'à trois et quatre fois : alors, après avoir pesé une certaine quantité de cette substance et de muriate suroxigéné, on les triture sur le porphyre pendant une heure au moins avec une lame flexible de fer; on humecte le mélange, on le moule, on le met en boulettes, etc., etc. (Voyez ce qu'on a dit à cet égard 2177).

---

trois fois leurs poids de muriate suroxigéné de potasse, et on en projette une portion dans une petite cloche portée à une chaleur rouge-obscur. Si le résidu est noir, on en conclut que le mélange ne contient point assez de muriate suroxigéné, et on en fait un autre avec une portion de substance animale et quatre parties de sel. Si, en chauffant subitement ce nouveau mélange comme le premier, on obtient un résidu blanc, on en conclut qu'il contient peut-être une trop grande quantité de muriate. Alors on en fait un troisième avec une partie de substance animale et quatre parties moins un quart de muriate suroxigéné. Si le résidu provenant de celui-ci est légèrement gris, on pourra composer le mélange qu'on analysera avec une partie de substance animale et tout près de quatre parties de muriate suroxigéné; à coup sûr ce mélange ne produira ni acide nitrique, ni ammoniaque: d'ailleurs, on a soin, comme on l'a déjà recommandé pour les substances végétales, de maintenir toujours le fond du tube à un degré de chaleur voisin du rouge-obscur. On pourra même s'en convaincre d'avance en projetant successivement plusieurs portions du mélange dans ce tube, et en exposant, à la vapeur du produit, des papiers mouillés bleus et rouges.

C'est ainsi que nous nous y sommes pris pour analyser les quatre matières animales les plus communes dans les animaux et celles qui par conséquent y jouent le plus grand rôle. Ces quatre matières sont : la fibrine, l'albumine, la gélatine et la matière caséeuse. Voici le résultat de ces analyses.

Tableau contenant la proportion des principes des quatre substances animales les plus communes.

SUBSTANCES analysées.	Carbone de ces substances.	Oxigène de ces substances.	Hydrogène de ces substances.	Azote de ces substances.
Fibrine. .	53,360	19,865	7,021	19,934
Albumine. .	52,883	23,872	7,540	15,705
Caséum. . .	59,781	11,409	7,429	21,381
Gélatine. .	47,881	27,207	7,914	16,988

2186. Tels sont les différens résultats auxquels nous sommes parvenus, M. Gay-Lussac et moi, en procédant à l'analyse des matières végétales et animales, comme nous venons de le dire.

Nous devons actuellement rendre compte de ceux qu'ont obtenus M. Berzélius d'une part et M. Théod. de Saussure de l'autre, par des méthodes qui consistent aussi à brûler complétement l'hydrogène et le carbone de la substance organique, mais dans des appareils différens du nôtre.

2187. *Méthode de M. Berzélius.* — M. Berzélius emploie, autant que possible, la substance à analyser en combinaison avec l'oxide de plomb (*a*). Après avoir déterminé combien elle absorbe d'oxide de plomb, il la mêle dans un mortier, d'abord avec cinq à six fois son poids de muriate suroxigéné de potasse sec, puis avec 50 à 60 fois son poids de sel marin récemment fondu, de sorte que le mélange se trouve composé de 1 partie de matière végétale unie à l'oxide de plomb, 5 à 6 de muriate suroxigéné et 50 à 60 de sel. Ensuite il prend un tube de verre de 4 à 5 huitièmes de pouce de diamètre, d'une longueur suffisante, fermé par un bout et enveloppé d'une feuille d'étain assujettie avec du fil de fer; il y introduit le mélange entre deux couches de sel marin et de muriate suroxigéné : après quoi il tire à la lampe l'extrémité supérieure du tube pour l'effiler, la courber un peu et en rétrécir beaucoup l'ouverture ; il dispose le tube dans un fourneau sous un léger degré d'inclinaison, fait rendre la partie courbe et effilée dans un petit ballon, établit une communication entre ce ballon et un long tube plein de fragmens de muriate de chaux, et adapte enfin à ce long tube un petit tube recourbé qui s'engage sous une cloche pleine de mercure (*b*).

(*a*) M. Berzelius est parvenu à combiner la plupart des substances végétales avec l'oxide de plomb.

(*b*) *Voyez* un appareil de ce genre, *pl.* 32, *fig.* 8.

AA, tube de verre contenant le mélange. Son diamètre est de 4 à 5 huitièmes de pouce, et sa longueur d'autant plus grande, que le mélange est plus considérable.

BB, extrémité du tube, effilée et courbée.

C, ballon. Son diamètre peut être de 9 à 10 lignes.

D, tube de gomme élastique, lié avec de la soie au ballon et à l'extrémité effilée du tube AA.

E, autre petit tube de gomme élastique, lié comme le précé-

L'appareil étant ainsi disposé, M. Berzelius expose successivement, à partir de l'extrémité supérieure, tout le mélange à l'action d'une température capable d'en opérer la décomposition. Cette décomposition se fait peu à peu, et est telle qu'il en résulte de l'eau, du gaz carbonique, du gaz oxigène, du muriate de potasse, et une petite quantité de sous-muriate de plomb et de sous-carbonate de soude. L'eau passe et se condense, soit dans le ballon, soit dans le tube qui contient le muriate de chaux. Les gaz se rendent dans la cloche

---

dent avec des fils de soie au ballon C et à un très-petit tube de verre F.

F, petit tube de verre communiquant d'une part avec le tube E de gomme élastique, et de l'autre avec le long tube de verre HH, auquel il est fixé par de la cire à cacheter.

HH, tube de verre de 20 pouces de long, de un quart de pouce de diamètre, rempli de fragmens de muriate de chaux.

II, petit tube de verre recourbé, s'engageant sous la cloche M. Ce tube est fixé au tube HH, comme le petit tube F, avec de la cire à cacheter. Son extrémité supérieure, ainsi que celle du tube F, est couverte de mousseline, pour que le muriate de chaux ne puisse pas sortir du tube HH.

M, cloche à robinet, placée sur un bain de mercure, et en partie pleine de ce métal et de gaz.

O, petit vase de verre placé sous la cloche, contenant des fragmens de potasse. Son ouverture est couverte d'une peau de gant mince, et à son fond est fixé un fil de fer qui sert à diriger le vase et à le retirer. Pour en prendre le poids avant et après l'expérience, on le ferme avec un bouchon à l'émeri.

o' représente ce petit vase hors de l'appareil.

P, robinet de la cloche, que l'on peut faire communiquer avec une pompe pneumatique pour remplir cette cloche de mercure.

RR, fourneau.

SS, feu.

TT, Ecran à travers lequel le tube AA passe pour que la chaleur ne se communique pas aux parties inférieures du tube.

pleine de mercure ; les autres produits restent avec le sel marin dans le tube où s'opère la décomposition.

De ces sept produits, M. Berzelius ne pèse que l'eau et le gaz carbonique. Il détermine la quantité de celui-ci en remplissant presque entièrement un petit vase de verre de fragmens de potasse, le pesant, l'introduisant sous la cloche, l'y laissant pendant 24 heures, et le pesant de nouveau (*a*). Quant à la quantité d'eau, il l'obtient en retranchant le poids du tube où se trouve le muriate de chaux et celui du ballon avant l'expérience, du poids de ce ballon et de ce tube après l'expérience. Il estime d'ailleurs la quantité d'acide carbonique uni à la soude, en considérant que, dans le sous-muriate de plomb, l'acide est combiné avec quatre fois autant de base que dans le muriate neutre, et que, conséquemment, l'oxide de plomb dégage une quantité de soude qui exige, pour devenir un sous-carbonate, un quart autant d'acide carbonique qu'il en faudrait pour réduire en carbonate tout l'oxide de plomb, c'est-à-dire, presque exactement un vingtième du poids de cet oxide.

C'est au moyen de ces diverses données que M. Berzelius arrive à la connaissance de la proportion des principes constituans de la matière végétale : il conclut les quantités d'hydrogène et de carbone de celles d'eau et d'acide carbonique, et la quantité d'oxigène de la différence qu'il y a entre celle de la matière végétale et celles d'hydrogène et de carbone.

Dans tous les cas, il ne regarde l'analyse comme bonne qu'autant que la quantité d'oxigène de la subs-

(*a*) *Voyez* précédemment l'explication de l'appareil.

tance analysée est un multiple par le nombre entier de l'oxigène de l'oxide de plomb, avec lequel cette subs- tance est unie, et qu'autant que l'on peut représenter par un certain nombre de volumes entiers les quantités d'oxigène, d'hydrogène et de carbone (*a*).

L'on trouvera dans le tableau suivant les résultats de treize analyses qu'il a faites par ce procédé. Les mots, *capacité de saturation*, qui sont en tête de la seconde colonne, indiquent la quantité d'oxigène qui se trouve dans une portion d'une base saline quelconque, avec laquelle 100 parties de la substance analysée forment une combinaison qu'on a lieu de considérer comme neutre.

(*a*) Le poids d'un volume d'oxigène étant 100, celui d'un volume d'hydrogène sera de 6,6, puisque la pesanteur spécifique du premier est de 1,10359, et que celle du second est de 0,07321. Quant au poids d'un volume de carbone gazeux, M. Berzelius le suppose de 74,9 à 75,4. Il parvient à ce résultat en considérant que le gaz oxide de carbone contient la moitié de son volume de gaz oxigène, et en admettant que l'autre moitié est formée de vapeur de carbone. En effet, d'après la pesanteur spécifique du gaz oxide de carbone, le volume de l'oxigène contenu dans ce gaz étant représenté par 100, celui du volume restant, qu'on suppose être de la vapeur pure de carbone, le sera par 74,9 à 75,4.

NOMS des SUBSTANCES analysées (*a*).	CAPACITÉ de saturation.	NOMBRE DE VOLUMES.			Le poids des Elémens est pour cent, d'après les expériences,			Le poids des Elémens est pour cent, d'après le calcul fondé sur le nombre des volumes,		
		Oxigène.	Carbone.	Hydrogène.	Oxigène.	Carbone.	Hydrogène	Oxigène.	Carbone.	Hydrogène.
Acide citrique	13,585	1	1	1	54,831	41,369	3,800	55,096	41,270	3,634
Acide tartarique	11,94	5	4	5	60,213	35,980	3,807	59,882	36,167	3,951
Acide oxalique	22,062	18	12	1	66,534	33,222	0,244	66,534	33,222	0,244
Acide succinique	16,000	3	4	4	47,888	47,600	4,512	47,923	47,859	4 218
Acide acétique	15,63	3	4	6	46,82	46,83	6,35	46,934	46,871	6,195
Acide gallique	12,44	1	2	2	38,36	56,64	5,00	38,023	56,958	5,019
Acide mucique	7,6	4	3	5	61,465	33,430	5,105	60,818	34,164	5,018
Acide benzoïque	6,7	1	5	4	20,43	74.41	5,16	20,02	74,71	5,27
Tannin de la noix de gale	3,718	4	6	6	44,654	51,160	4,186	45	50,55	4,45
Sucre de canne	9,98	10	12	21	49,015	44,200	6,785	49,083	44,115	6,802
Sucre de lait	12,45	4	5	10	48,348	45,267	6,385	48,348	45,267	6,385
Gomme arabique	4,44	12	13	24	51,306	41,906	6,788	51,456	41,752	6,792
Amidon	2,78	6	7	13	49,455	43,481	7,064	49,583	43,327	7,090

(*a*) Les différences que l'on observe entre ces résultats et les nôtres proviennent en général, selon M. Berzelius, de ce qu'il restait de l'eau dans plusieurs des substances que nous avons analysées. (*Voyez* le Mémoire de M. Berzelius, Ann. de Chimie, tom. 94 et 95.)

2188. Après avoir exposé, comme nous venons de le faire, les deux méthodes d'analyse qui ont été suivies; savoir : la première par MM. Gay-Lussac et Thenard, et la seconde par M. Berzelius, nous devons mettre nos lecteurs à même de déterminer quelle est celle qui mérite la préférence. A cet effet, nous rapporterons les observations qui ont été faites par M. Berzelius sur notre méthode, et la réponse qui a été faite à ces observations par le traducteur du Mémoire de M. Berzelius.

1° L'appareil de Thenard et Gay-Lussac, dit M. Berzelius, a un robinet à travers l'ouverture duquel les boulettes doivent passer pour être reçues dans un tube métallique, dont l'extrémité inférieure doit être échauffée au rouge. Le robinet doit être bien graissé pour remplir son objet : or, comme les boulettes sont obligées de faire un demi-tour dans ce robinet avant de tomber, il est à peine possible de les empêcher de prendre un peu de graisse, laquelle sera décomposée avec elles, et rendra le résultat inexact jusqu'à un certain degré.

2° La nécessité d'humecter la substance qu'on examine pour la réduire en boulettes avec le suroxi-muriate de potasse, enlève la possibilité de la réduire au même degré de sécheresse absolue qu'avant cette opération. Ce n'est que par des circonstances semblables que je puis expliquer les différences qui se trouvent entre les résultats de l'analyse des chimistes français et les miens.

3° Mais l'objection la plus importante est que, dans leur méthode, la quantité de l'hydrogène est déterminée par la perte qui, dans quelques cas, peut être due à quelques circonstances imprévues, et qui, dans tous les cas, doit être un peu plus grande que la quantité d'eau produite. Or, nous verrons ci-après que c'est un point très-essentiel de pouvoir déterminer avec la plus rigoureuse exactitude la quantité d'hydrogène qui existe dans ces substances, parce que, comme son volume a très-peu de poids, une petite erreur dans l'expérience peut faire conclure plusieurs volumes de trop d'hydrogène, et entraînerait une erreur considérable dans le nombre des volumes d'oxigène et de carbone.

4°. Une autre observation qui concerne les expériences des chimistes français, mais qui n'affecte cependant pas leur méthode, c'est que Gay-Lussac et Thenard n'ont fait aucune attention à l'eau de combinaison dans plusieurs corps organiques. Ils se sont contentés de les sécher à la température de l'eau bouillante, et ils n'ont pas examiné si les substances qu'ils regardaient comme sèches contenaient de l'eau ou non. Cette circonstance n'est nullement indifférente, comme nous le verrons. Ils ont analysé quelques acides végétaux combinés avec la chaux et la baryte, sans faire attention à l'eau qui était combinée dans ces sels. Ainsi, en considérant le mélange d'acide et d'eau comme acide pur, leurs résultats s'éloignent beaucoup de la vérité; mais si on les corrige par la soustraction de la quantité d'eau, ils s'accordent en général avec les miens. (Ann. de Chimie, t. 94 et 95).

2189. Voici maintenant les observations du traducteur du Mémoire de M. Berzelius sur les objections que nous venons de citer textuellement. (Annales de Chimie, t. 94, p. 29).

1° Les boulettes dont Gay-Lussac et Thenard se

servent sont déposées dans une cavité gravée dans la tige du robinet, qui, par un demi-tour, les dépose dans le tube où se fait la combustion. La très-petite quantité de graisse qu'exige ce robinet ne peut pénétrer jusqu'à cette cavité, et pour qu'elle ne puisse intervenir par l'action de la chaleur, une capsule remplie de glace entoure le robinet et s'oppose à tout échauffement (*a*).

Ces boulettes ne sont point reçues dans un tube métallique dans lequel doit s'opérer la combustion, mais dans un tube de verre.

2° L'humectation de la substance destinée à l'analyse n'apporte aucune incertitude dans le résultat; car elle a été desséchée à la chaleur de la vapeur de l'eau bouillante avant que d'être pesée; et lorsque les boulettes sont formées, on les sèche au même degré de chaleur: par conséquent l'eau qu'on a employée est entièrement chassée par l'évaporation.

3° M. Berzelius pense que la quantité d'hydrogène étant déterminée par la perte de poids que l'on suppose représenter le poids de l'eau, et cette perte pouvant provenir en partie de quelque imperfection inaperçue du procédé, elle peut être exagérée. Comparons les deux méthodes: dans celle des chimistes français, tout le gaz qui se dégage est recueilli et analysé: on sait combien le muriate suroxigéné de potasse a dû en fournir; on reconnaît la proportion de gaz acide carbonique; toutes les évaluations se font en volumes, et

---

(*a*) D'ailleurs, ces boulettes ne frottent jamais contre la paroi de la douille du robinet, parce que l'on tourne la clef assez vite pour que cela ne puisse arriver.

sont par conséquent plus précises que celles que l'on obtient par les poids, et les conclusions que l'on en tire plus certaines. Dans le procédé de M. Berzelius, la vapeur d'eau se trouve en contact avec une masse considérable de matière très-avide d'humidité, et qui peut en reprendre par un léger abaissement de température; elle se disperse dans le récipient et dans le premier tube de caoutchouc; il faut faire plusieurs pesées; il faut déterminer par leur moyen le poids de l'acide carbonique et celui de l'eau, et quelques milligrammes de la dernière suffisent pour donner des différences dans la détermination de l'hydrogène des substances qui en contiennent très-peu, et pour obliger de corriger les résultats par des calculs hypothétiques.

Il suppose que l'acide carbonique est chassé en entier par la très-petite quantité de gaz oxigène qui se dégage à la fin de son opération; et l'on sait combien le mélange de gaz se fait promptement, surtout lorsqu'il y a des changemens de température et lorsqu'ils parviennent à des espaces d'une certaine largeur, tels que le récipient de la figure 7, planche 32.

L'évaluation qu'il donne de l'acide carbonique qui a dû être retenue par la soude, dégagée du muriate de soude par l'action de l'oxide de plomb, est un peu vague; car l'action de cet oxide sur le muriate de soude peut être modifiée par celle qu'il exerce sur le verre avec lequel il est en contact.

4° Les chimistes français n'ont point déterminé d'une manière fixe l'eau de combinaison dans plusieurs corps organiques; ils se sont contentés de les dessécher tous également à la température de l'eau bouillante. Il est vrai que, par-là, ils ont pu confondre une partie de l'eau étrangère à la substance avec celle qui se forme des élémens qui lui sont propres; mais on ne peut rien conclure de là contre leur procédé; on peut reconnaître, par une plus forte dessication, la quantité d'eau étrangère à la composition de la substance et la retrancher des produits de l'expérience; mais, 1° il y a peu de substances végétales et animales qui puissent supporter un degré de chaleur supérieur à celui de l'eau bouillante, sans que leur composition éprouve une altération; 2° pour les acides végétaux combinés avec des bases fixes, il faudrait toujours s'assurer si un degré de chaleur supérieur n'y aurait produit aucune altération, et alors même on ne serait pas assuré d'avoir atteint le terme précis auquel toute l'eau étrangère serait chassée, pendant que celle qui se forme par la combinaison de l'hydrogène et de l'oxigène n'aurait point commencé à être produite. Cette extrême précision me paraît hors des limites de l'art, et l'analyse laissera toujours quelque incertitude à cet égard. (Ann. de Chimie, t. 94, p. 29).

2190. Aux observations que nous venons de rapporter, et qui sont du traducteur du Mémoire de M. Berzelius, nous ajouterons que, puisque M. Berzelius parvient en général aux mêmes résultats que nous, en tenant compte toutefois de la quantité d'eau dont il admet l'existence dans divers composés, il en résulte que sa méthode n'est pas meilleure que la nôtre. Reste à savoir maintenant si elle est aussi simple et aussi générale.

La nôtre est évidemment bien plus simple; il est facile de s'en convaincre d'après ce que nous avons dit des deux; elle est aussi bien plus générale, car M. Berzelius ne pourrait analyser par sa méthode, ni les matières animales, ni les matières telles que les huiles fixes, qui sont volatiles au-dessous de la chaleur rouge. Dans le premier cas, il obtiendrait une certaine quantité d'acide nitreux ou un résidu charbonneux (*a*); et, dans le second, une portion de l'huile échapperait à la combustion : d'où je conclus que notre méthode est préférable à la sienne.

2191. *Méthode de M. Théodore de Saussure.* — Cette méthode, que l'auteur n'applique qu'à l'analyse des substances qui ne contiennent point d'azote, ou du moins qui n'en contiennent que très-peu, consiste, 1° à mêler cinq à six centigrammes de la substance à analyser avec 50 fois son poids de sable siliceux ; 2° à introduire le mélange dans un tube de verre courbé à la moitié de sa longueur qui est d'un mètre, fermé hermétiquement par un bout, terminé de l'autre par un robinet, et assez large pour contenir 200 centimètres cubes ; 3° à faire le vide dans ce tube et à le remplir de gaz oxigène ; 4° à tenir le robinet fermé et à chauffer jusqu'au rouge obscur, avec une forte lampe, toutes les parties du tube adjacentes à la substance qu'on analyse ; 5° à soumettre à plusieurs reprises, à l'incandescence, les parties fuligineuses qui se forment et se condensent dans le tube, de manière à les brûler complétement ou à les exposer à la chaleur de la lampe, jusqu'à ce qu'elles soient incolores et trans-

(*a*) En effet, les matières animales chauffées avec un excès de muriate suroxigéné, forment de l'acide nitreux (2183); et il serait difficile que M. Berzelius employât une telle quantité de ce sel, que la matière fût en excès et réduite toute entière en gaz.

parentes comme l'eau ; 6° à déterminer quelle est la diminution de volume qu'éprouve le gaz pendant l'expérience ; 7° à analyser ce gaz ; 8° enfin, à laver avec 30 grammes d'eau pure l'intérieur du tube, à la distiller à une douce chaleur sur un peu d'hydrate de chaux, et à apprécier la quantité d'ammoniaque qu'elle pourrait contenir, dans le cas où l'azote serait l'un des élémens de la substance. (*Voyez* les détails du procédé, Bibliothèque britannique, n° 448, page 333). M. de Saussure a fait de cette manière huit analyses dont nous allons rapporter les résultats.

SUBSTANCE ANALYSÉE.	Carbone.	Oxigène.	Hydrogène.	Azote.	Quantité d'eau qui peut être produite par les élémens de la substance végétale.	Oxigène en excès par rapport à l'hydrogène.
Amidon......	45,39...	48,31...	5,90......	0,4....	50,48...	3,76...
Sucre d'amidon........	37,29...	55,87...	6,84......	0......	58,44...	4,26...
Sucre de raisin........	36,71...	56,51...	6,78......	0......	58......	5,29...
Gomme arabique........	45,84...	48,26...	5,46......	0,44...	46,67...	7,05...
Sucre de lait...	39,50...	....	....	......	55,50...	5.....
Fil de coton..	47,82...	45,80...	6,06......	0,32...	51,81...	0..... hydro. excéd.
Manne......	38,53...	53,6....	7,87......	0......	60,7....	0,77...

2192. Tous ces résultats diffèrent essentiellement des nôtres (2182). Il n'y a que ceux qui sont relatifs à l'analyse du sucre de canne qui s'en rapprochent (*a*). Cette différence dépend évidemment du mode d'opérer.

Celui qui nous est propre nous paraît préférable, parce qu'il est simple, qu'il n'entraîne dans aucune erreur apparente, tandis que celui de M. de Saussure est compliqué, et qu'en le suivant on ne saurait acquérir la certitude, pour ainsi dire, que tout le carbone de la substance que l'on analyse est brûlé.

CHAPITRE VIII.

Des procédés par lesquels on peut reconnaître à quelle classe de corps, et par conséquent à quel chapitre appartient la substance qu'il s'agit d'examiner.

2193. On doit se rappeler que cet essai a été divisé en huit chapitres; que nous avons traité, dans le premier, des manipulations communes à un grand nombre d'analyses; dans le second, de l'analyse des gaz; dans le troisième, de celle des corps combustibles; dans le quatrième, de celle des corps brûlés; dans le cinquième, de celle des sels; dans le sixième, de celle des eaux minérales; dans le septième, de celle des substances organiques; et que dans le huitième, qui est

(*a*) En effet, M. de Saussure a trouvé le sucre de canne formé de 42,47 de carbone, de 57,53 d'hydrogène et d'oxigène dans les proportions nécessaires pour faire l'eau, et d'une très-petite quantité d'oxigène.

celui-ci, nous devons traiter de l'art de reconnaître à quelle classe le corps à analyser appartient. Nous supposerons d'abord que ce corps ne fasse partie que d'une seule classe.

1° Il sera toujours facile de savoir s'il appartient à la seconde, puisque celle-ci ne se compose que des substances gazeuses.

2° Rien de plus facile aussi que de reconnaître s'il fait partie de la sixième, qui ne comprend que les eaux minérales ; alors il sera liquide et proviendra de sources salines, ou ferrugineuses, ou sulfureuses, ou acidules.

3° On reconnaîtra avec la même facilité s'il est compris dans la septième classe ; ce sera de le projeter en petite quantité sur des charbons incandescens ; ou de le soumettre à l'action du feu dans une cornue ou dans un tube de porcelaine : dans ce cas, il se charbonnera, laissera dégager beaucoup de gaz, et donnera lieu à tous les produits qui proviennent de la décomposition des matières végétales et animales par le feu.

4° Pour savoir s'il fait partie de la cinquième classe, il faudra le soumettre à diverses épreuves. L'on commencera par examiner ses propriétés physiques, sa couleur, sa forme, sa saveur ; presque toujours, surtout lorsqu'il sera sapide, il suffira de ces propriétés pour résoudre la question ; lorsqu'elles ne suffiront pas, il faudra avoir recours aux propriétés chimiques.

S'il est soluble dans l'eau, on l'y dissoudra et l'on y versera, à la manière ordinaire, une dissolution de potasse, ou de soude, ou de sous-carbonate de potasse, ou de sous-carbonate de soude ; s'il est insoluble, on le traitera, à la chaleur de l'ébullition, par une dissolution de l'un de ces deux sous-carbonates ; et dans tous les cas, s'il fait partie des sels, à moins qu'il ne soit à base de potasse, ou de soude, ou d'ammoniaque, il en résultera un dépôt de carbonates ou d'oxides faciles à reconnaître, les premiers par la propriété qu'ils ont de faire effervescence avec les acides et de laisser dégager du gaz carbonique, et les seconds aux caractères que nous allons exposer plus bas.

L'on recherchera d'ailleurs, et l'on reconnaîtra la présence des acides dans la matière saline présumée, en la traitant, comme nous avons dit au sujet de la détermination des divers genres de sels (2137).

Ajoutons à ce qui précède, ou plutôt rappelons que tous les sels ammoniacaux sont reconnaissables à l'odeur vive d'ammoniaque qui se dégage subitement de leur mélange avec la chaux éteinte ; qu'aucun sel à base de potasse ne laisse exhaler d'odeur, et que tous en dissolution concentrée, précipitent en jaune les dissolutions de platine également concentrées. Enfin, observons que les différens sels de potasse et de soude sont au nombre de ceux qu'on distingue aisément comme sels par leurs propriétés physiques.

Ainsi donc l'on voit que, lorsque le corps à examiner sera compris dans la cinquième classe, il sera toujours possible de le savoir au moyen d'un petit nombre d'essais.

5° La quatrième classe, comprenant les acides et les oxides minéraux solides ou liquides, il ne sera pas difficile de reconnaître si un corps en fait partie, lorsqu'on se sera assuré qu'il n'appartient à aucune des classes précédentes.

En effet, tous les acides se distingueront par la propriété de rougir la teinture de tournesol et de neutraliser les bases salifiables.

Les oxides à radicaux métalliques se reconnaîtront par leurs propriétés physiques (469), et surtout par la propriété de former avec l'acide muriatique des sels plus ou moins neutres et plus ou moins solubles à deux près (le proto-muriate de mercure et le muriate d'argent), sans qu'il en résulte d'ailleurs ou qu'il se dégage d'autres produits que de l'acide muriatique oxigéné ou de l'hydrogène (*a*).

Quant aux oxides non métalliques, comme il ne s'en trouve que deux dans la quatrième classe, l'oxide de phosphore et l'eau, et qu'ils ont des caractères tranchés, on ne pourra les confondre avec aucun autre.

6° Enfin, comment reconnaître si un corps qui n'est ni gazeux, ni salin, etc., fait partie de la troisième classe, qui comprend : 1° les corps combustibles non métalliques solides; 2° les métaux; 3° les composés combustibles métalliques ou les alliages; 4° les composés combustibles non métalliques solides et liquides; 5° les composés combustibles mixtes.

D'abord, par cela même qu'il n'appartiendra point aux autres classes, il sera naturel de penser qu'il appartiendra à celle-ci. Les corps combustibles non métalliques solides seront faciles à reconnaître aux caractères qui leur ont été assignés (2052); il en sera de

(*a*) C'est avec les oxides très-oxigénés que l'acide muriatique produit du gaz muriatique oxigéné, et c'est avec certains protoxides, tels que ceux de potassium et de sodium qu'il produit du gaz hydrogène.

même des composés combustibles solides ou liquides non métalliques, qui sont au nombre de six : le soufre hydrogéné, le carbure de soufre, le phosphure de soufre, le phosphure d'iode, le sulfure d'iode, l'iodure d'azote (*voyez* 178, 182, 182 *bis*, 1216-1218); on distinguera les métaux, les alliages et la plupart des composés combustibles mixtes, par leur brillant; par leur pesanteur spécifique, qui, excepté celles du potassium et de sodium, est toujours très-grande; par leur action sur l'air, sur l'acide nitrique ou sur l'acide nitro-muriatique, et par les produits qui en résulteront; enfin, par la ductilité que possèdent plusieurs de ces corps. Quant à ceux des composés combustibles mixtes qui n'auront pas l'éclat métallique, et qui consistent en quelques sulfures, phosphures, iodures, hydrures et azotures, on les reconnaîtra aussi, du moins comme corps appartenant à la troisième classe, en considérant leurs propriétés physiques et leur action sur l'air, l'acide nitrique et l'acide nitro-muriatique : il sera bon d'y joindre l'action de l'eau et celle du nitrate de potasse, et d'examiner, dans tous les cas, les produits qui se formeront.

2194. Nous avons supposé, dans ce que nous venons de dire, que le corps qu'il s'agissait d'examiner ne faisait partie que d'une seule classe; mais, s'il faisait partie de plusieurs, comment serait-il possible de s'en assurer? Le problème deviendrait bien plus compliqué; ce ne serait souvent qu'en faisant un grand nombre d'essais qu'on y parviendrait, et qu'en se guidant par les phénomènes que l'on observerait; il serait difficile de donner des règles générales à cet égard.

ADDITIONS.

2195. Pendant l'impression de cet ouvrage, qui a été retardée par les événemens politiques, il s'est fait, surtout en France, de nouvelles observations, des découvertes que nous devons faire connaître à nos lecteurs. Déjà, dans nos deux premiers volumes, nous en avons rapporté quelques-unes : nous allons maintenant exposer toutes les autres.

Sur l'Iode.

2196. Dans le second volume de cet ouvrage, j'ai publié, sous le titre d'*Additions*, tout ce qu'on savait alors de l'iode (1211). Depuis cette époque, M. Gay-Lussac ayant continué à étudier ce nouveau corps, a fait de nouvelles observations dont je vais faire connaître les plus importantes.

2197. *Acide hydriodique.* — Pour obtenir le gaz hydriodique, il faut employer du phosphure d'iode qui ne contienne pas plus d'un neuvième de son poids de phosphore; autrement, il se forme toujours un peu de gaz hydrogène phosphoré : du reste, on procède à l'expérience comme nous l'avons dit (1231), en ayant soin d'arroser avec un peu d'eau, ou mieux, d'acide hydriodique liquide, le phosphure, immédiatement après son introduction dans la cornue.

Le gaz oxigène, à l'aide de la chaleur, décompose complétement le gaz hydriodique; de là résulte de l'eau et de l'iode : aussi l'iode est-il sans action sur l'eau. Une très-forte chaleur opère encore, mais seulement en partie, la décomposition de ce gaz.

Les acides sulfurique et nitrique concentrés précipitent à l'instant, de même que l'acide muriatique oxigéné, l'iode de l'acide hydriodique liquide; il en est de même des dissolutions de fer très-oxidé.

2198. *Iodures métalliques.* — Les acides nitrique et sulfurique concentrés attaquent, à l'aide de la chaleur, tous les iodures des métaux sur lesquels ces acides peuvent agir. La plupart des iodures sont également attaqués par le gaz oxigène à une température rouge; il n'y a guère que ceux de potassium, de sodium, de plomb, de bismuth, qui fassent exception; tous le sont à cette température par le gaz muriatique oxigéné. Dans tous les cas de décomposition, l'iode se réduit en vapeur.

L'iodure d'azote est formé non point de 5,669 d'azote et de 100 d'iode, comme nous l'avons dit (1218), mais de 5,8544 d'azote et de 156,21 d'iode, ou de 1 volume d'azote et de 3 volumes d'iode.

2199. *Action de l'iode sur les oxides métalliques par l'intermède de l'eau.* — Les oxides alcalins, dans lesquels l'oxigène est fortement condensé et qui neutralisent complétement les acides, c'est-à-dire, les bases salifiables de la seconde section et l'oxide de magnésium, déterminent avec l'iode la décomposition de l'eau, et donnent naissance à des iodates peu solubles ou insolubles et à des hydriodates très-solubles.

Les oxides métalliques dans lesquels l'oxigène est encore très-condensé, quoique moins que dans les précédens, et qui ne neutralisent pas complétement les acides, n'exercent point avec l'iode une force assez grande pour décomposer l'eau et produire des iodates et des hydriodates.

Enfin, les oxides dans lesquels l'oxigène est faiblement

condensé, ne peuvent point concourir avec l'iode à la décomposition de l'eau ; mais ils convertissent l'iode en acide, en lui cédant de l'oxigène : tels sont l'oxide de mercure et les oxides de la dernière section (*a*).

2200. *Action de l'iode sur les oxides métalliques à une température élevée et sans l'intermède de l'eau.* — Parmi les oxides métalliques qui ne sont pas réductibles spontanément, il n'y a que ceux de potassium, de sodium, de bismuth et de plomb, dont l'iode puisse opérer réellement la réduction de manière à en dégager l'oxigène et à former un iodure. Il est vrai qu'avec les protoxides d'étain et de cuivre, l'iode forme aussi un iodure; mais l'oxigène, au lieu de se dégager, s'unit à une portion de protoxide qu'il fait passer à l'état de deutoxide.

L'iode s'unit à la baryte, à la strontiane et à la chaux; il ne paraît altérer en aucune manière les autres oxides irréductibles par eux-mêmes.

2201. *Acide iodique.* (*Voyez* 2130 et 2136).

2202. *Hydriodates.* — Tous les hydriodates peuvent être obtenus en unissant directement les oxides avec l'acide hydriodique; mais il est plus économique de préparer ceux de zinc, de fer, d'étain, d'antimoine, en chauffant ensemble, dans une fiole, de l'eau, de l'iode et un excès de métal en poudre ou en limaille : l'eau se décompose, et l'hydriodate se trouve formé : il reste en dissolution dans la liqueur, de sorte qu'il suffit de décanter ou de filtrer cette liqueur pour avoir ce sel très-pur. Les hydriodates d'étain et d'antimoine étant décomposables par l'eau, il faudra ne mettre qu'une petite quantité de ce liquide lorsqu'on voudra les faire.

(*a*) Nous avons dit (1220) que l'iode était susceptible de s'unir à l'oxide de mercure. Il paraît que cette combinaison n'existe pas. Avec l'oxide de mercure, l'iode forme toujours un iodate acide, un sous-iodate et un iodure rouge.

Il est également plus économique de préparer les hydriodates de potasse, de soude, de baryte, de chaux, de strontiane, en mettant en contact ces différentes bases avec l'iode et l'eau, que d'employer le procédé direct. L'eau se trouve décomposée comme dans le cas précédent; mais il se forme tout à la fois un hydriodate et un iodate. Les hydriodates de baryte, de strontiane et de chaux qui, comme tous les autres hydriodates, sont très-solubles dans l'eau, se séparent aisément des iodates de ces bases, qui y sont absolument insolubles. Quant aux hydriodates de potasse et de soude, on ne peut bien les séparer de leurs iodates, qui sont un peu solubles dans l'eau, qu'en faisant évaporer la liqueur et traitant le résidu par de l'alcool à 0,81 ou 0,82 de densité qui dissout très-bien les deux hydriodates, et n'a aucune action sur les iodates. D'ailleurs, lorsque les hydriodates ont été séparés des iodates, on achève de les saturer par l'acide hydriodique.

L'acide muriatique oxigéné, l'acide nitrique et l'acide sulfurique concentrés décomposent instantanément tous les hydriodates; ils brûlent l'hydrogène de l'acide hydriodique, en séparent l'iode, etc.

Les acides sulfureux, muriatique, et l'hydrogène sulfuré, sont, au contraire, sans action sur ces sels.

Tous les hydriodates forment, avec la dissolution d'argent, un précipité blanc insoluble dans l'ammoniaque; avec le proto-nitrate de mercure, un précipité jaune-verdâtre; avec le sublimé corrosif, un précipité d'un beau rouge orangé, très-soluble dans un excès d'hydriodate; enfin, avec le nitrate de plomb, un précipité d'un jaune orangé. Tous ces précipités sont autant d'iodures métalliques insolubles; de sorte que, dans tous les cas, l'oxide métallique est réduit par l'hydrogène de l'acide hydriodique. Il paraît que les hydriodates de potasse et de soude forment des précipités de cette nature dans toutes les dissolutions métalliques qui appartiennent aux trois dernières sections, moins celles de nickel, de cobalt et d'antimoine.

Il n'est point d'hydriodate qui ne dissolve d'iode, et ne fasse un hydriodate ioduré d'un rouge-brun foncé.

Leur composition est évidente, puisqu'en mettant de l'iodure de potassium, de sodium, etc., en contact avec l'eau, il en résulte des hydriodates neutres : l'hydrogène de l'acide est à l'oxigène de l'oxide dans ces sels comme 2 à 1 en volume, ou comme 11,71 à 88,29 en poids. Or, comme l'acide hydriodique est formé de 1 volume de vapeur d'iode et de 1 volume d'hydrogène, il s'ensuit encore que, dans les hydriodates, l'iode de l'acide est à l'oxigène de l'oxide comme 2 à 1 en volume, ou comme 15,62 à 1 en poids.

2203. *Iodates.* — Les iodates de baryte, de strontiane, de chaux, de potasse, de soude, se préparent, en même temps que les hydriodates, lorsqu'on met en contact l'iode avec une certaine quantité d'eau et de ces différentes bases. (*Voyez* précédemment, *Hydriodates*). On peut encore les obtenir en unissant directement ces bases avec l'acide iodique. C'est par ce dernier procédé, ou bien par la voie des doubles décompositions, qu'on obtient tous les autres.

Quelques iodates, tels que ceux de potasse et de soude, projetés sur les charbons incandescens, se comportent comme les nitrates ; ils en augmentent la combustion: celui d'ammoniaque fulmine.

Les acides sulfurique, nitrique et phosphorique n'ont d'action sur eux, à la température ordinaire, qu'autant qu'ils s'emparent d'une portion de leur base.

Tous sont insolubles dans l'alcool d'une densité de 0,82. (*Voyez* les autres propriétés générales des iodates (2139).

Dans les iodates, la quantité d'oxigène de l'oxide est à la quantité d'acide comme 1 à 20,61. (*Voyez*, pour plus de détails sur les propriétés de l'iode, le Mémoire de M. Gay-Lussac, Annales de Chimie, t. 91, p. 5).

Sur l'explication des phénomènes que présente le Gaz oxi-muriatique ou le Gaz muriatique oxigéné, dans l'hypothèse qui consiste à regarder ce gaz comme un corps simple.

2204. Un assez grand nombre des personnes qui ont souscrit pour cet ouvrage, désirant une explication détaillée des phénomènes que présente le gaz muriatique oxigéné, dans la supposition que ce gaz est un corps simple, nous allons expliquer ces phénomènes dans cette supposition, en les considérant successivement. Le gaz muriatique oxigéné prendra le nom de *chlore;* ses combinaisons avec le phosphore, le soufre, l'azote, les métaux, s'appelleront *chlorures;* l'acide muriatique, qui résulte de parties égales en volume de gaz hydrogène et de gaz muriatique oxigéné, sera l'*acide hydro-chlorique;* l'acide muriatique suroxigéné, l'*acide chloreux;* et l'acide muriatique hyperoxigéné, l'*acide chlorique* : le premier, comparable à l'acide hydriodique, et le dernier, à l'acide iodique (*a*).

(*a*) Lorsque nous avons traité du gaz muriatique oxigéné, l'on croyait qu'il ne se combinait que dans une seule proportion avec l'oxigène : l'on sait aujourd'hui qu'il se combine au moins en deux proportions avec ce principe, et qu'il résulte de cette combinaison deux composés très-différens : le premier est gazeux, et ses propriétés ont été étudiées (465); le second est liquide; nous en parlerons sous le nom d'acide chlorique. C'est lui, et non pas le précédent, qui, en s'unissant aux bases, forme les sels que nous avons décrits sous le nom de muriates suroxigénés. Ces sels doivent être appelés hyper-muriates oxigénés, en regardant le gaz oxi-muriatique comme un corps composé, et chlorates en le regardant comme un corps simple.

2205. *Théorie de la préparation du chlore.* — C'est en chauffant un mélange d'eau, de sel marin et d'hydro-chlorate de soude, de tétroxide de manganèse et d'acide sulfurique, qu'on se procure le chlore (455). Il en résulte du sulfate de soude, du deuto-sulfate de manganèse, de l'eau, et un dégagement de chlore.

Le sulfate de soude provient de la combinaison de la soude de l'hydro-chlorate avec l'acide sulfurique ; le chlore, de l'acide hydro-chlorique, dont l'hydrogène s'unit à une portion de l'oxigène du tétroxide de manganèse ; l'eau, de l'action de l'acide hydro-chlorique sur le tétroxide de manganèse ; enfin, le deuto-sulfate de manganèse, de la combinaison de l'acide sulfurique avec l'oxide de manganèse ramené au second degré d'oxidation par l'hydrogène de l'acide hydro-chlorique. Par conséquent, la désoxidation qu'éprouve le tétroxide de manganèse a donc pour cause, d'une part, l'affinité de l'hydrogène pour l'oxigène, et, d'une autre part, la tendance de l'acide sulfurique à s'unir au deutoxide de ce métal.

Lorsque, au lieu de préparer le chlore comme nous venons de dire, on le prépare en faisant agir une dissolution aqueuse d'acide hydro-chlorique sur le tétroxide de manganèse (455), cet acide se partage en deux parties ; la première cède tout son hydrogène à l'oxigène du tétroxide, ramène celui-ci à l'état de deutoxide, et laisse dégager tout le chlore qu'elle contient, tandis que la seconde s'unit à ce deutoxide. Ainsi, en même temps qu'on obtient du chlore, il se forme seulement de l'eau et un hydro-chlorate de manganèse deutoxidé. (*Voyez* d'ailleurs l'ancienne théorie (455).

2206. *Chlorure de soufre* (*soufre oxi-muriaté*). — Le chlorure de soufre agit avec beaucoup de force sur l'eau. Aussitôt que ces deux corps sont en contact, il en résulte une ébullition très-vive et un grand dégagement de chaleur; il se forme de l'acide hydro-chlorique, de l'acide sulfureux, de l'acide sulfurique, et il se dépose du soufre: c'est qu'alors l'eau est décomposée, que son hydrogène s'unit à tout le chlore du chlorure, et que son oxigène ne s'unit qu'à une portion du soufre. (*Voyez* la préparation et les propriétés du chlorure de soufre ou du soufre oxi-muriaté (442).

2207. *Chlorure de phosphore* (*phosphore oxi-muriaté*). — Le phosphore oxi-muriaté est susceptible d'être décomposé par l'eau, de même que le chlorure de soufre, en donnant lieu à un dépôt de phosphore, à de l'acide phosphoreux ou phosphorique, et à de l'acide hydro-chlorique. Ces phénomènes s'expliquent de la même manière que les précédens. (*Voy.* le chlorure de phosphore ou le phosphore oxi-muriaté (441).

2208. *Chlorure d'azote* (*azote oxi-muriaté*). — C'est en faisant passer du chlore à travers une dissolution d'hydro-chlorate d'ammoniaque que l'on obtient ce chlorure. Les produits qui résultent de cette opération sont le chlorure d'azote, de l'acide hydro-chlorique et du gaz azote: conséquemment l'hydro-chlorate d'ammoniaque est complétement décomposé; son acide est mis en liberté; quant à sa base, elle cède tout son hydrogène et seulement une portion de son azote au chlore, ce qui donne lieu à une nouvelle quantité d'acide hydro-chlorique, au chlorure d'azote et au dégagement de gaz azote. (*Voyez* le chlorure d'azote ou l'azote oxi-muriaté (442 *bis*).

2209. *Chlorures métalliques* (*muriates métalliques*). — Les proto-chlorures correspondent aux proto-muriates, les deuto-chlorures aux deuto-muriates, etc.

Tous les chlorures, en se dissolvant dans l'eau, passent à l'état d'hydro-chlorates: ils en opèrent donc la décomposition de même que les iodures, et les deux principes de l'eau s'unissent; savoir : l'oxigène au métal, et l'hydrogène au chlore.

Tous les chlorures des quatre dernières sections sont décomposés par le gaz hydrogène à une haute température, parce qu'à cette température l'hydrogène a plus d'affinité pour le chlore que celui-ci n'en a pour le métal : aussi obtient-on le métal réduit et de l'acide hydriodique.

Plusieurs chlorures sont également décomposés par l'eau à une température élevée : alors il en résulte un oxide métallique et de l'acide hydro-chlorique. Le chlorure de magnésium peut être cité comme exemple.

2210. *Dissolution de chlore dans l'eau (acide muriatique oxigéné liquide).* — Lorsqu'on expose une dissolution de chlore à la lumière solaire, il se dégage du gaz oxigène et il se forme de l'acide hydro-chlorique : on obtient les mêmes résultats en faisant passer du chlore avec de la vapeur d'eau à travers un tube incandescent. Il faut donc admettre que, dans ces deux cas, l'eau est décomposée, que son oxigène redevient libre, et que son hydrogène se combine avec le chlore. (*Voyez* la préparation de cette dissolution et l'explication des phénomènes dans l'ancienne théorie (675—676).

2211. *Action du chlore sur les oxides métalliques à une haute température.* — Tous les oxides métalliques des cinq dernières sections, et même l'oxide de magnésium, appartenant à la première, donnent lieu, avec le chlore, à des chlorures et à un dégagement de gaz oxigène ; il s'ensuit donc que le chlore a plus d'affinité pour les métaux de ces oxides que n'en a l'oxigène, de sorte que celui-ci est mis en liberté.

2212. *Décomposition de l'ammoniaque par le chlore.* — Aussitôt que ces deux corps sont en contact, il se forme de l'hydro-chlorate d'ammoniaque, pourvu que le chlore ne soit point en excès, et il se dégage du gaz azote. Par conséquent l'ammoniaque se partage en deux parties; l'une est décomposée, et cède son hydrogène au chlore; de là l'acide hydro-chlorique et l'azote; l'autre, au contraire, s'unit à l'acide provenant de la décomposition de la première. Si le chlore était très-prédominant, et si l'ammoniaque était à l'état liquide, l'on n'obtiendrait que de l'acide hydriodique, du chlorure d'azote et du gaz azote, comme nous venons de le dire en parlant du chlorure d'azote. (*Voyez* l'explication de ce phénomène dans l'ancienne théorie, et la manière de le produire (580).

2213. *Préparation des chlorates alcalins par le chlore, les oxides alcalins et l'eau* (chlorates ou sels qui ont été désignés sous le nom de *muriates suroxigénés*. — Dans cette préparation, que nous avons décrite (1028), il se forme, outre les chlorates, une certaine quantité d'hydro-chlorate. L'acide hydro-chlorique ne peut provenir que de ce que le chlore s'empare de l'hydrogène de l'eau. L'eau est donc décomposée, et c'est son oxigène qui, se combinant avec une autre portion de chlore, donne lieu à l'acide chlorique, etc. (*Voyez* l'explication des phénomènes dans l'ancienne théorie (1028).

2214. *Acide hydro-chlorique* (*acide muriatique*). — Cet acide, en dissolution dans l'eau, donne lieu, avec plusieurs peroxides, tels que ceux de manganèse, de cobalt, de plomb, d'antimoine, à un dégagement de chlore et à un hydro-chlorate : c'est qu'alors il agit sur tous ces peroxides, comme nous venons de le dire, en parlant de son action sur le peroxide de manganèse. (*Voyez* précédemment théorie de la préparation du chlore).

Il précipite à l'instant la dissolution d'argent et celle du protoxide de mercure, en formant de l'eau et un chlorure : par conséquent cet acide et les oxides d'argent et de mercure se décomposent réciproquement, comme le font la plupart des oxides et l'hydrogène sulfuré ou l'acide hydriodique.

2215. *Hydro-chlorates* (*hydro-muriates*). — En évaporant les hydro-chlorates, dont la base a beaucoup d'affinité pour l'acide hydro-chlorique, et les desséchant fortement, ils passent à l'état de chlorures : nous devons donc en conclure qu'alors l'acide et l'oxide se décomposent encore réciproquement, comme nous venons de le dire, et que de cette décomposition résulte, outre le chlorure, une certaine quantité d'eau. Ces résultats s'accordent, au reste, avec la propriété qu'a le chlore de dégager l'oxigène de presque tous les oxides métalliques.

2216. *Calcination des chlorates.* — L'on a vu précédemment que le chlore avait la propriété, à une température élevée, de dégager l'oxigène de tous les oxides des cinq dernières sections, et même de l'oxide de magnésium; mais l'acide chlorique se décompose aisément par la chaleur, et se transforme en oxigène et en chlore : il suit donc de là qu'il est possible que tous les chlorates des cinq dernières sections donnent naissance, lorsqu'on les calcine, à un dégagement d'oxigène et à un chlorure : c'est en effet ce qui a lieu. (*Voyez* l'explication de ce phénomène dans l'ancienne théorie (1021).

2217. *Chlorate de potasse et corps combustibles.* — Le chlorate de potasse a la propriété de détonner par le choc avec plusieurs corps combustibles et la plupart des matières végétales et animales. Dans cette détonnation, l'oxigène du chlorate brûle ces différens corps, et la température se trouve instantanément fort élevée. Or, comme le chlorate de potasse passe à l'état de chlorure au-dessous de la chaleur rouge, il doit y passer à plus forte raison à ce degré de chaleur. Par conséquent, lorsqu'on fait détonner un mélange de chlorate et de corps combustibles, ces corps s'emparent non-seulement de l'oxigène de l'acide chlorique, mais encore de celui du chlorate. (*Voyez* la manière de produire ces détonnations et celle de les expliquer dans l'ancienne théorie (1022).

2218. *Action du chlore sur les matières végétales et animales.* — Le chlore décompose toutes les matières végétales et animales, et donne toujours lieu, en agissant sur elles, à une certaine quantité d'acide hydro-chlorique et ordinairement à une nouvelle matière organique. Il s'empare donc d'une partie de leur hydrogène, tandis que les autres principes constituans agissent les uns sur les autres pour former de nouveaux produits. (*Voyez* l'explication de ce phénomène dans l'ancienne théorie (1284).

Sur l'acide des muriates suroxigénés ou acide chlorique.

2219. On pensait généralement, d'après M. Davy, que cet acide était celui qu'on obtenait en traitant le muriate suroxigéné de potasse par l'acide muriatique, acide dont nous avons décrit les propriétés sous le nom d'acide muriatique suroxigéné (467). Mais M. Gay-Lussac vient de prouver que le véritable acide des muriates suroxigénés contient bien plus d'oxigène que celui qui a été obtenu pour la première fois par M. Davy. Nous avons donc maintenant *acide muriatique oxigéné*, *acide muriatique suroxigéné*, et *acide muriatique hyperoxigéné*, qui correspondent, en regardant l'acide muriatique oxigéné comme un corps simple, aux mots *chlore*, *acide chloreux* ou peut-être *oxide de chlore*, *et acide chlorique*. C'est sous cette dernière dénomination que M. Gay-Lussac a décrit l'acide réellement contenu dans les sels que nous avons désignés sous le nom de muriates suroxigénés, sels qui doivent être appelés maintenant muriates hyperoxigénés ou chlorates, suivant qu'on regardera l'acide muriatique oxigéné comme un corps composé ou comme un corps simple.

Voici les propriétés de l'acide chlorique, d'après les expressions de M. Gay-Lussac. (Ann. de Ch., t. 91, p. 108).

« Cet acide n'a pas sensiblement d'odeur; sa dissolution est parfaitement incolore; sa saveur est très-acide; et il rougit fortement le tournesol sans détruire sa couleur; il n'altère pas non plus la dissolution d'indigo dans l'acide sulfurique: la lumière ne le décompose pas; par une douce chaleur on peut le concentrer sans qu'il se décompose et sans qu'il se volatilise; j'en ai gardé pendant long-temps à l'air, et je ne me suis point aperçu que sa quantité eût diminué sensiblement; sa fluidité, quand il est concentré, est un peu oléagineuse. Exposé à la chaleur, une partie de cet acide se décompose et donne de l'oxigène et du chlore, l'autre se volatilise sans changer de nature: l'acide hydro-chlorique le décompose même à froid; l'acide sulfureux et l'acide hydro-sulfurique ont aussi la même propriété; au contraire, l'acide nitrique ne lui fait point éprouver d'altération. Je l'ai combiné avec l'ammoniaque, et j'ai obtenu un sel très-fulminant qui a été annoncé pour la première fois par M. Chenevix. Avec la potasse, j'ai reproduit le muriate suroxigéné avec tous ses caractères. Il ne précipite point le nitrate d'argent, ni aucune autre dissolution métallique; il dissout promptement le zinc, en dégageant de l'hydrogène; mais il m'a paru agir lentement sur le mercure. Il est composé en volume de 1 de chlore et de 2,5 d'oxigène; ou en poids de 100 de chlore et de 113,95 d'oxigène, en prenant 2,42 pour la densité du chlore. Cet acide ne pourra sans doute pas être obtenu à l'état gazeux: comme il renferme cinq fois plus d'oxigène que l'oxide de chlore qui se décompose si facilement, on ne peut douter que ce ne soit l'eau qui tienne ses élémens réunis, comme on le voit pour l'acide nitrique et pour l'acide sulfurique. Sous ce rapport, l'eau joue le même rôle que les bases salifiables; mais comme elle ne neutralise point les corps qu'elle tient en dissolution, à cause de l'équilibre parfait qui existe entre les propriétés acidifiantes de l'oxigène et les propriétés alcalifiantes de l'hydrogène, et que d'ailleurs ses affinités sont beaucoup plus faibles que celles des bases, elle ne sert que de lien aux élémens; et permet d'étudier les caractères des combinaisons qu'ils forment, comme si elles étaient indépendantes de sa présence. »

D'ailleurs, M. Gay-Lussac obtient l'acide chlorique en dissolvant du chlorate de baryte dans l'eau et y versant peu à peu de l'acide sulfurique faible, jusqu'à ce que la liqueur ne contienne, ni baryte, ni acide sulfurique.

M. Vauquelin a constaté la plupart des propriétés que nous venons d'exposer, et a examiné d'une manière particulière un assez grand nombre de chlorates. (Annales de Chimie, t. 94).

Sur l'Acide prussique ou l'Acide hydro-cyanique.

2220. M. Gay-Lussac qui, le premier, est parvenu à obtenir l'acide prussique pur, vient de faire sur cet acide un très-beau Mémoire qui se trouve imprimé dans les Annales de Chimie (tome 95, page 136), et dont nous allons donner un extrait détaillé.

2221. *Propriétés physiques.* — Ses propriétés physiques sont telles que nous les avons décrites (1820). Il faut ajouter seulement que la densité de sa vapeur, d'après plusieurs expériences, est de 0,9476.

2222. *Composition.* — C'est en faisant passer, d'une part, une certaine quantité d'acide prussique en vapeur, par exemple, deux grammes, dans un tube incandescent contenant du fer, et, d'une autre part, la même quantité d'acide prussique dans un autre tube également incandescent, mais contenant un excès de deutoxide de cuivre, qu'on parvient facilement à déterminer la nature de l'acide prussique et la proportion de ses principes constituans. En effet, tout l'acide se décompose complétement dans les deux cas; et l'on obtient, dans le premier, un dépôt de charbon et parties égales d'azote et d'hydrogène en volume; dans le second, de l'eau, et du gaz carbonique et du gaz azote dans le rapport de 2 à 1. Mais un volume de gaz carbonique représente un volume de vapeur de carbone, dont la densité est celle du gaz carbonique moins celle du gaz oxigène, c'est-à-dire, 0,4160 (*a*) : par conséquent, l'acide prussique doit donc être composé de 1 volume de vapeur de carbone, 1 demi-volume d'hydrogène et 1 demi-volume d'azote, condensés en un seul : aussi, en ajoutant la densité de la vapeur de carbone, qui est de 0,4160, à la moitié de la densité du gaz hydrogène ou à 0,0366, et à la moitié de celle de l'azote ou à 0,4845, trouve-t-on 0,9371, qui est, à un centième près, la densité de la vapeur prussique. Il suit donc de là que l'acide prussique doit être composé, en poids, de 44,39 de carbone, de 51,71 d'azote, et de 3,90 d'hydrogène.

2223. *Propriétés chimiques.* — L'acide prussique bout et se congèle aux degrés de température qui ont été indiqués (1820).

2224. Abandonné à lui-même dans des vaisseaux fermés, il se décompose quelquefois en moins d'une heure;

(*a*) M. Gay-Lussac considérant que le gaz carbonique contient un volume de gaz oxigène égal au sien, et que les corps se combinent en volume dans des rapports simples, suppose que cet acide résulte de 1 volume de gaz oxigène et de 1 volume de vapeur de carbone, condensés en un seul : il en conclut, d'après cela, que la densité de la vapeur de carbone doit être égale à celle du gaz carbonique moins celle du gaz oxigène ou a 1,5196 moins 1,10359, c'est-à-dire à 0,4160. M. Berzelius la suppose du double, parce qu'il considère le gaz oxide de carbone comme formé d'un demi-volume de gaz oxigène, d'un demi-volume de vapeur de carbone. (*Voyez* vol. 4, p. 196).

rarement on le conserve au-delà de quinze jours; il commence par prendre une couleur d'un brun rougeâtre qui se fonce de plus en plus, et bientôt il se convertit en une masse noire qui exhale une odeur très-vive d'ammoniaque. En analysant cette masse, on la trouve formée de prussiate d'ammoniaque et de carbone uni à l'azote.

2225. Le phosphore et l'iode, volatilisés dans la vapeur prussique, ne lui font éprouver aucune altération : il n'en est pas de même du soufre; celui-ci l'absorbe très-bien : le résultat de l'absorption est un composé solide dont il sera question plus bas.

2226. De tous les métaux, c'est le potassium qui nous offre, avec la vapeur prussique, les phénomènes les plus curieux et les plus importans à connaître.

Lorsqu'on chauffe dans un excès de vapeur prussique une quantité de potassium capable de produire avec l'eau 50 parties de gaz hydrogène, ce métal décompose 100 parties de cette vapeur, absorbe tout l'azote et tout le carbone de ces 100 parties, et en dégage en même temps tout l'hydrogène, c'est-à-dire, $\frac{100}{2}$ ou 50 (*a*) : si l'on verse ensuite de l'eau sur l'azo-carbure de potassium produit, il en résulte tout à coup un prussiate de potasse; d'où il suit que les deux principes de l'eau se séparent, que l'oxigène s'unit au potassium pour le porter à l'état de deutoxide, et que l'hydrogène, en s'unissant à l'azote carboné, reconstitue l'acide prussique.

(*a*) Pour faire cette expérience commodément, il faut faire passer la vapeur prussique mêlée d'azote dans une petite cloche courbe pleine de mercure, y introduire le potassium, le chauffer, mesurer le gaz après la transformation du métal en une substance fusible et de couleur jaunâtre, qui est l'azo-carbure, traiter le résidu gazeux par une dissolution de potasse pour absorber l'acide prussique non attaqué, et déterminer dans l'eudiomètre la quantité d'hydrogène contenu dans le gaz non absorbé par l'alcali.

On voit donc que le potassium agit sur l'acide prussique comme sur l'acide hydriodique et sur l'acide hydrochlorique, puisqu'il dégage des uns et des autres la moitié de leur volume d'hydrogène, et que, dans l'azo-carbure, l'azote carboné joue relativement à ce métal le même rôle que l'iode et le chlore dans les iodures et les chlorures. Ainsi l'acide prussique doit être considéré comme un véritable hydracide.

2227. M. Gay-Lussac a cru devoir proposer le nom de cyanogène (*a*) pour exprimer le composé résultant de l'azote et du carbone, composé qui sert de radical à l'acide prussique et qu'on peut obtenir isolé; de là, les expressions d'acide *hydro-cyanique* au lieu d'acide prussique, d'*hydro-cyanates* au lieu de prussiates, de *cyanures*. Pour moi, j'avoue que je préférerais de beaucoup celles d'*azote carboné*, d'*acide hydrazo-carbique*, d'*hydrazo-carbates*, d'*azo-carbures*; elles ne sont presque pas plus longues que les précédentes et ont l'avantage d'indiquer d'une manière précise la nature des corps qu'elles représentent et d'être conformes aux principes de la nomenclature. Toutefois, tout en désirant que ces dernières expressions soient préférées, je ne ferai aucune difficulté de me servir des autres si elles prévalent, et je les emploierai même, avec l'auteur de la découverte, dans la suite de cet extrait.

2228. L'acide hydro-cyanique s'altère à une température élevée : en le faisant passer en vapeur à travers un tube incandescent, il donne lieu à de l'hydrogène, à un peu d'azote et de cyanogène mêlés de beaucoup d'acide, et à un léger dépôt de charbon. Jamais sa décomposition n'est complète.

2229. Les oxides exercent sur lui une action variable

(*a*) Tiré de κύανος bleu, et de γεννάω j'engendre.

et dépendante de leur affinité pour l'oxigène. Ceux dans lesquels l'oxigène est fortement condensé, tels que la baryte, la potasse, la soude, le décomposent; ils en dégagent l'hydrogène, et s'emparent de son radical avec lequel ils forment un cyanure d'oxide; l'expérience ne réussit bien qu'à l'aide de la chaleur, par exemple, qu'en faisant passer de la vapeur acide dans un tube incandescent contenant de la baryte, ou mieux qu'en chauffant à la lampe une cloche courbe où l'on a introduit de la vapeur acide et de l'hydrate de potasse. Que l'on substitue aux oxides de barium, de potassium, de sodium, des oxides qui cèdent facilement leur oxigène, et de nouveaux phénomènes apparaîtront. L'oxide de mercure sera réduit à l'instant même par l'acide hydro-cyanique : si l'opération se fait à la température ordinaire, il en résultera de l'eau et du cyanure de mercure : si elle se fait à chaud, il en résultera encore de l'eau, et la température au moment de l'action se trouvera si élevée que le cyanogène deviendra libre; il serait même dangereux d'opérer sur une trop grande quantité de matières à la fois : on ne peut employer la chaleur sans danger qu'autant qu'on affaiblit l'acide en l'unissant à l'eau, ou qu'en mêlant sa vapeur à de l'hydrogène, de l'azote.

Du Cyanogène, ou radical prussique.

2230. *Préparation.* — C'est en décomposant le cyanure de mercure ou prussiate de mercure ordinaire, dans une cornue, que l'on se procure le cyanogène. Ce cyanure doit être neutre et cristallisé : on l'obtient ainsi en faisant digérer le deutoxide de mercure avec le bleu de Prusse et l'eau, filtrant la dissolution et la concentrant convenablement. Il faut de plus qu'il soit parfaitement sec. En effet, le cyanure neutre et sec ne donne que du cyanogène, tandis que le cyanure humide ne produit que de l'acide carbonique, de l'ammoniaque et beaucoup de vapeur d'acide hydro-cyanique.

2231. *Propriétés physiques.* — Le cyanogène est un fluide élastique permanent; son odeur est extrêmement vive et pénétrante; il est inflammable; sa densité est de 1,8064; il rougit très-sensiblement la teinture de tournesol; mais en faisant chauffer la dissolution, le gaz se dégage mêlé avec un peu d'acide carbonique, et la couleur bleue disparaît.

2232. *Composition.* — Puisque l'acide hydro-cyanique ou acide prussique est formé de 1 volume de vapeur de carbone, d'un demi-volume d'azote et d'un demi-volume d'hydrogène; que le cyanogène ne diffère de l'acide hydro-cyanique qu'en ce qu'il ne contient point d'hydrogène, il est évident que dans le cyanogène le carbone doit être à l'azote comme 1 à un demi en volume; et puisque d'une autre part, la densité du cyanogène est de 1,8064, il faut en conclure que le cyanogène est formé de 2 volumes de vapeur de carbone et de 1 volume d'azote, condensés en un seul, car en ajoutant deux fois la densité de la vapeur du carbone à celle de l'azote, c'est-à-dire 0,8320 à 0,9691, l'on obtient 1,8011 nombre qui ne diffère que dans les millièmes de 1,8064 qui exprime la densité du cyanogène. On parvient au reste à de semblables résultats, soit en faisant détonner dans l'eudiomètre le cyanogène avec deux fois et demie son volume d'oxigène, soit en faisant un mélange d'une partie de cyanure de mercure et de 10 parties de deutoxide de cuivre, introduisant le mélange dans un tube de verre fermé à l'une de ses extrémités, le recouvrant de limaille de cuivre, portant celle-ci au rouge, chauffant ensuite l'oxide et le cyanure et recueillant les gaz. Dans les deux cas, l'on obtient 1 volume de gaz azote et 2 volumes de gaz carbonique, lesquels représentent 2 volumes de vapeur de carbone (*a*).

2233. *Propriétés chimiques.* — Le cyanogène supporte une très-haute température sans se décomposer; l'eau, à la température de 20° et sous la pression ordinaire, en prend quatre fois et demie son volume et devient très-piquante; l'éther sulfurique et l'essence de térébenthine en dissolvent au moins autant que l'eau; l'alcool en dissout au moins cinq fois autant.

A la chaleur de la lampe à esprit-de-vin, le phosphore, le soufre, l'iode, l'hydrogène sont sans action sur le cyanogène.

Le cuivre, l'or, le platine ne paraissent point non plus susceptibles de l'altérer; mais le fer, à la température d'un rouge presque blanc, le décompose en partie; il se recouvre d'un charbon très-léger, devient cassant et rend libre une certaine quantité d'azote.

Le potassium agit avec une grande énergie sur le cyanogène; il en absorbe, à l'aide de la chaleur, autant qu'il dégage d'hydrogène dans son contact avec l'eau: cette absorption est accompagnée de lumière. D'ailleurs l'expérience est facile à faire dans une petite cloche courbe sur le mercure. Le cyanure de potassium, dont il a déjà été question précédemment, est jaunâtre; sa saveur est très-alcaline; aussitôt qu'on le met en contact avec l'eau, il la décompose et il se forme un hydro-cyanate (prussiate de potasse ordinaire).

(*a*) En effet, M. Gay-Lussac considérant que le gaz carbonique contient un volume de gaz oxigène égal au sien, et que les corps se combinent en volume dans des rapports simples, suppose que cet acide résulte de 1 volume de gaz oxigène et de 1 volume de vapeur de carbone, condensés en un seul.

2234. *Action du cyanogène sur les dissolutions alcalines.* — Les dissolutions de potasse, de soude, de baryte, de strontiane, absorbent facilement le cyanogène ; il en résulte des cyanures de ces bases qui se colorent à peine, tant que les bases sont en excès, mais qui deviennent bruns et comme charbonnés lorsque le cyanogène est prédominant. Ces cyanures, dans lesquels le cyanogène neutralise jusqu'à un certain point la base, ont la propriété de pouvoir s'unir à l'eau sans la décomposer, et d'en opérer tout à coup la décomposition par la présence d'un acide : il se produit alors une vive effervescence de gaz carbonique, une certaine quantité d'acide hydro-cyanique reconnaissable à son odeur, et de l'ammoniaque qui reste en combinaison avec l'acide employé, et qu'on rend très-sensible au moyen de chaux vive.

M. Gay-Lussac a poussé ses recherches jusqu'à déterminer dans quelle proportion l'acide carbonique, l'ammoniaque et l'acide hydro-cyanique se forment, lorsqu'on décompose un cyanure incolore par les acides : par ce moyen, il a rendu plus évidente encore la décomposition de l'eau et l'explication des phénomènes qui se produisent au moment du contact de l'acide et du cyanure. « J'ai fait deux petites mesures de verre, dit-il ; l'une *destinée à contenir une dissolution de potasse*, et l'autre *à contenir une dissolution d'acide hydro-chlorique ;* de manière qu'en mêlant la mesure d'acide avec la mesure d'alcali, tout l'acide ne fût pas neutralisé. Après cette disposition, j'ai mis dans un tube gradué 149 parties de gaz carbonique que j'ai absorbées par une mesure de potasse ; puis j'ai introduit dans le tube une mesure d'acide hydro-chlorique. Il s'est dégagé seulement 140 parties de gaz, et il en est resté par conséquent 9 en dissolution dans l'hydro-chlorate de potasse.

« J'ai alors pris 147 parties de cyanogène ; je les ai absorbées par une mesure de potasse, et j'ai ajouté ensuite une mesure d'acide hydro-chlorique. J'ai obtenu 141 parties de gaz carbonique; mais comme je savais qu'il contenait un peu de vapeur hydro-cyanique, je l'ai mis en contact avec l'oxide rouge de mercure, et les 141 parties ont été réduites à 137. Ce nombre diffère si peu de 138, que j'aurais dû obtenir, d'après la première expérience, qu'on peut admettre avec certitude que, lorsque le cyanure de potasse se décompose par le concours d'un acide, il se produit un volume de gaz carbonique justement égal à celui du cyanogène employé. Il reste donc à déterminer ce que devient l'autre volume de vapeur de carbone; car le cyanogène en contient deux, et de plus un volume d'azote (*a*).

« Puisqu'il s'est produit aux dépens de l'oxigène de l'eau, un volume de gaz carbonique qui représente un volume d'oxigène, il doit aussi s'être produit deux volumes d'hydrogène. Ainsi, en ne faisant plus attention à l'acide carbonique, il nous reste :

« Un volume de vapeur de carbone;
« Un volume de gaz azote;
« Un volume de gaz hydrogène.

« Et il faut remplir cette condition, que ces trois élémens se combinent en totalité de manière à ne produire que de l'acide hydro-cyanique et de l'ammoniaque.

« Or, le volume de vapeur de carbone, avec un demi-volume d'azote et un demi-volume d'hydrogène, produit exactement un volume de vapeur hydro-cyanique, et le volume et demi d'hydrogène, plus le demi-volume d'azote qui restent, produisent un volume de gaz ammoniacal; car on se rappelle que ce dernier résulte de la

(*a*) On doit se rappeler que le gaz carbonique, d'après M. Gay-Lussac, contient un volume égal au sien de vapeur de carbone. *Voyez* page 224 de ce volume).

combinaison de 3 parties d'hydrogène et 1 d'azote condensées de moitié.

« En résumant, un volume donné de cyanogène, combiné d'abord avec un alcali et traité ensuite par un acide, produit exactement :

« Un volume de gaz carbonique;
« Un volume de vapeur hydro-cyanique;
« Un volume de gaz ammoniacal. »

Plusieurs oxides métalliques appartenant aux quatre dernières sections sont susceptibles d'absorber le cyanogène; mais aucun n'agit sur lui comme les bases alcalines, par l'intermède des acides : aussi lorsque l'on met en contact du cyanogène et de l'hydrate de protoxide de fer, et que l'on ajoute ensuite de l'acide hydro-chlorique, il ne se produit pas de bleu de Prusse; tandis qu'il s'en forme tout de suite, si, avant d'ajouter l'acide, on ajoute un peu de potasse : c'est qu'alors il en résulte une certaine quantité d'acide hydro-cyanique qui, en s'unissant à l'oxide de fer, donne lieu à un hydro-cyanate ou à un prussiate bleu.

Le cyanogène décompose rapidement les carbonates alcalins à une chaleur obscure; il s'empare de leurs bases et dégage leur acide. Il se combine avec l'hydrogène sulfuré dans le rapport de 1 à 1,5 en volume et forme une substance jaune qui cristallise en aiguilles fines, qui se dissout dans l'eau et qui ne noircit point la dissolutiou de nitrate de plomb.

C'est aussi dans le rapport de 1 à 1,5 en volume que le cyanogène s'unit avec le gaz ammoniac; l'action est lente, elle n'est complète qu'après plusieurs heures; la diminution de volume est considérable, et les parois du tube de verre où se fait le mélange deviennent opaques en se couvrant d'une matière brune et solide.

2235. Telles sont les principales propriétés du cyanogène : il sera facile de concevoir, d'après cela, 1° qu'en exposant l'acide hydro-cyanique à l'action de la pile, il se dégage du gaz hydrogène à l'extrémité du fil négatif, et qu'il se rassemble du cyanogène à l'extrémité positive; 2° que, dans la calcination des matières animales avec la potasse, c'est un véritable cyanure de potasse qui se forme.

De la substance que l'on forme en traitant l'acide hydro-cyanique par le chlore ou de l'acide prussique oxigéné.

2236. L'acide prussique oxigéné n'est qu'une combinaison de cyanogène et de chlore; par conséquent il doit prendre le nom d'acide *chloro-cyanique*. On peut le préparer en faisant passer un courant de chlore dans une dissolution d'acide hydro-cyanique jusqu'à ce qu'elle décolore l'indigo dissous dans l'acide sulfurique, la privant de l'excès de chlore qu'elle contient par le mercure et la soumettant ensuite à une chaleur modérée. On obtient ainsi un fluide élastique qui jouit de toutes les propriétés attribuées à l'acide prussique oxigéné. Cependant ce fluide n'est point de l'acide chloro-cyanique pur; car ce dernier n'est pas un gaz permanent, et ne peut exister sous la pression de l'atmosphère, à la température de 15 à 20 degrés; c'est un mélange d'acide carbonique et d'acide chloro-cyanique dans des proportions variables qu'il est difficile de déterminer.

L'acide chloro-cyanique ainsi obtenu est incolore; son odeur est si vive, qu'à une très-petite dose il irrite la membrane pituitaire et détermine le larmoiement; il rougit le tournesol, n'est point inflammable, et ne détonne point avec deux fois son volume d'oxigène ou d'hydrogène par l'étincelle électrique. Sa densité déterminée par le calcul est de 2,111. Sa dissolution aqueuse ne trouble point le nitrate d'argent, ni l'eau de baryte. Les alcalis l'absorbent rapidement ; mais il en faut un excès pour faire disparaître complétement son odeur ; en ajoutant alors un acide, il se produit une vive effervescence d'acide carbonique, une certaine quantité d'ammoniaque, et l'odeur de l'acide chloro-cyanique cesse de se manifester.

Il paraît qu'un volume de cet acide est formé d'un demi-volume de chlore et d'un demi-volume de cyanogène.

Des Combinaisons de l'acide hydro-cynanique avec les bases.

2237. Cette dernière partie du travail de M. Gay-Lussac est beaucoup moins complète que les précédentes. Il conclut des expériences qui y sont décrites :

1° Que l'acide hydro-cyanique peut s'unir aux bases salifiables alcalines et former de véritables hydro-cyanates.

2° Que les hydro-cyanates à bases d'alcalis verdissent toujours le sirop de violettes ; qu'ils sont décomposés par les acides ; qu'à une haute température ils se transforment en cyanure, pourvu qu'ils n'aient ni le contact de l'eau, ni celui de l'air ; que quand ils sont en contact avec l'un des deux, même à une température peu élevée, ils finissent par se changer en carbonates.

3° Que l'hydro-cyanate d'ammoniaque cristallise en cubes, ou en petits prismes entrelacés ou en feuilles de fougère ; que sa volatilité est telle, qu'à la température de 22°, la tension de sa vapeur est d'environ 45 centimètres, qu'il se décompose et se charbonne avec la plus grande facilité.

4° Que le composé qui a été connu jusqu'à présent

sous le nom de prussiate de mercure et qu'on obtient en faisant chauffer du bleu de Prusse avec de l'eau et du deutoxide de mercure, est un véritable cyanure de mercure; qu'il en est de même du composé qu'on avait désigné par le nom de prussiate d'argent; qu'il est probable que le précipité qui provient de l'action de l'hydro-cyanate de potasse sur les dissolutions d'or est également un cyanure.

5° Que le composé, appelé prussiate de potasse ferrugineux, est un hydro-cyanate de potasse uni à une certaine quantité de cyanure de fer; qu'on obtient facilement un composé d'hydro-cyanate de potasse et de cyanure d'argent en faisant chauffer celui-ci avec l'hydro-cyanate; que le composé est soluble et cristallise en lames hexagonales; que les cyanures d'argent et de fer donnent aux hydro-cyanates la propriété de se saturer complétement d'acide.

6° Que le bleu de Prusse ne contient point d'alcali; qu'il peut être considéré comme un cyanure de fer, ou comme un hydro-cyanate; que, pour décider cette question, il faudrait le soumettre à de nouvelles épreuves. (*Voyez*, pour plus de détails, le Mémoire de M. Gay-Lussac, t. 95, p. 136).

Sur les Corps gras.

2238. M. Chevreul, à qui l'on doit un travail très-remarquable sur les graisses, a reconnu que non-seulement la graisse de porc, proprement dite, était formée de deux substances grasses particulières non acides, mais qu'il en était de même du beurre, des graisses d'homme, de femme, de mouton, de bœuf, etc.; il a reconnu également que ces diverses espèces de graisses, à l'instar de celle de porc, jouissaient de la propriété de se transformer, dans la saponification, en principe doux et en deux autres matières grasses acides, l'une nacrée, analogue à la margarine, et l'autre fluide. Il a fait les mêmes remarques sur l'huile d'olive. Enfin, il s'est assuré que la soude, la baryte, la strontiane, la chaux, le protoxide de plomb et l'oxide de zinc, faisaient éprouver à la graisse de porc les mêmes changemens que ceux qu'elle éprouve de la part de la potasse; il a déterminé la capacité de saturation de la margarine et de la graisse fluide, et il conclut de ses diverses expériences, dont tous les résultats n'ont point encore été publiés, que l'art du savonnier consiste à convertir par les alcalis des corps gras en acides huileux, et à former avec ces acides et les bases alcalines des composés qui, comme les sels, sont assujettis à des proportions définies. (*Voyez* les cinq Mémoires de M. Chevreul sur les corps gras, Annales de Chimie, tom. 88, 94, 95).

2239. Guidé par les travaux de M. Chevreul, M. Braconnot a aussi fait sur les graisses et sur les huiles des observations intéressantes. Il les considère toutes comme formées de deux substances grasses, l'une qu'il désigne sous le nom de suif, et l'autre d'huile (*a*). C'est en pressant les graisses et les huiles dans du papier gris, à une température assez basse pour leur donner une consistance convenable, que M. Braconnot en a toujours séparé le suif et la matière huileuse qui les composent : celle-ci est

---

(*a*) Il paraît qu'à l'époque où M. Braconnot a publié son Mémoire, il ne connaissait pas tous les résultats de M. Chevreul; mais il est certain que c'est M. Chevreul qui, le premier, nous a appris que les graisses étaient formées de deux substances grasses particulières différentes l'une de l'autre, surtout par leur degré de fusibilité; et, de plus, il est constant qu'il se proposait de continuer ses recherches sur les huiles végétales, dont il avait déjà analysé une espèce, lorsque le travail de M. Braconnot parut. (*Voyez* la lettre de M. Chevreul, Ann. de Chimie, t. 94, p. 73).

absorbée par le papier, tandis que le suif ne l'est pas. On renouvelle le papier jusqu'à ce qu'il cesse d'être taché. L'expérience dure quelquefois plusieurs jours. Il a extrait par ce procédé, que M. Chevreul avait déjà employé pour l'analyse de l'huile d'olive :

	Huile.	*Suif.*
Du beurre des Vosges fait en été et fondu	60	40
Du beurre du même pays fait en hiver et fondu	37	63
De l'axonge de porc	62	38
De la moelle de bœuf	24	76
De la moelle de mouton	74	26
De la graisse d'oie	68	32
De la graisse de canard	72	28
De la graisse de dindon	74	26
De l'huile d'olive	72	28
De l'huile d'amandes douces	76	24
De l'huile de colsa	54	46

Ces différentes espèces de *suif* ne sont point identiques ; car ils fondent à des températures diverses.

Les huiles d'olives, d'amandes douces et de colsa, dépouillées de leur *suif*, peuvent supporter un très-grand degré de froid sans se figer.

On trouve encore, dans le Mémoire de M. Braconnot, plusieurs autres résultats curieux : tels sont ceux qui sont relatifs à l'action des acides et des alcalis sur le *suif* ; ils transforment celui-ci en une substance fort analogue à la cire et en une huile très-soluble dans l'alcool. (*Voyez* le Mémoire de M. Braconnot, Annales de Chimie, tome 93, page 225).

Sur l'analyse de l'Alcool et de l'Éther sulfurique, et sur les produits de la fermentation, par M. Gay-Lussac.

2240. M. Théod. de Saussure, en représentant la composition de l'alcool par le gaz hydrogène percarboné et l'eau, que les élémens de l'alcool sont susceptibles de former, a trouvé qu'il était composé en poids de :

Gaz hydrogène percarboné	100,00
Eau	63,58

Or, en réduisant ces poids en volumes, c'est-à-dire en divisant le premier par 0,978, densité du gaz hydrogène percarboné (*a*), et le second par 0,625, densité de la vapeur d'eau, on obtient :

Gaz hydrogène percarboné.	102,3
Vapeur d'eau.	101,7

Il est donc évident, par la presque identité de ces deux nombres, que l'alcool doit être considéré comme composé de volumes égaux de gaz oléfiant et de vapeur d'eau.

Si l'on observe d'ailleurs que la densité de la vapeur de l'alcool absolu est de 1,613, et que cette densité est repré-

(*a*) Cette densité, qui paraît plus exacte que celle que nous avons donnée (171), est fondée sur l'analyse du gaz hydrogène percarboné. Suivant M. Th. de Saussure, le gaz hydrogène percarboné exige pour sa combustion trois volumes de gaz oxigène et produit deux volumes de gaz carbonique : mais comme deux volumes de gaz carbonique ne représentent que deux volumes d'oxigène, il faut que l'autre volume d'oxigène s'unisse à deux volumes d'hydrogène pour former de l'eau : par conséquent un volume de gaz hydrogène percarboné est donc composé de deux volumes de vapeur de carbone et de deux volumes de gaz hydrogène, et par conséquent aussi la densité doit être deux fois celle de la vapeur de carbone, plus deux fois celle de l'hydrogène, c'est-à-dire, de 0,416; plus 0,416; plus 0,073; plus 0,073 = 0,978. (*Voyez* la détermination de la densité de la vapeur de carbone, page 224 de ce volume).

sentée à un centième près par les densités réunies du gaz hydrogène percarboné et de la vapeur d'eau, il sera facile de voir qu'un volume de vapeur alcoolique proviendra d'un volume de gaz hydrogène percarboné et d'un volume de vapeur d'eau, condensés en un seul (*a*).

2241. La composition de l'éther sulfurique, d'après M. de Saussure, peut être représentée, de même que celle de l'alcool, par une certaine quantité de gaz hydrogène percarboné et par une certaine quantité d'eau; savoir : par 100 de gaz et 25 d'eau, en poids.

Que l'on réduise ces deux poids en volume, et l'on aura :

Gaz hydrogène percarboné	102,49
Vapeur d'eau.	40,00

Ces deux nombres n'étant point en rapports simples, et ne pouvant représenter, en les combinant de diverses manières, la densité de la vapeur d'éther qui est de 2,586, M. Gay-Lussac pense que l'analyse de l'éther sulfurique par M. de Saussure n'est point exacte. Il croit que cet éther est composé de deux volumes de gaz hydrogène percarboné et d'un volume de vapeur d'eau ou en poids de 100 d'hydrogène percarboné et de 31,95 d'eau, parce qu'en effet, en ajoutant deux fois la densité du gaz hydrogène percarboné à celle de la vapeur d'eau, c'est-à-dire 0,978, plus 0,978, à 0,625, on obtient 2,581 qui ne diffère que de 5 millièmes de 2,586, densité de la vapeur d'éther. Cette vapeur résulterait donc de deux

(*a*) En déterminant la densité de l'alcool absolu, M. Gay-Lussac a eu occasion de faire une remarque bien curieuse; c'est que, quand l'alcool est mêlé avec de l'eau, la densité de la vapeur du mélange est exactement la moyenne entre la densité de la vapeur alcoolique et celle de la vapeur aqueuse, malgré l'affinité qui tend à les unir. Les densités de la vapeur alcoolique et de la vapeur éthérée que nous avons rapportées (113) sont moins exactes que celles-ci.

volumes de gaz hydrogène percarboné et d'un volume de vapeur d'eau, condensés en un seul.

En admettant ces résultats, l'on voit que, puisque l'éther sulfurique est composé de :

2 volumes de gaz hydrogène percarboné ;
1 volume de vapeur d'eau ;

et que l'alcool l'est de :

2 volumes de gaz hydrogène percarboné ;
2 volumes de vapeur d'eau.

Il faut, pour convertir l'alcool en éther, lui enlever la moitié de l'eau qu'il renferme.

2242. Il sera maintenant facile de voir quels sont les changemens qui surviennent dans la composition du sucre pendant la fermentation alcoolique.

En effet, 1° supposons qu'au lieu de 42,27 de carbone et de 57,53 d'eau, le sucre soit formé de 40 de carbone et de 60 d'eau ou de ses élémens, et convertissons ces poids en volume, nous aurons pour la composition de ce corps :

1 volume de vapeur de carbone ;
1 volume de vapeur d'eau ;

ou

1 volume de vapeur de carbone ;
1 volume d'hydrogène;
1 demi-volume d'oxigène ;

ou bien encore

3 volumes de vapeur de carbone ;
3 volumes d'hydrogène ;
$\frac{3}{2}$ volumes d'oxigène.

2° Rappelons-nous que l'alcool est composé de :

1 vol. d'hydrog. percarboné... = { 2 vol. de vap. de carbone ; 2 vol. d'hydrogène.

1 vol. de vapeur d'eau....... = { 1 vol. d'hydrogène ; 1 demi-vol. d'oxigène.

3° Négligeons les produits que fournit le ferment dans l'acte de la fermentation, parce qu'ils sont presque nuls; ne considérons en un mot que l'alcool et l'acide carbonique.

Et l'on verra, en comparant la composition du sucre à celle de l'alcool, que pour transformer le sucre en alcool, il faut lui enlever 1 volume de vapeur de carbone et 1 volume de gaz oxigène, lesquels forment en se combinant 1 volume de gaz carbonique.

Enfin que l'on réduise les volumes en poids, l'on trouvera qu'étant données 100 parties de sucre, il s'en convertit pendant la fermentation 51,34 en alcool et 48,66 en acide carbonique. (Lettre de M. Gay-Lussac à M. Clément, Annales de Chimie, tom. 95, p. 319).

Sur l'acide oxalique et quelques oxalates, par M. Dulong.

2243. Lorsqu'on unit l'acide oxalique avec la baryte ou la chaux, la strontiane, l'oxide d'argent, l'oxide de cuivre, l'oxide de mercure, il en résulte un oxalate qui, bien séché, pèse autant que l'acide et l'oxide employés: mais il n'en est point de même lorsqu'au lieu d'unir cet acide à ces bases, on l'unit à l'oxide de plomb ou à l'oxide de zinc; on obtient alors une perte de 20 pour cent de la quantité d'acide qui entre dans la composition de l'oxalate.

En décomposant ces différens oxalates par le feu dans une cornue, on retire divers produits; ceux de baryte, de chaux et de strontiane, donnent de l'eau, de l'acide carbonique, de l'oxide de carbone, de l'acide acétique, de l'huile, de l'hydrogène carboné, du charbon et un sous-carbonate; ceux d'argent, de cuivre et de mercure ne donnent que du gaz carbonique, de l'eau, et un résidu métallique ; et ceux de plomb et de zinc ne fournissent que du gaz carbonique, du gaz oxide de carbone, et un oxide moins oxigéné que celui de l'oxalate (*a*).

2244. Ces résultats peuvent s'expliquer dans deux hypothèses, soit en supposant que l'acide oxalique est un composé d'acide carbonique et d'hydrogène, soit en supposant qu'il est formé d'eau, de carbone et d'oxigène dans des proportions intermédiaires entre celles de l'oxide de carbone et de l'acide carbonique, ou bien d'eau et d'acide carboneux.

2245. Dans cette dernière hypothèse, l'on dira : les oxalates de baryte, de chaux, de strontiane, de cuivre, d'argent, de mercure, retiennent toute l'eau de l'acide oxalique : voilà pourquoi leur poids représente tout l'acide et tout l'oxide que l'on combine. Les oxalates de plomb et de zinc laissent au contraire dégager l'eau de l'acide, et de là résulte la perte à laquelle donne lieu leur dessication.

Si les oxalates de cuivre, de mercure, d'argent ne fournissent dans leur décomposition par le feu que du gaz carbonique, de l'eau et un résidu métallique, c'est parce que l'acide carboneux s'empare de l'oxigène de l'oxide, et qu'ils sont dans les rapports nécessaires pour faire du gaz carbonique, et qu'ainsi l'eau et le métal deviennent libres.

Si des oxalates de plomb et de zinc on retire du gaz carbonique, du gaz oxide de carbone et un oxide peu oxidé, c'est parce que l'acide carboneux se partage en deux parties, que l'une cède de son oxigène à l'autre, et

---

(*a*) L'oxide de plomb ainsi obtenu est noir et pyrophorique ; il contient moins d'oxigène que l'oxide jaune. Celui de zinc est aussi moins oxigéné que l'oxide blanc.

que celle-ci devient acide carbonique, soit par une portion de l'oxigène de la première, soit par une portion de l'oxigène de l'oxide.

Enfin, si les oxalates de baryte, de strontiane et de chaux donnent de l'eau, de l'acide carbonique, de l'oxide de carbone, etc., c'est parce que leurs bases ne se réduisent point; que l'eau est en partie décomposée par l'acide carboneux, et que la réaction des trois élémens qui sont en présence l'un de l'autre, a lieu comme dans la distillation des matières végétales.

2246. Dans la première hypothèse où l'on considère l'acide oxalique comme formé d'acide carbonique et d'hydrogène, l'on interprètera les phénomènes de la manière suivante.

L'acide oxalique en se combinant avec la baryte, la strontiane, la chaux, l'oxide de cuivre, l'oxide d'argent, l'oxide de mercure, n'éprouvera pas d'altération; mais en s'unissant aux oxides de plomb et de zinc, il se décomposera, il leur cèdera son hydrogène, les désoxigènera complétement, et de là résultera de l'eau qui se dégagera, et un composé d'acide carbonique et de plomb ou de zinc à l'état métallique. M. Dulong, qui penche pour cette hypothèse, propose d'appeler ces sortes de composés, *carbonides*.

La production de l'eau, du gaz carbonique et du résidu métallique dans la calcination des oxalates de cuivre, d'argent et de mercure, s'expliquera simplement: ce sera l'hydrogène de l'acide oxalique qui, se portant sur l'oxigène de l'oxide, réduira celui-ci et donnera lieu à ces produits.

Il ne sera pas plus difficile de rendre compte du gaz carbonique, du gaz oxide de carbone et des oxides provenant de la distillation des oxalates de plomb et de zinc: alors ces métaux s'empareront d'une partie de l'oxigène d'une certaine quantité d'acide carbonique, passeront à l'état de protoxides qui n'ayant que peu d'affinité pour l'acide non décomposé le laisseront dégager.

D'ailleurs on concevra la formation de l'eau, du gaz oxide de carbone, de l'huile, etc., dans la décomposition des oxalates de baryte, de chaux, de strontiane, en admettant que les élémens de l'acide oxalique agissent entre eux comme ceux des matières végétales. (*Voyez* le compte rendu par M. Cuvier, des travaux de la classe des sciences mathématiques et physiques de l'Institut, pour 1815).

Sur l'Arragonite.

2247. L'arragonite avait été regardée jusqu'à ce jour comme du carbonate de chaux pur. M. Stromeyer vient d'y découvrir de la strontiane, base qui avait échappé à tous les chimistes qui avaient analysé ce minéral.

Il paraît, d'après les expériences de M. Stromeyer, que sur 100 parties l'arragonite du Béarn et d'Arragon contient 2,88 de strontiane, que celle d'Auvergne n'en contient que 1,44, et celle d'Iberg et de Ferroë que 0,72 : ces quantités sont entr'elles comme les nombres 4, 2, 1. Dans toutes les espèces d'arragonite, la strontiane s'y trouve d'ailleurs unie à l'acide carbonique.

C'est en dissolvant l'arragonite dans l'acide nitrique, concentrant la dissolution jusqu'en sirop et l'abandonnant à elle-même, que M. Stromeyer a fait cette découverte. Il a vu se former peu à peu, au sein de la dissolution, des cristaux durs qui étaient de véritable nitrate de strontiane. Au moyen de plusieurs cristallisations, il est même parveuu à séparer sensiblement tout le nitrate de strontiane : il lui suffisait ensuite de traiter celui-ci par l'alcool très-concentré pour enlever le nitrate de chaux adhérent aux cristaux. Le nitrate de strontiane étant insoluble dans l'alcool très-concentré et le nitrate de chaux y étant au contraire soluble, il serait encore possible de les isoler en évaporant la dissolution nitrique jusqu'à siccité et en traitant à plusieurs reprises le résidu par ce dissolvant. C'est aussi ce qu'a fait M. Stromeyer dans plusieurs circonstances. (*Voyez* le Mémoire de M. Stromeyer, Ann. de Chimie, t. 92, p. 254). Les expériences de M. Stromeyer ont été répétées par plusieurs chimistes, et notamment en France, par M. Laugier et par M. Vauquelin; tous ont trouvé de la strontiane dans l'arragonite, ainsi que l'avait annoncé M. Stromeyer : l'existence de la strontiane dans ce sel est donc parfaitement constatée.

Sur l'Acide urique.

2248. En mêlant l'acide urique avec 20 fois son poids de deutoxide de cuivre, introduisant le mélange dans un tube de verre fermé par un bout, recouvrant l'acide et l'oxide d'une colonne de limaille de cuivre, chauffant cette colonne au rouge, et portant ensuite successivement toutes les parties du mélange à cette même température, M. Gay-Lussac a obtenu pour produits gazeux de l'acide carbonique et de l'azote dans le rapport de 69 à 31. Il ne doute pas que si dans cette expérience il ne se fût formé un peu de carbonate d'ammoniaque, le rapport de l'acide à l'azote eût été de 2 à 1; et il en conclut que dans l'acide urique le carbone est à l'azote comme 2 à 1 en volume, ainsi que dans le cyanogène. (Annales de Chimie, t. 95, p. 53). (*Voyez* la densité de la vapeur de carbone, 2223).

Sur le Sucre de diabètes.

2249. De l'urine d'un diabétique, M. Chevreul a retiré du sucre entièrement semblable à celui de raisin. (Ann. de Chimie, t. 95, p. 319).

Sur l'Inuline.

2250. M. Gauthier Claubry a répété les expériences de Rose sur l'inuline, et en a fait de nouvelles. Il nous semble maintenant, avec M. Gauthier, que cette substance que nous avons placée parmi celles dont l'existence est douteuse, doit être regardée comme distincte de toutes les autres.

Sur la décomposition de plusieurs sels et de plusieurs oxides par le sucre.

2251. M. Vogel a observé qu'en faisant bouillir une dissolution de sucre avec les oxides ou les sels à bases d'oxides, faciles à réduire, l'oxide était ramené à un moindre degré d'oxidation ou même complétement désoxigéné : effet dû sans doute à l'action des principes combustibles du sucre sur l'oxigène de ces différens corps. (Ann. de Chimie, t. 95, p. 294).

Sur la proportion des principes constituans des oxides de cérium.

2252. Suivant M. Hisinger, le protoxide de cérium est formé de 100 de métal et de 17,41 d'oxigène, et le deutoxide de 100 de métal et de 26,115 d'oxigène. (Ann. de Chimie, t. 94, p. 108).

Sur la purification des oxides de titane et de cérium.

2253. Il est difficile d'obtenir l'oxide de titane exempt de fer par les procédés qui ont été suivis jusqu'à présent. M. Laugier vient d'en faire connaître un qui lui a bien réussi ; il consiste à verser de l'acide oxalique dans la dissolution de muriate de titane ordinaire ; il en résulte un précipité d'oxalate pur de titane dont on retire l'oxide par la calcination.

L'acide oxalique est aussi très-propre, d'après le même chimiste, à séparer l'oxide de fer de l'oxide de cérium. Lorsque ces deux oxides se trouvent mêlés, il suffit de les faire bouillir avec un excès d'acide oxalique pour dissoudre tout le fer : tout l'oxide de cérium reste au contraire sous forme de poudre blanche en combinaison avec l'acide oxalique, de sorte que la séparation des deux oxides est complète. On retire d'ailleurs l'oxide de cérium par la calcination de l'oxalate, de même que l'oxide de titane. (Ann. de Chimie, t. 89, p. 306).

Sur une Echelle synoptique des équivalens chimiques, par M. Wollaston.

2254. Nous ne croyons pouvoir mieux faire, pour donner une idée précise de ce que M. Wollaston entend par équivalens chimiques, que de citer quelques passages de la traduction de son Mémoire par M. Descotlis. (Journal des Mines, n° 218.

Lorsqu'un chimiste doit soumettre une substance saline à un examen analytique, les questions qui se présentent à résoudre, sont si nombreuses et si variées, que rarement il sera disposé à entreprendre par lui-même la suite d'expériences nécessaires au genre de recherches qu'il aura entreprises, tant qu'il pourra se fier sur les travaux de ceux qui l'ont précédé dans la même carrière.

Si, par exemple, le sel soumis à l'analyse est le vitriol bleu ordinaire ou sulfate de cuivre cristallisé, les premières questions qui se présentent sont celles-ci : Combien contient-il d'acide sulfurique ? combien d'oxide de cuivre ? combien d'eau ? On peut ne pas être satisfait de ces premières données, et l'on peut désirer encore de connaître les quantités de soufre, de cuivre, d'oxigène, d'hydrogène. Pour arriver à cette détermination, il est naturel de considérer les quantités des divers réactifs qui peuvent être employés pour découvrir la proportion d'acide sulfurique, et de s'assurer combien il faut de baryte, de carbonate de baryte ou de nitrate de baryte, ou combien on emploiera de plomb sous la forme de nitrate ; et lorsque les précipités de sulfate de baryte et de sulfate de plomb seront obtenus, il devient nécessaire de connaître aussi la proportion d'acide sulfurique sec qu'ils contiennent respectivement. On peut encore chercher à confirmer ces résultats en déterminant les quantités de potasse pure ou de carbonate de potasse, nécessaires pour la précipitation du cuivre. On peut enfin faire usage, dans le même but, du zinc ou du fer ; et il peut devenir utile alors de connaître les quantités de sulfate de zinc ou de sulfate de fer qui restent dans la dissolution.

Ces questions, et beaucoup d'autres du même genre, qu'il serait ennuyeux de spécifier et inutile d'énumérer, fatiguent l'esprit et prennent beaucoup de temps aux chimistes expérimentateurs, à moins qu'ils ne puissent avoir recours à quelques analyses antérieures auxquelles ils puissent se fier.

L'échelle que je vais décrire est destinée à résoudre, par la seule inspection, toutes ces questions par rapport à plusieurs des sels contenus dans la table, non-seulement en exprimant numériquement les proportions qui peuvent servir à obtenir par le calcul la solution désirée, mais en indiquant directement les poids précis des divers principes contenus dans un poids donné d'un sel que l'on examine, ainsi que les quantités des divers réactifs nécessaires pour son analye et celles des précipités que chacun d'eux produirait. Pour former cette échelle, il faut d'abord déterminer les proportions dans lesquelles les différens corps connus de la chimie s'unissent entre eux, et exprimer ces proportions en de tels termes, que la même substance soit toujours représentée par le même nombre.

C'est à Richter que nous devons ce mode d'expression; c'est encore lui qui a le premier observé la loi des proportions constantes sur lesquelles est fondée la possibilité de ces représentations numériques, etc., etc. . . . . .

. . . .

Suivant la théorie de M. Dalton, qui semble le mieux rendre raison des faits, la combinaison chimique à l'état de neutralisation provient de l'union d'un seul atome de chacune des substances combinées; et dans le cas où l'un des ingrédiens est en excès, alors deux ou plusieurs atomes de celui-ci sont unis à un atome seulement de l'autre substance.

D'après ces vues, lorsque nous estimons les poids relatifs des équivalens, M. Dalton conçoit que nous estimons les poids réunis d'un nombre donné d'atomes, et conséquemment la proportion qui existe entre les dernières molécules de chacun de ces corps. Mais, comme il est impossible en plusieurs circonstances (lorsque l'on ne connaît que deux combinaisons des mêmes substances) de savoir laquelle des combinaisons doit être considérée comme composée d'une paire d'atomes simples, et que la décision de cette question n'intéresse que la théorie, qu'elle n'est point du tout nécessaire à la formation d'une table destinée aux usages de la pratique, je n'ai point cherché à faire cadrer mes nombres avec la théorie atomistique; mais j'ai eu pour but de la rendre usuelle, et j'ai considéré la doctrine des multiples simples, sur laquelle est fondée la théorie atomistique, seulement comme un moyen de déterminer par la simple division celles des quantités qui sont sujettes à s'éloigner de la loi de Richter.

Voulant calculer, il y a quelque temps, pour mon usage particulier une série d'atomes supposés, je pris l'oxigène comme unité décimale de mon échelle, afin de faciliter l'évaluation des nombreuses combinaisons qu'il forme avec les autres corps; mais, quoique dans la présente table des équivalens, j'aie conservé la même unité, et que j'aie pris soin de rendre l'oxigèue également saillant, tant pour les raisons que je viens d'indiquer, que pour son influence sur les affinités des corps par les diverses proportions dans lesquelles il s'unit à eux, néanmoins la mesure réelle, à l'aide de laquelle les corps sont comparés entr'eux dans les expériences que j'ai faites, et qui m'ont servi à trouver les équivalens, est une quantité déterminée de carbonate de chaux: c'est un composé qui peut être considéré comme l'un des plus certainement neutres. Il est très-aisé de l'obtenir dans un état de pureté uniforme, très-aisé à analyser comme composé binaire. C'est la mesure la plus convenable du pouvoir des acides, et il fournit l'expression la plus nette pour la comparaison du pouvoir neutralisant des alcalis.

La première question à résoudre est donc celle du nombre par lequel on doit exprimer le poids relatif de l'acide carbonique, si l'oxigène est représenté par 10. Il semble bien prouvé qu'une quantité déterminée d'oxigène donne exactement un volume égal d'acide carbonique en s'unissant avec le carbone: et comme la pesanteur spécifique de ces gaz est comme 10 à 13,77, ou comme 20 est à 27,54, le poids du carbone peut être exactement représenté par 7,54, qui, dans cet exemple, combiné avec 2 d'oxigène, forme le deutoxide; l'oxide de carbone formant le protoxide, sera représenté par 17,54.

L'acide carbonique étant donc indiqué par 27,54, il résulte de l'analyse du carbonate de chaux, qui par la chaleur perd 43,7 pour cent d'acide, et laisse 56,3 de base, que ces deux corps sont combinés dans la proportion de 27,54 à 35,46; et conséquemment que la chaux doit être représentée par 35,46, et le carbonate de chaux par 63.

Si nous continuons la série dans le but d'estimer la confiance que l'on doit avoir dans les précédentes analyses, nous pourrons dissoudre 63 de carbonate de chaux dans l'acide muriatique; et, en évaporant jusqu'à siccité parfaite, nous obtiendrons environ 69,56 de muriate de chaux; et, en déduisant le poids de la chaux 35,46, nous aurons pour différence 34,1, qui doit être considéré comme exprimant la quantité de l'acide muriatique sec.

Mais puisque nous savons maintenant, par la brillante découverte de M. H. Davy, que la chaux est un corps métallique uni à l'oxigène, ce sel peut aussi être considéré, sous un autre point de vue, comme un composé binaire, c'est-à-dire, un oxi-muriate de calcium. Dans ce cas, nous devons transporter le poids de 10 d'oxigène à l'acide muriatique, faisant en tout 44,1 d'acide oxi-muriatique combiné avec 25,46 de calcium; ou enfin, si nous le regardons, avec ce même illustre chimiste, comme un chlorure de calcium, sa valeur dans l'échelle des équivalens sera toujours 69,56, et la portion de matière ajoutée ici au calcium, soit qu'elle retienne son dernier nom d'acide oxi-muriatique, soit qu'on lui restitue son ancienne dénomination d'acide marin déphlogistiqué, ou qu'on lui assigne définitivement celle de chlore, elle sera toujours exactement représentée par 44,1, nombre qui n'exprime qu'un fait sans relation à aucune théorie, et qui donne le moyen d'évaluer les proportions des composans dans toute combinaison muriatique, sans qu'il soit nécessaire d'entrer dans aucune discussion sur leur nature simple ou composée, question qui n'est encore résolue par aucun argument concluant.

Nous pouvons par le même moyen assigner aux muriates de potasse et de soude leur place dans l'échelle des équivalens, et les poids relatifs de potasse et de soude purs peuvent être déterminés peut-être avec plus d'exactitude par le moyen de ces composés que par aucun autre, par la raison qu'ils ne sont pas susceptibles d'un excès d'acidité, et qu'ils ne sont pas décomposés par la chaleur.

Si à une quantité d'acide muriatique, que je sais par une expérience préliminaire être capable de dissoudre 100 parties de carbonate de chaux, j'ajoute 100 grains de carbonate de potasse cristallisé, et qu'après l'addition je trouve qu'il ne dissout plus que 49,8 de carbonate de chaux, j'infère de là que 100 de ce carbonate équivalent à 50,2 de carbonate de chaux, et conséquemment que 125,5 sont l'équivalent de 63 dans la table.

Ensuite si je combine 125,5 de carbonate de potasse cristallisé avec un excès d'acide muriatique, et que j'évapore à siccité, je chasserai toute l'eau avec l'excès d'acide, et je trouverai 93,2 de sel neutre. Soit que je l'appelle muriate de potasse, chlorure de potassium, ou de tout autre nom, dans une vue quelconque, j'en puis soustraire 34,1 pour l'acide sec (réel ou imaginaire), et j'en conclus que la valeur de la potasse sera 59,1 qui contiendra seulement 49,1 de potassium, qui exige pour se convertir en potasse 10 d'oxigène.

La question qui se présente ensuite est relative à la composition du carbonate de potasse cristallisé, que j'ai proposé d'appeler bicarbonate de potasse, pour indiquer d'une manière plus précise la différence qui existe entre ce sel et celui que l'on appelle communément sous-carbonate, et pour rappeler en même temps la double dose d'acide carbonique qui y est contenu. Il devient nécessaire, même quand on le compare au carbonate de chaux, de le considérer comme un sur-carbonate; car, si nous ajoutons une solution de ce sel à une dissolution neutre de muriate de chaux, il se produit une effervescence considérable provenant de l'acide carbonique qui excède la quantité nécessaire pour la saturation de la chaux. Si on sature 125,5 de ce sel avec l'acide nitrique, en prenant les précautions convenables pour ne laisser perdre aucune portion du liquide avec le gaz qui se dégage, la perte est d'environ 55 d'acide carbonique, ce qui est le double de 27,5 : mais si avant la saturation on a chauffé le sel à une chaleur rouge faible, il perd 38,8, savoir, 27,5 d'acide carbonique et 11,3 d'eau; après quoi l'addition d'un acide chasse seulement 27,5, ou une proportion simple d'acide carbonique.

Dans cette expérience j'ai fait usage d'acide nitrique, afin que le résultat pût me guider dans le choix à faire entre les évaluations antérieures, qui sont extrêmement discordantes par rapport à l'équivalent de cet acide. La proportion de nitrate de potasse que j'ai obtenue en évaporant une dissolution par la chaleur, au point seulement nécessaire pour fondre le résidu, donne au minimum, en trois expériences, 126 pour l'équivalent du nitrate de potasse, duquel si nous déduisons 59,1 de potasse, il restera 66,9 pour l'équivalent apparent de l'acide nitrique sec; conséquemment je ne balance en aucune manière à préférer l'évaluation résultante de l'analyse du nitrate de potasse par Richter, qui donne 67,45; en en soustrayant une portion d'azote, il reste

49,91, quantité si voisine de cinq parties d'oxigène, que je crois devoir admettre les quantités suivantes, 17,54+50 ou 67,54.

Par cette esquisse de la méthode à employer par de pareilles recherches, quand il est nécessaire de faire quelques expériences originales, l'on comprendra pleinement ce que l'on doit entendre par équivalens, et de quelle manière la série peut être continuée, etc., etc. .

....

....

Afin d'indiquer plus clairement l'usage de l'échelle, la planche présente deux situations différentes du *curseur*. Dans l'une l'oxigène est 10, et les autres corps sont, par rapport à lui, dans la proportion convenable; de sorte que, par exemple, l'acide carbonique étant 27,54, et la chaux 35,46, le carbonate de chaux correspond à 63.

Dans la seconde figure, le curseur est représenté tiré par le haut, jusqu'à ce que le nombre 100 corresponde au muriate de soude, et l'échelle indique alors combien il faut de chacune des autres substances pour correspondre à 100 de sel marin (*a*). (*Voyez* la traduction du Mémoire de M. Wollaston par M. Descotils, et l'échelle qui l'accompagne, Journal des Mines, n° 218)

(*a*) Aux divisions de l'échelle correspondent les noms des différens corps.

Fin du Tome quatrième et dernier.

TABLE
DES MATIÈRES.

TROISIÈME PARTIE.

Page.

SECTION III.

CHAPITRE III.

SECTION Ire.

SECTION II.

SECTION III.

Page.

SECTION IV.

SECTION V.

SECTION VI.

CHAPITRE IV.

SECTION PREMIÈRE.

Page.

SECTION II.

SECTION III.

SECTION IV.

CHAPITRE V.

SECTION Ire.

SECTION II.

CHAPITRE VI.

CHAPITRE VII.

Page.

CHAPITRE VIII.

ADDITIONS.

FIN DE LA TABLE DU TOME QUATRIÈME.

TABLE GÉNÉRALE

DES MATIÈRES

PAR ORDRE ALPHABÉTIQUE.

(*Le chiffre romain indique le volume, et le chiffre arabe, la page.*)

A.

B.

C.

D.

E.

F.

G.

H.

I.

J.

K.

L.

M.

N.

O.

P.

Q.

R.

T.

U.

V.

Y.

Z.

Fin de la Table générale.

ERRATA.

Le Lecteur est prié de faire les corrections suivantes :

Page 9, ligne 17, *ajoutez* au nombre des gaz inflammables *l'azote carboné* ou *le cyanogène.*

P. 9, l. 28, *ajoutez*, après le mot protoxide d'azote, *oxide de carbone.*

P. 12, l. 11, art. 8° ; *lisez* art. 4°.

P. 22, l. 8, adification ; *lisez* acidification.

P. 33, l. 3, 0gr.,0272 ; *lisez* 0,01272.

P. 38, l. 22, d'acétate de plomb ; *lisez* d'acétate acide de plomb.

P. 47, aux 19 gaz composés dont il est question, il faut joindre maintenant l'azote carboné ou le cyanogène.

P. 56, après la 8e ligne et à l'alinéa, il faut ajouter : *Du sodium*, si elle n'est pas troublée par les dissolutions de sous carbonate de potasse ou de soude, et si elle l'est au contraire par celle de platine.

P. 63, l. 29, en vert-gazon ; *lisez* en rouge.

P. 85, l. 2 de la note, 3077 ; *lisez* 2077.

P. 98, l. 4 de la note, s ; *lisez* si.

P. 112, l. 25, 2095 ; *lisez* 2093.

P. 117, l. 15, 2097 ; *lisez* 2067.

P. 164, l. 31, après le mot soude, *ajoutez* l'hydro-sulfure de soude.

P. 165, l. 7, après le mot soude, *ajoutez* et l'hydro-sulfure de soude.

P. 167, l. 3, on le ; *lisez* on la.

P. 169, l. 6 acide borique ; *lisez* acide borique libre.

P. 178, l. 5, avant et après ; *lisez* avant d'y avoir mis et après.

P. 179, l. 31 et 32, GG', PP' ; *lisez* GG, PP.

P. 180, l. 1 et 2, CC', RZ' ; *lisze* FF, RZ.

P. 185, l. 25, qui est en excès. Dans ; *lisez* qui est en excès, dans.

P. 212, l. 1 de la note, 1220 ; *lisez* 1227.

P. 216, l. 2, de sel marin et d'hydro ; *lisez* de sel marin ou d'hydro.

P. 218, l. 7 et 8, hydriodique ; *lisez* hydro-chlorique.

P. 219, l. 8, hydriodique ; *lisez* hydro-chlorique.

P. 223, l. 17, t. 94 ; *lisez* t. 95.

P. 245, l. 27, t. 95 ; *lisez* t. 96.

DESCRIPTION,

PAR ORDRE ALPHABÉTIQUE,

Des Ustensiles et en général de tous les Agens mécaniques que l'on doit se procurer dans un laboratoire de chimie, accompagnée de leurs usages et de la manière de s'en servir.

Alambic. — Vase de cuivre ou de verre dont on se sert pour distiller les liquides et les substances volatiles contenues dans quelques solides. Les alambics de cuivre sont presque les seuls employés.

Planche première, fig. 1, 2, 3, pièces qui composent les alambics de cuivre.

Fig. 1re. A, espèce de chaudière en cuivre étamé, appelée cucurbite, destinée à contenir les matières à distiller.

E, ouverture ou tubulure latérale servant à introduire les liquides dans la cucurbite A.

FF, rebord de la cucurbite.

GG et CC, anses et gorge de la cucurbite.

Fig. 2. P, couvercle creux en étain appelé chapiteau, portant latéralement un tuyau conique gg, légèrement incliné, qui reçoit le nom de bec.

bb, partie inférieure du chapiteau, s'emboîtant dans la gorge CC de la cucurbite.

ee, ff, portion du chapiteau, creuse extérieurement, que l'on remplit d'un corps peu conducteur du calorique, par exemple de charbon pilé, pour empêcher que les vapeurs ne se condensent dans cette partie, et ne retombent dans la cucurbite.

I, ouverture servant à introduire les liquides dans l'intérieur de l'alambic, lorsqu'on distille au bain-marie.

H, anse du chapiteau.

Fig. 3. Serpentin composé d'un seau en cuivre étamé SS, et d'un tuyau CC′C″ en étain, contourné en spirale, et fixé dans le seau SS au moyen de trois montans en cuivre étamé MM, etc.

C, extrémité du tuyau CC′C″, s'adaptant au bec gg du chapiteau P.

d, robinet servant à vider l'eau contenue dans le seau SS.

LL, anses du serpentin.

Lorsqu'on veut se servir de l'alambic pour distiller un liquide, par exemple de l'eau, on dispose la cucurbite A, *fig.* 1re, dans un fourneau à cheminée latérale, de telle sorte qu'elle y soit enfoncée jusqu'à son rebord FF; on la remplit environ jusqu'aux trois quarts d'eau ordinaire, et on y ajuste le chapiteau P, *fig.* 2; ensuite on fait rendre le bec gg du chapiteau dans l'extrémité supérieure C du tuyau CC′C″ du serpentin, *fig.* 3, et l'on reçoit l'extrémité C″ du même tuyau dans un récipient de verre, de porcelaine ou de grès, destiné à contenir l'eau distillée.

L'appareil étant ainsi disposé, on ferme avec un bouchon de liége les ouvertures E de la cucurbite et I du chapiteau; on remplit d'eau froide le seau SS du serpentin, et l'on fait du feu sous la cucurbite; l'eau ne tarde point à entrer en ébullition; les vapeurs aqueuses se rendent d'abord dans le bec gg du chapiteau, et de là dans le tuyau CC'C'', où elles se condensent par l'effet de l'eau froide contenue dans le serpentin; l'eau condensée vient se rassembler dans le récipient destiné à la recevoir, tandis que les matières fixes restent au fond de la cucurbite A.

Il est essentiel d'entretenir l'eau du serpentin constamment froide pendant l'opération, pour condenser entièrement les vapeurs. L'on doit aussi, après s'être servi quelque temps d'un alambic, avoir l'attention d'enlever le dépôt qui s'est formé au fond de la cucurbite; autrement celle-ci ne tarderait point à se trouer.

La distillation des substances que l'on ne doit soumettre qu'à un degré de chaleur inférieur à celui de l'eau bouillante, et en général la distillation des liquides très-volatils, s'opère souvent au moyen de l'alambic précédent, auquel on adapte un vase cylindrique d'étain, *fig.* 4, portant deux anses CC, et qu'on nomme bain-marie. On dispose à cet effet dans un fourneau, comme nous venons de le dire, la cucurbite A, *fig.* 1; on y fait entrer jusqu'à son rebord EE le bain-marie, *fig.* 4, contenant la matière à distiller; on recouvre ce bain-marie du chapiteau P, auquel on adapte le serpentin, et on met de l'eau dans la cucurbite par l'ouverture E; on opère du reste à la manière ordinaire : il faut avoir soin de remettre de l'eau dans la cucurbite à mesure qu'elle s'évapore, et ne point fermer entièrement l'ouverture E, afin de laisser une issue à la vapeur.

La forme de l'alambic de cuivre que l'on vient de décrire diffère beaucoup de celle des anciens alambics : dans ceux-ci, le chapiteau était conique, entouré d'un réservoir d'eau froide, et terminé inférieurement par une gouttière qui recevait le liquide condensé, lequel se rendait, au moyen d'un bec, dans le serpentin, et de là dans le récipient.

Cette forme était, comme l'on voit, très-vicieuse, parce qu'une partie de l'eau condensée dans la partie supérieure du chapiteau, retombait dans la cucurbite, et occasionnait une perte considérable de temps et de combustible; aujourd'hui ces sortes d'alambics ne sont presque plus employées.

Alambic de verre. — Les alambics de verre diffèrent beaucoup, par la forme, des alambics de cuivre; ils sont formés de deux parties, de la cucurbite A et du chapiteau C, lequel est terminé par une rigole DD, qui se rend dans un bec E, *pl.* 1, *fig.* 5. Tantôt le chapiteau et la cucurbite sont d'une seule pièce; dans ce cas, le chapiteau porte une ouverture H par laquelle on introduit la substance à distiller, et que l'on bouche ensuite: tantôt ils sont de deux pièces; alors le chapiteau C ne porte point d'ouverture supérieure, et s'adapte à la cucurbite (voyez *fig.* 6).

Les alambics de verre s'emploient ordinairement au bain de sable. Le liquide porté au degré de l'ébullition dans la cucurbite A, *fig.* 5 et 6, vient se condenser contre les parois du chapiteau C, se rassemble dans la rigole DD qui le termine, et de là se rend par le bec E dans un récipient.

Alonge.—Espèce de cône tronqué, renflé vers sa partie moyenne, *pl.* 1, *fig.* 7. On l'emploie pour éloigner le récipient du feu. Pour cela, on adapte l'extrémité A de l'alonge au col du vase distillatoire, et on fait rendre l'extrémité B dans le récipient (voyez *pl.* 27). Les alonges de verre sont celles dont on fait le plus d'usage;

on emploie rarement des alonges de grès ou de cuivre. Quelquefois l'alonge est recourbée à son extrémité, *fig.* 8.

Bain de sable. — Vase en fer, en fonte ou en terre, en partie rempli de sable. On s'en sert, dans quelques circonstances, pour garantir les vases de verre de l'action immédiate du feu, ou bien pour leur servir de support. A cet effet, on place le bain de sable sur un fourneau, et on dispose les vases dans ce bain de manière qu'ils soient entourés de sable jusqu'à une certaine hauteur. Autrefois on faisait un fréquent usage du bain de sable; aujourd'hui, on ne l'emploie que rarement. Presque toutes les opérations que l'on faisait au bain de sable, se font à feu nu, c'est-à-dire, en exposant directement le vase à l'action du feu.

Bain-marie. — La description en a été donnée, article *Alambic.*

Balance. — On doit avoir dans un laboratoire deux ou trois balances communes assorties, la première pouvant peser seulement 30 à 40 grammes, la deuxième 1 ou 2 hectogrammes, et la troisième jusqu'à 7 ou 8 kilogrammes; il suffit que cette dernière soit sensible à 4 ou 5 décigrammes, mais la première doit l'être au moins à 1 centigramme. On doit avoir, en outre, une balance spécialement destinée aux expériences de recherches, et sensible à 1 et même à un demi-milligramme; il faut qu'elle puisse peser jusqu'à 7 à 8 hectogrammes. Cette balance doit être enfermée dans une cage de verre où elle repose sur un fond en bois. La face antérieure de cette cage s'élève dans une coulisse où des ressorts d'acier la tiennent en suspension à toutes les hauteurs où on veut la fixer. Outre les usages ordinaires, cette balance sert encore à peser les corps dans l'eau distillée, pour déterminer leur pesanteur spécifique : c'est pourquoi on lui donne le nom de balance hydrostatique. Les corps qu'on veut peser de cette manière sont suspendus à un fil qui passe par un trou pratiqué dans le fond de la cage, au-dessous d'un des bassins de la balance. Ce bassin est muni d'un crochet où l'on attache le fil.

L'on doit tenir ces diverses balances, et, surtout la dernière, éloignées le plus possible des vapeurs acides et de l'humidité, pour les conserver.

Ballon. — Vase de verre rond, dont le col est court et cylindrique, *pl.* 2, *fig.* 1. Quelquefois, outre l'ouverture ordinaire du ballon, on y pratique d'autres ouvertures qu'on appelle tubulures (*voy. fig.* 2 et 3, des ballons à une et à deux tubulures). Leur grandeur varie depuis un demi-litre jusqu'à 16 et 18 litres.

Les ballons sont employés pour la préparation de plusieurs gaz ; ils servent de récipiens dans les distillations, etc.

Ballon à robinet. — *Pl.* 2, *fig.* 4. Ce ballon n'est autre chose qu'un ballon ordinaire dont le col est muni d'une virole bb sur laquelle se visse la tige creuse ee du robinet c. On se sert principalement de ce ballon pour peser les gaz. Voyez 1er vol., p. 176.

Baromètre. — Instrument dont on se sert pour mesurer la pression de l'atmosphère. Celui qu'on emploie pour les usages ordinaires, se construit de la manière suivante : On prend un tube de verre ou de cristal d'environ 0^{m},90 de hauteur, et de 0^{m},008 au moins de diamètre intérieur ; on le ferme à la lampe par l'une de ses extrémités, et l'on donne à l'autre la forme de la taille d'une plume à écrire ou d'une cuiller ; on chasse l'humidité qu'il pourrait contenir, en le chauffant et renouvelant l'air au moyen d'un soufflet adapté à un tube de verre plongeant dans son intérieur ; le tube étant bien sec, on le remplit de mercure pur à l'aide d'un petit entonnoir et on y fait bouillir le mercure ; pour cela on l'incline légèrement et on tient l'extrémité fermée au-dessus d'un fourneau contenant quelques charbons allumés ; on le tourne en différens sens, afin d'exposer tous les points de sa surface à l'action du feu.

Le mercure contenu dans cette partie du tube ne tarde point à bouillir ; on chauffe alors, et on porte successivement au degré de l'ébullition les portions de mercure qui se trouvent immédiatement au-dessus de celles qui ont déjà bouilli, et l'on continue ainsi à chauffer jusqu'à ce que l'on soit arrivé à l'extrémité supérieure, en ayant soin de placer au-dessous de cette extrémité un vase pour recevoir le mercure que l'ébullition fait sortir du tube.

Lorsque l'on a fait bouillir tout le mercure, on achève de remplir le tube avec du mercure bouilli d'avance ; d'une autre part, on remplit presqu'en totalité, de mercure également bouilli, un réservoir ou cuvette de verre dont l'ouverture est étroite et la partie moyenne très-large. On incline l'extrémité ouverte du tube vers la cuvette, et on l'introduit promptement dans cette cuvette, pour qu'il ne se glisse point de bulles d'air dans le tube.

On fixe alors le tube et la cuvette sur une planche placée verticalement et divisée en centimètres. Pour opérer cette division, on prend pour point de départ le niveau du mercure dans la cuvette, et l'on marque seulement la partie de l'échelle correspondante aux variations du baromètre, partie qui se trouve entre 70 et 80 centimètres.

Si l'on considère avec attention la construction de ce baromètre, on voit qu'il n'indique point rigoureusement la pression de l'atmosphère; en effet, comme cette pression varie, il s'en suit que le mercure s'élève plus ou moins dans le tube, et doit conséquemment faire varier le niveau du mercure dans la cuvette; si, par exemple, l'air devient plus pesant, le mercure s'élève dans le tube, et s'abaisse dans la cuvette, parce qu'une petite portion du mercure contenu dans celle-ci passe dans celui-là. Si l'air devient au contraire plus léger, le mercure s'abaisse dans le tube et s'élève dans la cuvette.

Ce baromètre ne pourrait donc point servir pour des expériences rigoureuses; c'est pourquoi il est nécessaire d'en avoir un dont on puisse rendre à volonté le niveau constant. On voit, *pl.* 20, *fig.* 4, un baromètre de ce genre.

CCCC, planche du baromètre creusée longitudinalement dans son milieu, et présentant vers sa partie inférieure une cavité demi-cylindrique, qui est destinée à recevoir en partie la cuvette cylindrique GG du baromètre, composée de plusieurs pièces dont on voit le détail *fig.* 5.

AA′, tube de verre fermé à la lampe en A, rempli de mercure jusqu'en M, et plongeant par son extrémité ouverte A′ dans le mercure de la cuvette GG.

HH, attaches au moyen desquelles le tube AA′ est fixé dans la rainure longitudinale de la planche CCCC.

FF, bande de cuivre demi-circulaire s'attachant par

des appendices latérales sur la planche en zzzz, et servant à maintenir la cuvette dans sa cavité.

PP′, vis servant à comprimer le fond de la cuvette.

LL, portion de la planche du baromètre, garnie d'une feuille de laiton ou d'argent, sur laquelle on a tracé les divisions qui indiquent la hauteur M du mercure dans le tube AA′.

N, *nonius* ou *index*, donnant avec beaucoup de précisions les petites fractions des nombres auxquels correspond la hauteur M du mercure.

Fig. 5. Coupe verticale de la cuvette et de la partie inférieure du tube AA′, vues plus en grand.

MM, cylindre creux de bois portant extérieurement une gorge NN, et garni à sa partie supérieure d'un pas de vis OO.

L′L′, cylindre creux également en bois, portant inférieurement un écrou qui reçoit le pas de vis OO.

RR, sac conique de peau, sans fond, ficelé supérieurement autour de la gorge NN, et inférieurement autour du bouchon ou tampon de bois X.

S, cavité pratiquée dans le bouchon X.

D′D′, virole en cuivre mastiquée au cylindre L′L′, et portant extérieurement un pas de vis.

KKK′K′, cylindre de cuivre garni d'un fond en cuivre K′K′, au milieu duquel on a pratiqué un écrou, et se vissant en KK au moyen d'un second écrou, sur le pas de vis extérieur de la virole D′D′.

PP′, vis se mouvant dans l'écrou du fond K′K′ du cylindre KKK′K′; l'extrémité P′ de cette vis entre dans la cavité S du bouchon X, de telle sorte qu'en faisant tourner la vis, on peut élever ou abaisser le bouchon X.

BBB′B′, cylindre de verre ouvert des deux côtés, s'appliquant inférieurement sur le cylindre L′L′, et mastiqué en B′B′ à la virole D′D′; ce cylindre de verre est destiné à laisser voir la hauteur EE du mercure dans la cuvette.

UULL, cylindre de bois portant une gorge UU à sa partie supérieure, et s'ajustant en BB à la partie supérieure du cylindre de verre.

DDDD, virole en cuivre mastiquée au cylindre de verre en BB.

Les cylindres de bois UULL et L′L′ sont destinés à empêcher le contact du mercure avec le cuivre.

II′, tige d'ivoire fixée à la virole DDDD, et touchant par sa pointe I′ la surface EE du mercure de la cuvette.

TT, sac conique de peau sans fond, ficelé par une extrémité autour de la gorge UU, et par l'autre autour du tube AA′ en V.

D'après la description que nous venons de donner de ce baromètre, qui a reçu le nom de baromètre à niveau constant, il sera facile de comprendre comment on procède à sa construction.

On prend un tube de verre AA′, d'environ $0^m,90$ de hauteur, et de $0^m,008$ millimètres au moins de diamètre intérieur; on le ferme à la lampe par son extrémité A, et on rétrécit à la lampe son extrémité A′, comme on le voit *fig.* 5. Le tube étant bien sec, on le remplit de mercure pur que l'on fait bouillir comme on l'a dit plus haut. Lorsque l'on a fait bouillir tout le mercure, on ficelle autour de ce tube en V, *fig.* 5, une des extrémités du sac conique de peau TT; cette opération faite, on engage la portion UUL'L' de la cuvette dans l'extrémité A', de manière que cette extrémité corresponde à peu près à la virole D'D' : alors on relève l'extrémité inférieure du sac TT, et on la fixe solidement autour de la gorge UU du cylindre UULL; la capacité UULL se trouvant fermée inférieurement par le sac TT, on y verse du mercure bouilli d'avance jusqu'à ce que l'extrémité A' du tube en soit recouverte de plusieurs centimètres; ensuite on fait entrer le pas de vis OO du cylindre MM dans l'écrou du cylindre L'L'; on visse le cylindre KKK'K' au pas de vis extérieur de la virole D'D', et en même temps l'on tourne la vis PP' de manière à comprimer le bouchon X et à laisser le moins d'air possible dans la cuvette; on retourne alors le tube, et on le place sur la planche CCCC posée verticalement, *fig.* 4; on assujettit la cuvette GG au moyen de la bande de cuivre FF dans la cavité qui lui est destinée, et on fixe le tube AA' dans la rainure longitudinale de la planche au moyen des attaches HH.

La planche CCCC porte en même temps un thermomètre servant à indiquer la température du mercure et les corrections qu'elle nécessite, en raison de la dilatation plus ou moins grande que le mercure éprouve (113 en note).

Il est évident qu'à l'aide de la tige d'ivoire II' et du fond mobile de la boîte GG, *fig.* 5, on pourra toujours ramener à un point fixe le niveau EE du mercure dans la cuvette. En effet, toutes les fois que ce niveau s'élèvera ou s'abaissera, suivant les variations qui arriveront dans le tube AA', on en sera averti par la tige II', qui, dans le premier cas, plongera dans le mercure, et, dans le second, s'en éloignera. Il faudra donc, toutes les fois que l'on voudra se servir de ce baromètre, observer avec beaucoup de soin la tige II'; et si la pointe I' ne touchait pas exactement la surface du mercure, il faudrait tourner la vis PP', pour élever ou abaisser le bouchon X, de manière que la pointe I' vînt toucher son image réfléchie par la surface EE du mercure.

On pourra très-facilement rendre ce baromètre portatif, en enveloppant le tube AA' d'un tube de cuivre qu'on visse à la virole DDDD de la cuvette : on le transporte dans un pied en bois composé de trois pièces triangulaires creusées intérieurement dans leur longueur, et formant, lorsqu'elles sont réunies, la cavité dans laquelle il doit être renfermé. C'est au moyen de ce pied qu'on le suspend dans les observations : les trois pièces dont ce pied est formé peuvent s'écarter comme les branches d'un compas ; on les fixe sur le sol par des tringles transversales, de manière qu'il en résulte une sorte de trépied au haut duquel le baromètre peut être facilement suspendu.

On trace les divisions sur le tube en cuivre, et on pratique une rainure longitudinale sur deux faces opposées de ce tube, afin qu'on puisse observer la hauteur du mercure.

Bassine. — Vaisseau évaporatoire, muni de deux anses. Les bassines sont en cuivre ou en argent, quelquefois en étain et en plomb. Leur grandeur varie beaucoup. Les plus employées sont en cuivre.

Bocal. — Vase cylindrique à large ouverture A, B, C, *pl.* 5, *fig.* 14; il y en a de verre, de cristal, de porcelaine et de faïence. Les uns sont à col droit A, B; les autres sont à col renversé C. Leur grandeur varie depuis un décilitre jusqu'à 6 et 8 litres. On s'en sert pour conserver les substances solides, tels que les sels, les matières végétales, animales, etc., etc.

Bouchon. — Cylindre de liége ou de cristal dont on se sert pour boucher les vases que l'on emploie ; leur grandeur varie suivant l'ouverture des flacons. On doit choisir les bouchons de liége bien sains et bien homogènes ; ceux qui sont criblés de petits trous et comme vermoulus, doivent être rejetés. Souvent il arrive que l'on a besoin de bouchons plus gros que ceux qu'on trouve dans le commerce : alors on se procure des planches de liége, dont on fait des bouchons de grosseur convenable. Souvent aussi l'on est obligé de percer les bouchons pour y introduire à frottement des tubes de verre. (Voy. Lime queue-de-rat, et Lime demi-ronde, pages 44 et 45.)

Calorimètre. (*Voy.* 1re vol., p. 72.)

Capsule. — *Pl.* 2, *fig.* 6. Demi-sphère ou segment de sphère creux, destiné à évaporer et à concentrer les liquides : il y en a de métal, de porcelaine et de verre ; leur grandeur varie beaucoup ; il en est qui contiennent depuis un demi-décilitre jusqu'à 8 et même dix litres ; quelquefois leur fond, au lieu d'être arrondi, est plat. Les capsules de verre sont rarement employées, à cause de leur fragilité ; on peut les faire soi-même au moyen d'un anneau de fer qu'on fait rougir, et qu'on applique sur le fond d'un matras : lorsque l'on juge que le verre a été suffisamment échauffé par l'anneau de fer, on jette quelques gouttes d'eau dessus, et le matras se casse ordinairement à l'endroit où était appliqué le fer rouge.

Casseroles. — On doit en avoir une en argent, et 3 à 4 en cuivre de diverses grandeurs.

Chalumeau. — Cylindre creux de verre abd, *pl.* 2, *fig.* 5, courbé en b et renflé en boule. Cette boule est terminée par un petit tube conique dont l'ouverture est très-étroite. Cet instrument est destiné à porter un courant d'air sur la flamme d'une chandelle ou bougie, pour la diriger sur un petit fragment de matière que l'on se propose d'examiner.

Le verre n'est pas la seule substance que l'on emploie pour faire le chalumeau ; on en fait aussi en argent et en cuivre jaune ou laiton.

Celui dont on se sert le plus ordinairement est en cuivre jaune. Cette espèce de chalumeau est composée de 4 parties (*pl.* 2, *fig.* 5 *bis*) : 1° d'un petit tuyau d'ivoire bb' aplati et légèrement évasé en b ; 2° d'un tube de cuivre jaune aa' appelé manche, dont l'extrémité a reçoit à frottement l'extrémité b' du tuyau de verre bb' ; 3° d'une cavité cylindrique appelée réservoir, auquel on a soudé un petit tube d qui doit recevoir à frottement l'extrémité a' du tube aa' ; 4° enfin, d'un petit ajutage conique f entrant à frottement dans le tuyau e et soudé au réservoir c.

Lorsqu'on veut se servir du chalumeau, on saisit avec la bouche l'extrémité b du tuyau de cuivre ; on dirige l'extrémité f sur la flamme de la bougie, de manière que l'air que l'on insuffle par le tube ef porte la pointe de la flamme sur le corps que l'on soumet à l'expérience. On dispose pour cela le corps sur un support ordinairement de charbon, quelquefois de platine ou d'argent : avec un peu d'habitude, on parvient facilement à souffler au chalumeau pendant dix à douze minutes : pendant tout ce temps, on respire seulement par le nez.

Chaudières. — Celles dont on se sert dans les laboratoires sont ordinairement en fonte. On doit en avoir deux ou trois de diverses grandeurs.

Cisailles. — Espèce de gros ciseaux dont on se sert pour couper par fragmens les métaux réduits en lames ou en fils.

Cloche. — Cylindre creux de verre ou de cristal (voy. *pl.* 2, *fig.* 8) ouvert seulement par sa base B, arrondi et terminé, à sa partie supérieure, par un bouton au moyen duquel on peut la lever facilement ; quelquefois les cloches portent deux ouvertures latérales, *fig.* 7. Il est nécessaire d'en avoir de différentes grandeurs : les cloches servent à recueillir les gaz, à les transvaser, à les mesurer, etc.

Cloche à robinet. — Cloche A, *pl.* 2, *fig.* 10, ouverte par la partie supérieure, et garnie, dans cette partie, d'une virole de cuivre bb et d'un robinet d. Cette cloche est employée particulièrement pour faire passer les gaz, soit dans un ballon (voy. t. 1, p. 176), soit dans une vessie, page 68, art. Vessie.

Cloche graduée. — Cloche divisée en un certain nombre de parties. Pour opérer cette division, on prend une cloche de cristal AB, *fig.* 8 ; on la remplit d'eau dans la cuve pneumato-chimique, et on la porte sur la tablette qui doit être bien horizontale ; ensuite on se procure un flacon à goulot étroit qui contienne exactement un décilitre d'eau. Si on ne trouvait pas un flacon qui eût précisément cette capacité, on en prendrait un un peu plus grand, et on y coulerait un peu de cire ou de résine, afin de rendre la capacité plus petite : ce flacon sert de jauge pour graduer la cloche; on fait passer, dans la cloche, l'air contenu dans ce flacon, et on marque avec de la cire à cacheter le point auquel est descendue l'eau; on continue cette opération jusqu'à ce que toute l'eau de la cloche ait été déplacée. Il est essentiel, pendant ce temps, que le flacon et la cloche soient maintenus à la même température, et que cette température ne diffère point de celle de la cuve : il faut éviter, pour cette raison, de mettre la main sur la cloche. Cette opération étant faite, ou trace sur la cloche elle-même ces divisions avec un diamant.

On se sert des cloches graduées pour mesurer les gaz. Celles dont nous venons de parler doivent être préférées aux cloches divisées en parties égales, parce qu'elles n'obligent à aucune correction pour la différence qui existe entre le niveau de l'eau de l'intérieur de la cloche et celui de l'eau de la cuve.

Cloche recourbée. — AB, *pl.* 2, *fig.* 12, cylindre creux de verre dont on courbe et dont on ferme ensuite l'extrémité A à la lampe. Ces cloches recourbées sont employées à faire un très-grand nombre d'expériences sur le mercure. On place les matières dans la partie courbe, et on les chauffe avec la lampe à esprit de vin.

Cornue. — Vase distillatoire, *pl.* 2, *fig.* 14, dont le col C est recourbé et fait un angle avec la partie inférieure A qui est renflée et arrondie par le fond. On distingue trois parties dans une cornue : la partie recourbée C porte le nom de col, la partie supérieure B s'appelle voûte, et la partie inférieure A prend le nom de ventre ou panse. Quelquefois la cornue porte une tubulure E, *fig.* 15, à sa partie supérieure. Cette tubulure est munie d'un bouchon de cristal ou de liége. On dit alors que la cornue est tubulée. Les cornues sont de verre, de grès, de porcelaine, et quelquefois de plomb, de fonte, d'argent ou de platine.

On se sert de cornues de métal principalement quand les matières que l'on soumet à l'action du feu peuvent attaquer le grès, la porcelaine ou le verre.

Couteau. — On doit en avoir un d'ivoire ou de corne pour enlever les précipités gélatineux de dessus les filtres.

Creuset. — Vase de forme triangulaire conique et quelquefois cylindrique A, B, C, *pl.* 2, *fig.* 18, dans lequel on soumet beaucoup de substances solides à l'action du feu. Il y a des creusets de terre et de métal. Les meilleurs creusets de terre nous viennent de Hesse; les creusets de métal sont ordinairement en argent ou en platine. Quelquefois on remplit les creusets d'un mélange de charbon pulvérisé et d'une petite quantité d'argile détrempée, et l'on pratique au milieu de cette masse cohérente une cavité. On appelle ces creusets *creusets brasqués.* Les creusets portent un couvercle de même forme et de même nature qu'eux.

Cuiller à projection. — Longue cuiller de fer employée pour calciner certaines substances, les retirer des vases qui les contiennent, ou les projeter dans des creusets rouges de feu. AA, *pl.* 2, *fig.* 17, cuiller vue de face. BB, cuiller vue de profil.

Cuve pneumatique. — Vaisseau en partie plein d'eau ou de mercure, dont on se sert pour recueillir et transvaser les gaz. Elle prend le nom de cuve hydropneumatique lorsqu'elle contient de l'eau, et de cuve hydrargiro-pneumatique lorsqu'elle contient du mercure. La cuve hydro-pneumatique est en bois doublé de plomb, tandis que l'autre est en pierre ou en marbre. On se sert de la première pour recueillir ou transvaser les gaz qui sont insolubles ou très-peu solubles dans l'eau, et de la deuxième pour recueillir ou transvaser les gaz qui sont très-solubles dans ce liquide.

Cuve hydro-pneumatique. — *Pl.* 3, *fig.* 3, vue perspective; *fig.* 2, plan; *fig.* 1, coupe.

Fig. 3. FF', caisse rectangulaire en bois doublé de plomb, soutenue par quatre pieds en bois BB, CC, DD, EE.

LGHI, table plus basse d'environ 0m,15 que les bords supérieurs de la cuve, et destinée à recevoir les cloches pleines d'eau ou de gaz.

LGKS, cavité quadrangulaire ou fosse de la cuve.

TT, tablette reçue dans deux rainures pratiquées à la partie supérieure de la fosse, l'une sur le côté GL et l'autre sur le côté KS.

N, ouverture circulaire pratiquée au milieu de la tablette, s'élargissant inférieurement en forme d'entonnoir, et au-dessus de laquelle on place des vases pleins d'eau pour recevoir le gaz qui se dégage.

M, échancrure destinée à laisser passer le tube qui doit conduire le gaz dans le récipient, comme on le voit *fig.* 1.

Fig. 4. TT, Tablette vue plus en grand.

Fig. 3. R, robinet destiné à vider l'eau de la cuve.

Il existe des cuves hydro-pneumatiques plus petites que la précédente qui n'ont point de table, mais seulement une tablette. Ces cuves ont environ 6 décimètres de longueur, 3 de largeur et 4 de profondeur.

Dans tous les cas, on doit recouvrir les parois intérieures de la cuve d'une couche de vernis gras. Sans cela les petits globules de mercure qu'on y laisserait tomber dans le cours des expériences, troueraient le plomb de la cuve.

Au lieu de se servir de cuve pour recueillir les gaz, on se sert quelquefois d'une terrine, d'un têt échancré sur le côté et troué dans son milieu. On place ce têt renversé dans la capsule ou terrine GG, *pl.* 3, *fig.* 5; on verse de l'eau dans ce vase jusqu'à ce que le têt en soit recouvert de quelques centimètres, et on engage l'extrémité E du tube ABC dans l'échancrure D, de manière que le gaz qui se dégage du flacon F, soit obligé de se rendre dans la cloche L.

Cuve hydrargiro-pneumatique (*a*). — *Pl.* 3, *fig.* 6, vue perspective; *fig.* 7, plan; *fig.* 8 et 9, coupes suivant les lignes AB et CD.

Fig. 6. AA, bloc de marbre rectangulaire creusé intérieurement et destiné à contenir le mercure.

PP, support de la cuve.

EFGH, *fig.* 7, table de la cuve.

KL, fosse de la cuve.

Fig. 9. NN, rainure destinée à recevoir une planchette semblable à celle qu'on voit *fig.* 4.

Fig. 8. II, coupe d'une rainure suivant la ligne AB.

Fig. 7 et 8. OP, trou creusé dans l'épaisseur du marbre; il est destiné à recevoir le tube gradué contenant le gaz dont on veut mesurer le volume.

Fig. 7 et 9. R, échancrure pratiquée à la paroi su-

(*a*) On pourrait faire cette cuve en bois doublé de tôle vernie.

périeure de la cuve. Cette échancrure doit être garnie d'une glace au moyen de laquelle on peut facilement observer la hauteur du mercure dans un tube gradué contenant le gaz que l'on veut mesurer, et plongeant, à cet effet, dans le trou OP. On doit, pour cette raison, disposer la cuve de manière que cette partie soit très-bien éclairée.

La cuve dont on vient de parler contient environ 150 kilogrammes de mercure. On peut en employer dont les dimensions soient bien moins considérables.

Pour recueillir ou transvaser un gaz d'une cloche dans une autre, on remplit celle-ci d'eau ou de mercure, et on incline la première de manière à engager ses parois sous celles de la seconde ; on s'y prendrait de même pour transvaser un gaz d'un flacon dans un autre, si ce n'est qu'on adapterait au goulot de celui-ci un entonnoir renversé.

Electrophore. — Instrument dont on se sert dans les laboratoires pour enflammer des mélanges de gaz oxigène et de gaz hydrogène. (*Voyez* la théorie de cet instrument et la manière de s'en servir, dans les ouvrages de physique.)

Entonnoirs. — Les entonnoirs dont on se sert dans les laboratoires sont toujours en verre, et contiennent depuis un centilitre jusqu'à deux litres. Les plus petits sont semblables à celui qui est représenté *pl.* 3, *fig.* 5 *bis* ; on s'en sert pour transvaser les gaz sur le mercure. Les autres ont la forme ordinaire : on les emploie pour transvaser les gaz sur l'eau, pour remplir un vase d'un liquide quelconque, et pour filtrer les liqueurs qui sont troubles; *voyez* filtre. On ne les emploierait que difficilement dans la cuve à mercure, à cause de leur longueur et du peu de profondeur de cette cuve.

Eprouvettes. — Petites cloches longues de verre ou de cristal, *pl.* 2, *fig.* 9, quelquefois munie d'un pied B, *fig.* 13. On emploie les premières pour recueillir les gaz sur l'eau et principalement sur le mercure, et en même temps pour les essayer et en examiner les propriétés dans un grand nombre de circonstances. On ne se sert guères des secondes que pour laisser déposer spontanément les substances tenues en suspension dans les liquides, ou pour recevoir ceux-ci après les avoir filtrés. Dans ce dernier cas, on place sur l'éprouvette l'entonnoir qui contient le filtre.

Etau. — Instrument qui sert à tenir fortement serrées les substances que l'on veut user avec la lime, etc.

Étuve. — Lieu dont la température étant plus élevée que celle de l'atmosphère environnante, favorise la dessication des substances humides. Les étuves que l'on emploie dans les arts ne sont autre chose que des chambres plus ou moins grandes échauffées par des poêles. On peut faire usage d'étuves semblables dans les laboratoires ; mais il vaut mieux en employer qui reçoivent leur chaleur d'un quinquet ou de la vapeur d'eau. On se procure facilement ainsi tous les degrés de chaleur dont on a besoin, et on a même l'avantage d'avoir une chaleur constante et égale à 100°, en faisant usage de la vapeur d'eau.

Étuve à quinquet (de M. d'Arcet). — AA, *pl.* 4, *fig.* 1re, caisse rectangulaire en bois de sapin.

BBBB, côté antérieur s'ouvrant à volonté, et servant de porte à la caisse.

RR, ouverture que l'on ouvre et que l'on ferme à volonté avec des bouchons de liége, suivant que l'on veut diminuer ou augmenter la chaleur de l'étuve.

EE, EE, EE, tasseaux fixés sur les côtés de la caisse.

Fig. 3. Champignon en tôle composé, 1° d'un plateau AB circulaire et légèrement concave inférieurement; 2° de deux tuyaux concentriques, l'un extérieur DD de $0^m,08$ de diamètre, et de $0^m,14$ de hauteur, fixé au plateau AB par trois montans de fer eee; et l'autre intérieur GG, de $0^m,55$ de diamètre, faisant corps avec le tuyau DD au moyen de petites traverses FF, FF. On voit, *fig*. 1re, le champignon mis en place, et recevant dans son intérieur le verre d'un quinquet allumé.

A, *fig*. 4, obturateur ou couvercle percé de deux trous b, C : cet obturateur s'ajuste à l'extrémité du tuyau DD, *fig*. 3. L'ouverture C sert à livrer passage au verre du quinquet L, *fig*. 1; l'ouverture b sert à permettre l'élévation de la crémaillère M, à mesure que la mèche vient à s'user. L'usage de cet obturateur est d'intercepter le courant d'air qui s'établit entre les tuyaux du champignon, et d'augmenter par cela même la chaleur de l'étuve.

HH, *fig*. 2, étuve vue de côté.

On assujettit cette étuve verticalement dans un des coins du laboratoire, et on place les matières à dessécher sur des grillages de fil de fer soutenus par les tasseaux EE EE, *fig*. 1. Le maximum de chaleur de cette étuve a lieu lorsque le champignon est muni de son obturateur, et que les ouvertures RR sont fermées; la température est alors de 70° à la partie supérieure ; et, dans la partie inférieure, elle s'élève au-dessus de l'eau bouillante.

Etuve à vapeur. — *Pl.* 4, *fig.* 5. PP, GG, boîtes cylindriques, dont le fond de l'une, qui est en cuivre, s'adapte avec les bords supérieurs de l'autre, qui est en fer blanc.

R, entonnoir, au moyen duquel on verse de l'eau dans la boîte GG.

FF, fourneau servant à porter cette eau au degré de l'ébullition.

P′P′, G′G′ ; P″P″, G″G″ ; P‴P‴, G‴G‴ ; boîtes en fer blanc s'emboîtant l'une dans l'autre, comme les boîtes PP et GG.

EE′, SS′, TT′, tuyau conduisant la vapeur de la boîte GG dans les boîtes G′G′, G″G″, G‴G‴.

M, tuyau par lequel sort la vapeur.

Pour faire usage de cette étuve, on verse de l'eau dans la boîte GG, au moyen de l'entonnoir R ; on retire l'entonnoir, et on bouche le conduit Z ; on porte cette eau à l'ébullition ; ensuite on met les substances à dessécher, par couches minces, dans des carrés de papier, ou dans de petites capsules en fer blanc, et on place ces carrés ou capsules dans la boîte PP, que l'on recouvre en partie. Lorsque l'on a beaucoup de matières à dessécher, on les place non-seulement dans la boîte PP, mais encore dans les boîtes P′P′, P″P″, P‴P‴ ; alors il faut avoir soin d'entretenir constamment bouillante l'eau de la boîte GG ; autrement, on ne pourrait que commencer la dessication dans les dernières.

Eudiomètre. — Instrument dont on se sert pour analyser certains gaz, et principalement l'air atmosphérique : on en connaît plusieurs ; le plus employé est l'eudiomètre à gaz hydrogène, *pl.* 5, *fig.* 1re.

AB, tube de verre très-épais, plus ou moins cylindrique, ouvert en B, et fermé supérieurement par un bouchon C en cuivre jaune ou en fer, qui est surmonté d'une tige D, terminée par une boule de même métal que le bouchon.

LL', fil de cuivre ou de fer tourné en spirale, aussi long que le tube AB, et terminé supérieurement par une boule L.

EE, *fig.* 2, partie supérieure du tube AB, vue plus en grand.

Les dimensions de cet instrument peuvent varier : celui dont on fait le plus souvent usage a $0^m,22$ de long ; son diamètre intérieur est de $0^m,022$; l'épaisseur de ses parois est de $0^m,005$. Il ne faudrait pas qu'il fût beaucoup moins épais, parce qu'il pourrait être brisé dans le cours des expériences.

Lorsqu'on veut se servir de cet instrument pour faire, par exemple, l'analyse de l'air dans la cuve hydro-pneumatique, on commence par remplir d'eau le tube AB, *fig.* 1re, en ayant soin de n'y laisser aucune bulle d'air ; on le renverse ainsi plein d'eau sur la tablette de la cuve ; ensuite on mesure successivement 100 parties d'air atmosphérique (*a*) et 100

(*a*) On pourrait prendre une plus grande quantité de gaz ; mais il ne faudrait pas en prendre moins de 50 parties pour obtenir un résultat sur lequel on pût compter.

parties de gaz hydrogène (*a*) dans le tube gradué, et on les fait passer, au moyen d'un entonnoir, dans le tube AB ; puis, après avoir essuyé avec un linge, ou du papier joseph bien sec, la boule et la tige de cuivre D, on introduit dans l'intérieur du tube AB le fil de cuivre LL', de telle sorte que la boule L soit à une très-petite distance du bouchon C, comme on peut le voir *fig.* 1re. Tenant toujours plongée dans l'eau la portion inférieure du tube AB, et la bouchant avec l'index sans déranger le fil, on approche de la boule D, à distance explosive, le crochet d'une bouteille de Leyde chargée d'électricité, ou le plateau supérieur d'un électrophore également électrisé : à l'instant même on voit l'étincelle pénétrer dans l'intérieur du tube, et enflammer le mélange des gaz qu'il contient. Il ne s'agit plus alors que de mesurer le gaz résidu, de le retrancher des 200 parties de gaz oxigène et hydrogène sur lesquelles on a opéré, et de diviser la différence par trois pour avoir la quantité d'oxigène que contient l'air soumis à l'expérience. (Voy. Analyse de l'air, 1er volume, page 195.)

Toutes les fois qu'on opère sur l'eau, il faut employer l'eudiomètre dont le bouchon et la tige sont en laiton, parce que le fer s'oxide peu à peu par le contact de l'eau et de l'air ; l'on doit, au contraire, employer l'eudiomètre dont le bouchon et le fil sont en fer toutes les fois qu'on opère sur le mercure, parce que le mercure attaque le cuivre jaune, et n'attaque pas le fer.

(*a*) On prend ici 100 parties d'hydrogène, afin qu'il y en ait un excès par rapport au gaz oxigène, et que l'on soit certain que tout ce gaz soit brûlé.

Lorsqu'on veut faire l'analyse de l'air par le gaz hydrogène dans la cuve hydro-pneumatique, on emploie quelquefois un eudiomètre beaucoup plus grand que celui que nous venons de faire connaître : on l'appelle eudiomètre de Volta, parce que l'invention en est due à ce célèbre physicien.

Eudiomètre de Volta. — AB, *pl.* 5, *fig.* 3. Tube de verre très-épais de 20 à 25 centimètres de long, sur environ 4 centimètres de diamètre.

C, pied de l'instrument en cuivre jaune, évasé et creusé en forme d'entonnoir, surmonté d'une virole M.

D, robinet dont la tige creuse se visse à la virole M.

E, virole fixée avec du mastic à l'extrémité B du tube AB et se vissant au robinet D.

C'D'E', partie supérieure de l'instrument composée des mêmes pièces que l'inférieure. Seulement le bassin C' est moins évasé que le pied C.

FF', petite tige de cuivre horizontale fixée à la virole E', se terminant extérieurement par une boule F, et intérieurement en F', à une très-petite distance de la paroi interne de la virole E'. Cette tige traverse un petit tube de verre H, enduit extérieurement de résine et formant isoloir. Elle est destinée à porter l'étincelle électrique dans l'intérieur du tube AB.

GG, G'G', conduits qui établissent une communication entre l'intérieur du tube AB et l'extérieur, au moyen des robinets D,D'. (*Voyez* plus en grand ces diverses pièces, *fig.* 5 qui représente, savoir : AA, la partie supérieure, et BB la partie inférieure de l'instrument.

AA, *fig.* 4, tube de verre divisé en un grand nombre de parties égales.

B, virole en cuivre jaune, fixée avec du mastic au tube AA, et se vissant à l'extrémité supérieure du conduit G′G′, *fig.* 3.

P, *fig.* 3, partie inférieure du tube AA adapté à l'extrémité supérieure du conduit G′G′ dans le bassin C′.

On fait usage de cette espèce d'eudiomètre, par exemple, dans l'analyse de l'air par le gaz hydrogène, de la manière suivante.

On ouvre les robinets DD′, et l'on plonge l'eudiomètre perpendiculairement dans l'eau de la cuve hydro-pneumatique. Ensuite on ferme le robinet inférieur, et l'on verse de l'eau dans le bassin supérieur, jusqu'à ce que ce bassin et, à plus forte raison, l'eudiomètre, en soient remplis; puis on ferme le robinet supérieur; on rouvre le robinet inférieur, et l'on place l'eudiomètre sur la table de la cuve, en ayant soin de ne point laisser entrer d'air sous le pied de l'instrument. Alors on fait passer dans le tube AB les gaz mesurés dans le tube gradué AA. On referme le robinet inférieur. On essuie la boule et la tige FF′, et l'on fait passer l'étincelle électrique par cette tige, de la même manière que nous l'avons dit précédemment pour le petit eudiomètre à gaz hydrogène. Cela fait, on rouvre de nouveau pour un instant le robinet inférieur, afin de permettre à l'eau de remplir le vide formé, et on mesure le résidu gazeux. Pour cela, on remplit d'eau le bassin supérieur C′, et on en remplit également le tube gradué AA, on le visse par son extrémité B à l'orifice supérieur du conduit G′G′, et on ouvre le robinet supérieur D′. Par ce moyen, le gaz s'élève à l'instant dans le tube AA; lorsqu'il est passé tout entier, on dévisse ce tube; on en bouche l'orifice avec le doigt, et on le plonge dans une éprouvette remplie d'eau, etc. Si ce résidu excédait la capacité du tube AA, on l'y ferait passer en deux fois en fermant le robinet D′ au moment où l'on verrait que le tube serait prêt d'être plein.

Eudiomètre à deutoxide d'azote. (Voy. 1er vol., p. 484.)

Filtre. — On donne le nom de filtre aux substances à travers lesquelles on fait passer les liquides que l'on veut clarifier. Il y a des filtres en sable, en pierre poreuse, en charbon, en papier non collé, en toile, en crin, en laine, etc. Ceux qu'on emploie dans les laboratoires sont toujours en papier.

Lorsqu'on a une grande quantité de liqueur à filtrer, on emploie un chassis en bois AA, *pl.* 5, *fig.* 10, garni de pointes de fer en CCCC. On place sur le chassis une toile B que l'on tend légèrement et que l'on attache aux pointes de fer CCCC. On étend ensuite une ou deux feuilles de papier joseph sur cette toile; on y verse le liquide que l'on veut filtrer, et on le recueille dans une terrine T.

Mais, lorsqu'on n'a qu'une petite quantité de liqueur à filtrer, ce qui arrive le plus souvent, on donne au filtre la forme d'un entonnoir; à cet effet, on prend un carré de papier, on le plie en quatre, de manière à lui conserver encore la forme de carré; ensuite on lui donne celle d'un éventail fermé en le plissant convenablement; on le coupe par son extrémité supérieure; on l'ouvre, comme on le voit, en A, *fig.* 8, et on le dispose dans l'entonnoir comme on le voit *fig.* 8 et 9. Le filtre étant bien enfoncé dans l'entonnoir, on y verse le liquide et on le reçoit dans un vase. On place ordinairement l'entonnoir sur un support en bois percé d'un seul trou, *fig.* 8, CCC, ou percé de plusieurs trous, *fig.* 9.

Ce dernier support est formé d'une planche DD soutenue par des montans EE. Les trous AAAA dont il est percé sont de diverses grandeurs, et susceptibles de recevoir les entonnoirs BBBB.

Fioles. — Petites bouteilles de verre commun, *pl.* 5, *fig.* 11. La minceur de leur paroi qui leur permet de supporter facilement l'action du feu, et la modicité de leur prix, les rendent d'un usage très-fréquent dans les opérations chimiques.

Flacon. — Vase cylindrique de verre ordinaire ou de cristal, *pl.* 5, *fig.* 12.

Les flacons de verre ordinaire ont le fond bombé en dedans comme celui d'une bouteille, et portent ordinairement le nom de flacons à goulot renversé. On les ferme avec un bouchon de liége. On les emploie fréquemment pour renfermer soit des gaz, soit des liquides ou autres substances qui n'ont point d'action sur le liége.

Les flacons de cristal ont un fond plat et se ferment avec un bouchon de cristal usé à l'émeri, ce qui leur a fait donner le nom de flacons à l'émeri : on les emploie principalement pour conserver les liquides ou les gaz acides.

La grandeur des flacons de verre ou de cristal varie depuis 2 centilitres jusqu'à 8 et 10 litres.

Outre les flacons de cristal dont nous venons de parler, il en existe d'autres, qui sont à très-large ouverture, voyez le flacon B, *pl.* 5, *fig.* 12; on les emploie pour conserver à l'abri du contact de l'air certaines substances solides que l'on ne veut pas diviser.

Flacons tubulés. — Flacons de verre qui ont deux ou

trois ouvertures ou goulots BB à leur partie supérieure, *pl.* 5, *fig.* 13. On les appelle encore flacons de Woulf, du nom de leur inventeur. On emploie principalement les flacons tubulés pour monter l'appareil qui est connu sous le nom *d'appareil de Woulf*, et à l'aide duquel on sature les liquides de gaz. Cet appareil consiste en un certain nombre de ces flacons munis de tubes de sûreté, et communiquant entre eux et avec une cornue, ou un ballon, ou un matras par le moyen de tubes intermédiaires, comme on le voit *pl.* 6, *fig.* 1, 2 et 3.

Fig. 2. AA, fourneau évaporatoire sur lequel on a placé un bain de sable BB.

C, ballon reposant sur le bain de sable BB.

LL, substances contenues dans le ballon, et d'où peut se dégager successivement une grande quantité de gaz.

D, D′, D″, Flacons tubulés contenant les liquides FF, F′F′, F″F″, destinés à absorber le gaz qui doit se dégager du ballon C.

M, bouchon de liége percé de deux trous, et fermant très-exactement le col du ballon C.

SS, tubes à trois branches parallèles entrant à frottement dans l'une des ouvertures du bouchon M.

EE, tube recourbé entrant par son extrémité la plus courte dans l'autre ouverture du bouchon M.

M′, bouchon de liége adapté à la tubulure R du flacon D, et percé d'un trou à travers lequel passe la longue branche du tube EE pour plonger dans le liquide FF.

E′E′, E″E″, E‴E‴, tubes recourbés établissant une communication entre le flacon D et les flacons D′, D″ et l'éprouvette I, de la même manière que le tube EE en établit une entre le ballon C et le flacon D.

Les extrémités HH′H″ de ces tubes ne doivent

entrer que de quelques centimètres dans les flacons DD′D″, et les extrémités GG′G″ doivent plonger au fond des liquides F′F′, F″F″, et F‴.

PP′P″, tubes de sûreté droits adaptés à l'aide de bouchons aux tubulures moyennes des flacons DD′D″, et plongeant de quelques millimètres dans les liquides FF, F′F′, F″F″. (*Voy.* tubes de sûreté, 1er vol., p. 174).

L'appareil, *fig.* 1re, ne diffère du précédent qu'en ce que le ballon C ne porte point de tube en trois. C'est pourquoi l'extrémité G du tube EE ne doit point plonger dans le liquide du flacon D ; car, s'il y plongeait, rien ne garantirait le ballon C de l'absorption (112).

L'appareil, *fig.* 3, diffère surtout du précédent, en ce que les matières LL, d'où doit se dégager le gaz, sont placées dans une cornue, et que la communication entre cette cornue et le reste de l'appareil est établie par des tubes de sûreté à boule ; tubes qui font tout à la fois fonction de tubes recourbés ordinaires et de tubes de sûreté droits, et qui, par-là même, n'exigent que des flacons à deux tubulures. Les boules de ces tubes doivent être à moitié pleines d'eau. (Voy. tubes de sûreté à boules (112). Il est évident qu'on pourrait employer à volonté un ballon, un matras ou une cornue dans l'un ou l'autre de ces appareils, en donnant au tube EE la forme convenable. Dans tous les cas, les bouchons doivent avoir la forme des ouvertures qu'ils sont destinés à fermer, et doivent y entrer à frottement, jusqu'à la profondeur d'environ 2 centimètres.

Les tubes doivent également entrer à frottement dans les trous dont les bouchons sont percés.

Il est même bon, afin de rendre la jonction plus intime, d'enduire d'un peu d'empois les parties du bouchon et du tube, sur lesquelles le frottement doit s'exercer; on doit aussi recouvrir de lut le bouchon après l'avoir adapté aux tubulures (voy. lut), et même appliquer des bandes de papier collé sur ce lut. Enfin, pour peu que le verre de l'ouverture qu'on veut boucher soit mince, on doit l'assujettir en l'entourant d'un fil un peu fort : c'est ce qu'on doit faire particulièrement pour le col des cornues.

Fourneau. — *Pl.* 7. Instrument dont on se sert pour soumettre différentes substances à l'action du feu. Les fourneaux sont en terre cuite, en brique ou en fonte. On en distingue de plusieurs espèces.

1° *Fourneau évaporatoire*, *fig.* 1re.

AA, foyer où se place le combustible.

BB, cendrier dans lequel se rassemblent les cendres du foyer.

C, porte du foyer.

D, porte du cendrier, que l'on ouvre à volonté pour livrer passage à l'air qui doit servir à la combustion.

EEEE, échancrures par lesquelles s'échappe l'air qui a servi à la combustion lorsque le fourneau est chargé d'une bassine ou d'une capsule, etc.

FF, anses du fourneau.

GG, grille du fourneau qui sépare le foyer du cendrier.

Ce fourneau est toujours formé d'une seule pièce.

2° *Fourneau à réverbère*, *pl.* 7, *fig.* 2.

AA, foyer dont on voit la grille OO, *fig.* 3.

BB, cendrier.

C, D, portes du foyer et du cendrier.

EE, laboratoire, s'ajustant sur le foyer AA.

FF, dôme terminé par une cheminée G, et servant à

réfléchir la chaleur sur la cornue HH, disposée, comme on le voit, dans le laboratoire EE.

TT, *fig.* 3, barres de fer servant à supporter la cornue HH.

LL, *fig.* 2 et *fig.* 3, échancrure pratiquée, partie dans la paroi du laboratoire, et partie dans la paroi du dôme, servant à laisser passer le col de la cornue HH.

N, N, N, N, anses du fourneau.

II, II, II, bandes ou fil de fer dont on entoure le fourneau pour lui donner plus de solidité.

Fig. 3. Pièces du fourneau à réverbère, séparées les unes des autres, et vues de côté.

On voit, d'après cette description, que le fourneau à réverbère est toujours formé de trois pièces; d'une pièce inférieure, où se trouvent le cendrier et le foyer; d'une pièce intermédiaire ou laboratoire, et d'une pièce supérieure, ou réverbère, ou dôme.

3° *Fourneau de coupelle.* — Fourneau quadrangulaire en terre, dont on se sert pour séparer l'or et l'argent des métaux avec lesquels ils sont alliés.

Pl. 7, *fig.* 4. Plan et élévation du fourneau de coupelle.

Fig. 7. Elévation sur le côté des diverses parties du fourneau, séparées.

Fig. 4. LL, cendrier dont les parois intérieures sont entaillées depuis sa partie supérieure jusqu'en MM.

G″, porte du cendrier.

EE′E′, prisme rectangulaire creux, composé du laboratoire EE et du foyer E′E′, et dont la partie inférieure est reçue dans l'entaille MM du cendrier.

XX, *fig.* 8, grille en terre percée de trous carrés, et placée à la partie inférieure du foyer E′E′, dont les parois se rétrécissent intérieurement pour lui servir de point d'appui, comme on le voit *fig.* 7.

G', *fig.* 4, porte antérieure du foyer. Outre cette porte, il en existe deux de même grandeur sur les côtés.

G, porte servant à fermer l'ouverture d'une espèce de petit four qu'on appelle moufle. Cette moufle est destinée à contenir les coupelles ou petits vases poreux dans lesquels on place les matières qu'on veut essayer.

La *fig.* 6 représente une moufle vue de face et de côté, et renfermant deux petites coupelles aa.

A, *fig.* 7, représente cette même moufle placée dans le fourneau, et soutenue antérieurement par une saillie de la paroi de ce fourneau, et postérieurement par une brique B traversant l'ouverture YY, dans laquelle elle est assujettie par de la terre.

U, *fig.* 7, tablette rectangulaire en terre, faisant corps avec le fourneau, et permettant d'approcher et d'éloigner à volonté la porte G de la moufle.

HH, *fig.* 4, ouvertures ou registres par lesquels on introduit une tige de fer pour faire tomber le charbon dans l'intérieur du fourneau.

NN, dôme en forme de pyramide quadrangulaire, s'ajustant inférieurement au prisme EEE'E'.

O, porte en fer, munie de deux anneaux, et dont la paroi intérieure est recouverte de terre. Cette porte ferme une ouverture qu'on appelle gueulard : c'est par cette ouverture qu'on charge le fourneau.

Fig. 5. SS, crochet vu de face et de côté, s'engageant dans les anneaux PP, *fig.* 4, et servant à ouvrir le gueulard.

VV, *fig.* 4, anses du dôme.

RR, cheminée du dôme, que l'on surmonte ordinairement d'un tuyau en tôle, pour augmenter le *tirage* du fourneau.

IIII, bandes de fer serrées avec des vis et des écrous, et servant à maintenir les différentes parties du fourneau.

Tel est le fourneau de coupelle dont on se sert ordinairement. Depuis peu, MM. Anfrye et Darcet en ont inventé un qui diffère du précédent, en ce qu'il est elliptique, que les dimensions sont moins considérables, et qu'il n'exige, pour chaque essai, qu'une très-petite quantité de charbon. Nous allons en donner la description.

Pl. 7, *fig.* 9. Plan et élévation de ce fourneau.

Fig. 11. Elévation sur le côté des diverses parties de ce même fourneau, séparées.

Fig. 9. AA, laboratoire; BB, foyer; CC, cendrier; formant ensemble une seule pièce qui repose sur une autre pièce additionnelle creuse DD, communiquant avec le cendrier, et munie d'une ouverture E pour donner passage à l'air.

Fig. 10. F, grille du fourneau en terre, séparant le foyer du cendrier.

Fig. 9. I, petite ouverture transversale par laquelle on introduit une tige de fer pour dégager la grille.

Fig. 11. M, moufle assujettie avec de la terre dans une rainure pratiquée à la paroi antérieure du fourneau.

G, porte de la moufle.

Fig. 9 et 11. H, tablette demi-circulaire, faisant corps avec le fourneau, et permettant d'approcher et d'éloigner à volonté la porte G de l'ouverture de la moufle.

Fig. 9. L, dôme s'adaptant au laboratoire AA.

N, ouverture par laquelle on introduit le charbon réduit en petits fragmens.

T, porte de l'ouverture N.

On surmonte le dôme L d'un tuyau en tôle de 9 à 10 décimètres de longueur, afin d'augmenter le tirage.

Lorsqu'on veut échauffer promptement le fourneau, on adapte à l'ouverture P du cendrier, *fig.* 11, un tuyau coudé que l'on fait communiquer avec le soufflet d'une forge ou d'une lampe d'émailleur. Dans ce cas, on ferme l'ouverture E de la pièce DD.

Les différentes pièces qui composent ce fourneau sont entourées de bandes de fer pour en augmenter la solidité.

4° *Fourneau de forge*, *pl.* 7, *fig.* 12.

EEEE, maçonnerie en brique.

FF, foyer dont les parois intérieures sont en briques réfractaires, recouvertes d'une couche épaisse d'argile infusible.

GG, grille.

H, creuset supporté par un fromage I, lequel repose sur la grille GG.

KK, cendrier.

LLL, tuyère apportant le vent d'un soufflet dans le cendrier KK.

MM, grille percée de plusieurs trous servant à distribuer également le vent du soufflet dans l'intérieur du fourneau.

Ce fourneau n'est donc composé, comme le fourneau évaporatoire, que d'un foyer et d'un cendrier : il n'en diffère que par sa forme, et qu'en ce qu'il est alimenté d'air par un bon soufflet.

On se sert de fourneaux évaporatoires pour évaporer

les liquides et pour faire différentes opérations qui n'exigent qu'un faible degré de chaleur. On les charge de charbon par la porte C, lorsqu'ils sont recouverts d'un vase qui ne permet point de les charger par l'ouverture supérieure.

On se sert du fourneau à réverbère, lorsqu'on veut exposer les corps à un degré de chaleur beaucoup plus fort que celui qu'on peut produire dans un fourneau évaporatoire ; on le charge constamment par la cheminée G ; quelquefois on surmonte cette cheminée d'un tuyau d'un à deux mètres de hauteur, on adapte la douille d'un soufflet à l'ouverture du cendrier D, pour pouvoir augmenter le feu. Les opérations qu'on fait dans ce fourneau s'exécutent presque toutes avec des cornues de grès, des tubes de porcelaine, et des creusets de terre ou de platine. On dispose les cornues et les tubes comme on le voit *pl.* 7, *fig.* 2, et *pl.* 13, *fig.* 6 : quant aux creusets, on les place sur un fromage qui repose immédiatement sur la grille.

Le fourneau de coupelle ne s'emploie pas fréquemment dans les laboratoires : on en fait seulement usage pour séparer l'or et l'argent du cuivre et du plomb, et pour calciner ou oxider certains métaux ; on le charge d'abord par la porte O, et, dans le cours de l'opération, par la cheminée RR.

Enfin, l'on se sert du fourneau de forge toutes les fois qu'on veut soumettre un corps au plus haut degré de chaleur que nous puissions produire ; on place ce corps dans un creuset, et ce creuset, à l'aide d'un fromage sur la grille de la forge, comme on le voit *pl.* 7, *fig.* 12 : il faut assujettir le creuset sur le fromage avec un lut infusible d'argile et de sable, et fixer de la même manière le couvercle que doit porter le creuset ; ensuite on remplit la forge de charbon en partie allumé, et l'on souffle peu à peu. Il est essentiel de bien graduer le feu pour éviter la fracture du creuset : à cet effet, le tuyau LLL se trouve muni d'un registre qu'on peut ouvrir plus ou moins, et qui permet de rendre le courant d'air plus ou moins fort. Lorsque le soufflet est très-grand, on en donne rarement tout le vent ; on ne le donne tout au plus qu'à la fin de l'opération, pendant quelques minutes ; autrement, on courrait risque de fondre le creuset. Les opérations qui exigent le coup de feu le plus fort et le plus prolongé durent tout au plus deux heures, à dater du moment où l'on met le charbon dans la forge. Aussitôt qu'elles sont finies, on doit fermer le registre pour que l'air chaud ne s'élève point par le tuyau jusqu'au soufflet.

Il arrive assez souvent que les grilles des fourneaux sont engorgées de cendres à tel point que l'air ne passe plus que difficilement à travers ; il arrive aussi quelquefois que le charbon s'arrête en quelque point du fourneau, et ne tombe pas dans le foyer ; on doit alors dégorger la grille et faire tomber le charbon avec un ringard ou tige de fer, en ayant soin d'ailleurs de ne point déranger les vases que l'on soumet à l'action du feu.

Outre ces fourneaux, on fait encore quelquefois usage, dans les laboratoires, d'un fourneau qu'on appelle *fourneau à vent* ou *fourneau de Macquer*. Ce fourneau est carré, et surmonté d'une très-haute cheminée qui en rend le tirage considérable, et qui permet de produire un haut degré de feu, moindre cependant que dans le fourneau de forge : on le charge par une porte placée sur la face antérieure, immédiatement au-dessus du foyer. Nous n'en donnons point la description, parce que les opérations qu'on fait dans ce fourneau peuvent se faire, à plus forte raison, dans la forge.

Fromage. — Petit cylindre de terre cuite de 5 à 6 centimètres de diamètre, et de 2 à 3 centimètres d'épaisseur. On s'en sert pour élever les creusets au-dessus de la grille des fourneaux, et les exposer à la plus grande intensité de la chaleur.

Gazomètre. — (Voy. (287). Composition de l'eau.

Grilles en fil de fer. — On les place sur les fourneaux évaporatoires pour soutenir les fioles, etc., dans lesquelles on fait bouillir divers liquides.

Hotte. — Nom que l'on donne à la partie inférieure et évasée de la cheminée d'un laboratoire.

Laboratoire de Chimie. — Lieu où les chimistes exécutent leurs opérations.

On choisit, pour un laboratoire, un lieu bien éclairé et à l'abri de l'humidité; il faut qu'on puisse y renouveler l'air à volonté. Sur l'un des côtés, où doit se trouver la cheminée, on fait construire une hotte AAAA, *pl.* 8.

Au-dessous de la hotte, on fait établir une paillasse DDD de même longueur, et d'environ 5 décimètres de hauteur sur 6 à 7 décimètres de profondeur.

A cet effet, on construit en briques plusieurs jambages GG, GG, GG, GG, sur lesquels on pose des barres de fer qui doivent servir à supporter un rang de briques que l'on assujettit convenablement avec du plâtre; on fait ensuite carreler la partie DDD de cette paillasse, et on la maintient au moyen d'une barre de fer plate FF, dont on scelle les deux extrémités dans le mur. Plusieurs chimistes font pratiquer dans cette paillasse des fourneaux carrés E,E, semblables à ceux dont on fait usage pour la cuisine ; on pose sur ces fourneaux des grilles en fil de fer ou des triangles en fer, pour servir de support aux capsules ou autres vases que l'on expose à l'action du feu.

Lorsque l'on emploie les fourneaux E,E dont nous venons de parler, on établit, en briques, des cloisons horizontales H,H à 8 ou 10 centimètres au-dessous de la surface inférieure de la paillasse : ces cloisons servent de cendrier aux fourneaux E,E. Au-dessous de ces cloisons, ainsi que dans les cases TT, on peut mettre du charbon, des fourneaux portatifs, etc. Sur l'un des côtés de la paillasse, on a soin de faire établir une forge L',L', qu'on alimente par un soufflet SS à deux vents, et dont le tuyau communique au cendrier de la forge. (Voy. précédemment Fourneau de forge.) Dans le mur de la cheminée, on fait sceller des tringles de fer pour suspendre les pincettes, les cuillers à projection, etc. A l'une des extrémités du laboratoire doit être un réservoir d'eau commune, une pierre à laver munie de son dégorgeoir : si l'on n'avait pas de réservoir, il faudrait avoir une fontaine de grès pour l'eau commune. Le fréquent usage qu'on est obligé de faire de l'eau distillée exige que l'on ait une seconde fontaine pour celle-ci.

Sur les côtés libres du laboratoire, on doit faire placer des armoires vitrées et garnies de rayons de différentes grandeurs pour y placer les flacons et les bocaux où l'on veut conserver différens produits : ces flacons et ces bocaux doivent être bouchés et étiquetés avec beaucoup de soin. Au milieu du laboratoire doit se trouver une table en bois de chêne munie de plusieurs tiroirs; il faut que l'on puisse tourner librement autour d'elle : on se réglera, pour ses dimensions, sur celles du laboratoire.

La cuve hydrargiro-pneumatique, ainsi que la cuve hydro-pneumatique, doivent être placées dans le lieu le plus éclairé du laboratoire.

Pour peu que l'on ait d'opérations ou d'analyses à faire, il est presque indispensable d'avoir une ou deux pièces attenantes au laboratoire : ces pièces sont destinées à placer beaucoup de substances et d'instrumens que les vapeurs acides pourraient altérer. Ainsi, il faudra qu'elles soient munies de tables et d'armoires vitrées garnies de rayons : il faudra surtout qu'elles soient à l'abri de l'humidité.

Au-dessus de ces armoires on place les cornues, les matras, les flacons, les creusets, les fioles à médecine, etc., etc.

Lampe à esprit de vin. — Lampe ordinaire dans laquelle on met de l'esprit de vin ou alcool au lieu d'huile.

Pl. 9, *fig.* 1. *Elévation et plan de la lampe à esprit de vin.* — On s'en sert particulièrement pour chauffer la cloche courbe, *pl.* 20, *fig.* 3, sur le mercure.

Lampe d'émailleur. — Instrument dont on se sert dans les laboratoires pour ramollir le verre et lui donner différentes formes.

Pl. 9, *fig.* 4. *Elévation sur l'angle de la lampe d'émailleur.*

AA, AA, table de bois.

BB, tiroirs de la table.

C, lampe en fer blanc, placée sur la table et légèrement inclinée en devant.

D, cuvette où se rend l'huile qui tombe de la lampe.

Fig. 2. Lampe C séparée de la cuvette D.

BB, pieds de la lampe.

FF, pieds de la cuvette.

E, *fig.* 3, ouverture circulaire munie d'un couvercle, et servant à verser l'huile dans la lampe.

GG, ouverture triangulaire servant au passage de la mèche H, et se fermant par un couvercle en fer blanc, de manière à ne laisser passer que la portion de mèche qui doit brûler.

LL, *fig.* 4, soufflet à deux vents, solidement assujetti sur les traverses MM.

N, marche ou pédale servant à faire mouvoir le soufflet, au moyen d'une corde OOO, qui passe sur la poulie P, et vient s'attacher à la branche R du soufflet.

SS, conduit flexible en peau destiné à porter le vent du soufflet sur la flamme F de la lampe C. La peau est maintenue intérieurement par un fil de fer roulé en spirale.

T, petit tuyau en fer blanc faisant suite au conduit SS. Ce tuyau est solidement fixé sur la table qui est trouée dans cet endroit.

I, autre petit tuyau coudé, terminé en pointe, et recevant à frottement le tuyau T.

Lorsque l'on veut courber un tube de verre à cette lampe, on la garnit d'une mèche de coton, et on la remplit d'huile de colsa ou d'œillet, au moyen de l'ouverture E. On partage la mèche en deux faisceaux principaux, en ayant soin de laisser entre eux, et à leur partie inférieure, une petite quantité de coton. On allume cette mèche, et on fait agir le soufflet LL, *fig.* 4, en pressant avec le pied la marche ou pédale N. La flamme ayant la forme d'un jet très-alongé, et le degré de chaleur convenable, ce qu'on obtient en rapprochant plus ou moins les faisceaux et les éméchant, soit avec des ciseaux, soit avec une petite tige de fer, on saisit le tube par les deux extrémités, et l'on présente à l'extrémité du jet le point que l'on veut courber, en tournant continuellement le tube entre les mains. Par ce moyen, on l'échauffe peu à peu. Au bout de quelques secondes, on expose cette partie à l'endroit le plus chaud du jet, à peu près vers les deux tiers de sa longueur à partir de sa base, en ayant soin de tourner toujours le tube; bientôt elle se ramollit: alors on retire le tube de la flamme, et on lui donne une certaine courbure en appuyant légèrement sur ses extrémités; on l'expose de nouveau à la flamme, et on achève de lui donner la courbure que l'on désire. Ces notions ne peuvent servir qu'à donner une idée de la manière dont on fait usage de la lampe. On ne peut parvenir à travailler et souffler le verre facilement, qu'en prenant quelques leçons pratiques et s'exerçant ensuite beaucoup à ce genre de travail.

A défaut de lampe, on peut encore courber des tubes en les exposant à la flamme qui sort par la cheminée d'un fourneau à réverbère plein de charbon allumé. Quand on n'a point l'habitude de se servir de la lampe, il vaut même mieux les courber ainsi, parce qu'on court moins le risque de les déformer ou de les aplatir.

Lime. — Instrument d'acier trempé, sur la surface

duquel on a tracé en différens sens des raies qui s'entrecroisent et forment des proéminences auxquelles on a donné le nom de dents. On s'en sert dans les laboratoires pour user et diviser la plupart des métaux, et surtout pour polir et trouer les bouchons de liége et couper le verre.

Les limes varient par leur forme, leur grosseur et leur finesse, en raison des usages auxquels on les destine. Il y en a de rectangulaires, de demi-rondes, de triangulaires et de coniques.

Pl. 9, *fig.* 5. Lime rectangulaire, employée pour user les métaux, et donner le dernier poli à la surface extérieure des bouchons de liége.

Fig. 6. Lime triangulaire appelée trois quarts, servant ordinairement à couper les tubes de verre et les fils métalliques. Pour couper ainsi un tube de verre, il suffit d'entamer la surface du tube avec l'une des arrêtes de la lime, de saisir le tube avec les deux mains et de faire avec l'un et l'autre un effort tendant à rompre le tube en cette partie.

Fig. 8. Lime ayant la forme d'un cône très-alongé, appelée queue-de-rat. Cette lime s'emploie principalement pour trouer les bouchons de liége.

D'abord on perce le bouchon avec une tige de fer presque rouge que l'on enfonce dans le bouchon suivant son axe. Après l'avoir ainsi percé, on agrandit le trou avec la queue-de-rat; on pourrait à la rigueur faire immédiatement le trou avec cette queue-de-rat, mais on courrait le risque de déchirer le bouchon, ce qui n'arrive jamais en employant d'abord la tige de fer. Il faut avoir grand soin que la surface du trou soit bien cylindrique pour pouvoir s'appliquer exactement sur tous les points de la portion du tube qui doit le traverser à frottement. On facilite beaucoup l'introduction du tube dans le bouchon en le recouvrant d'un peu d'empois ; cet empois étant une sorte de lut, sert en même temps à unir plus intimement le tube au bouchon.

Fig. 7. Lime demi-ronde ; elle est plane d'un côté et convexe de l'autre ; on se sert de sa surface plane comme d'une lime rectangulaire, et de sa surface ronde comme d'une queue-de-rat ; mais on n'en fait usage sous ce dernier rapport que pour agrandir les trous faits par la queue-de-rat dans des bouchons à travers lesquels doivent passer des cols de cornue, etc.

On doit avoir un assortiment de toutes ces limes, et surtout de queues-de-rat.

Lingotière. — Ustensile dont on se sert pour couler en lingots les substances métalliques fondues. La forme la plus ordinaire de la lingotière est celle que l'on voit *pl.* 9, *fig.* 9.

Fig. 9. Elévation et plan de la lingotière.

C, manche de la lingotière.

FF, pieds de la lingotière.

GG, cavité de la lingotière.

Fig. 10. Coupe de la lingotière suivant la ligne AB.

Fig. 11. Profil et élévation de la pièce que l'on place dans la lingotière pour en diminuer à volonté la cavité et obtenir un lingot plus ou moins long.

Il y a des lingotières en fer, en fonte et en cuivre : leur grandeur varie suivant les dimensions des lingots que l'on veut obtenir. Lorsqu'on veut se servir de la lingotière, on la fait d'abord chauffer, et ensuite on enduit son intérieur de graisse ou de suif, afin d'empêcher le lingot d'y adhérer. Il faut surtout éviter l'humidité, qui, en se réduisant en vapeur, ferait jaillir le métal à une grande distance.

Quelquefois les lingotières sont formées de deux pièces, dans chacune desquelles on a pratiqué une ou plusieurs cavités demi-cylindriques; on unit ces deux pièces de telle manière, que les demi-cylindres de l'une correspondent aux demi-cylindres de l'autre. On verse les matières dans ces sortes de lingotières par la partie supérieure, qui pour cela présente un évasement. C'est ainsi que, dans les pharmacies, on coule, sous la forme de cylindres, la pierre infernale ou le nitrate d'argent fondu; ces dernières lingotières devraient plutôt être connues sous le nom de moules.

Lut. — Substance que l'on applique en couches plus ou moins épaisses sur la surface de certains corps, soit pour les préserver de l'action du feu, et quelquefois de l'air, soit pour en boucher les interstices et les rendre imperméables.

Les principaux luts sont ceux qui résultent, 1° de farine de graine et de colle d'amidon; 2° d'argile et d'huile siccative; 3° de blanc d'œuf et de chaux; 4° d'argile et de sable.

Lut formé de farine de graine de lin et de colle d'amidon. — Rien de plus simple que la préparation de ce lut. Elle consiste à broyer dans un mortier de la farine de graine de lin avec la quantité de colle d'amidon suffisante pour faire une pâte bien homogène. C'est de ce lut qu'on se sert le plus souvent pour recouvrir les bouchons de liége qu'on adapte aux ouvertures des vases. On en applique une couche de quelques millimètres d'épaisseur, et on recouvre ensuite cette couche elle-même de quelques bandes de papier joseph enduit de colle.

Lut d'argile et d'huile siccative ou lut gras. — Pour préparer ce lut, on fait calciner de l'argile, on la broye, on la tamise, ensuite on la met dans un mortier de fonte, et on l'incorpore peu à peu à de l'huile siccative (*a*), en la battant avec un pilon. La quantité d'huile doit être telle, que le mélange ait la consistance d'une pâte ferme, et l'on doit le battre jusqu'à ce qu'il soit bien homogène et bien ductile. On renferme ce lut dans un vase ou dans de la vessie légèrement humide, pour empêcher qu'il ne se dessèche. Les usages du lut gras sont les mêmes que ceux du lut de graine de lin et de colle d'amidon : on l'applique de la même manière et on le recouvre de bandes de toile imbibées de blanc d'œuf et de chaux. Il résiste en général mieux que le précédent à l'action des gaz corrosifs, mais il a l'inconvénient de se ramollir par l'action de la chaleur. Le temps qu'exige sa préparation fait qu'on lui préfère presque toujours le lut de farine de graine de lin et de colle d'amidon.

Lut de blanc d'œuf et de chaux. — Ce lut s'ob-

(*a*) On prépare l'huile siccative en faisant bouillir de l'huile de lin ou d'œillet, avec environ le seizième de son poids de litharge en poudre. On continue l'ébullition à un feu modéré, jusqu'à ce que l'écume qui se forme commence à roussir ; on retire alors le mélange du feu ; on laisse reposer l'huile, et on la décante.

tient en mêlant ensemble dans une capsule ou un mortier peu profond, des blancs d'œuf et de la chaux vive en poudre fine. On en imbibe des bandes de linge dont on recouvre l'un ou l'autre des luts précédens. Rarement on applique ce lut immédiatement sur les bouchons. On peut cependant s'en servir avec avantage pour enduire les bouchons avant de les introduire dans le col de la cornue. On doit l'appliquer à l'instant où l'on vient de le préparer, parce qu'il se durcit très-promptement.

Lut d'argile et de sable. — Pour faire ce lut, on détrempe de l'argile avec de l'eau, on y incorpore le plus possible de sable passé au tamis de crin, et l'on malaxe avec les mains l'espèce de *magma* qui en résulte. On l'applique en couches plus ou moins épaisses sur les cornues ou les tubes que l'on veut préserver de l'action immédiate du feu; ensuite on expose ces vases à l'air, ou bien à une chaleur douce, pour les faire sécher : s'il se faisait des gerçures, on les remplirait avec du lut frais, et si les gerçures étaient trop petites, il faudrait les agrandir et en mouiller les parois, afin de lier parfaitement le nouveau lut avec l'ancien.

On fait encore usage d'une espèce de lut qu'on doit plutôt appeler mastic, et qui est composé de 4 parties de brique pilée, de 3 de résine, et de 1 de cire jaune.

On le prépare en fondant ces trois substances dans une chaudière de fer ou de cuivre à une légère chaleur, et agitant le mélange avec une spatule; on l'applique à l'aide d'un pinceau sur le corps que l'on veut luter; il se fige très-promptement; aussitôt qu'il est refroidi, ou l'unit avec un fer chaud. Ce lut ou mastic est surtout employé dans la construction des piles voltaïques (1er vol., p. 98).

Machine pneumatique. — Instrument dont on se sert pour faire le vide dans un vase ou en retirer l'air.

Pl. 10, *fig.* 1, 2, 3 et 4, plan, coupe et élévation de la machine pneumatique.

Fig. 2. U, cloche ou récipient de verre dans lequel on se propose de faire le vide.

PP, plateau circulaire en cuivre recouvert d'un disque de glace bien uni, et servant de support à la cloche U.

CC, corps de pompe en verre ou en cuivre.

LL'L''L''', conduit établissant une communication entre la cloche U et le corps de pompe CC. L'une des extrémités L''' de ce conduit porte un pas de vis extérieur destiné à entrer dans l'écrou du robinet d'un ballon dans lequel on voudrait faire le vide, et l'autre extrémité se termine à son entrée dans le corps de pompe CC par une ouverture conique N.

D, piston se mouvant dans le corps de pompe CC.

Fig. 5, coupe perpendiculaire du piston D vu plus en grand.

DDDD, rondelles de cuir fortement serrées entre deux plans circulaires de cuivre, et formant le corps du piston.

B, ouverture circulaire pratiquée dans l'axe du piston.

C, clapet métallique s'ouvrant de bas en haut, et servant à fermer l'ouverture B.

C′C′, *fig.* 4, second corps de pompe de la machine pneumatique, et communiquant, comme le premier, avec la cloche U, au moyen du conduit LL′L″L‴.

Pour cela, le conduit LL′L″L‴ se bifurque près des deux corps de pompe au point L, pour se rendre dans l'un et dans l'autre.

D′, piston se mouvant dans le cylindre C′C′.

A′A′, traverse en cuivre, sur laquelle sont fixés les corps de pompe CC, C′C′, et les montans VV, VV.

BB, B′B′, crémaillères portant à leur extrémité inférieure les pistons DD′.

AA, boîte en cuivre formée de deux pièces, assemblées au moyen de vis aa, et fixées sur les deux montans VV, VV au moyen de vis KK. Cette boîte est percée de quatre trous, savoir : deux à travers lesquels passent les montans, et deux à travers lesquels passent les crémaillères.

H, roue dentée qui engraine avec les crémaillères BB, B′B′, et dont l'axe a ses points d'appui sur les deux pièces de la boîte AA.

II, double manivelle servant à faire mouvoir la roue dentée H, et disposée comme on le voit *fig.* 1 et 3.

EE, *fig.* 2 *et* 3, tige de cuivre traversant à frottement le piston D, et portant à son extrémité inférieure une soupape conique F destinée à fermer l'ouverture N par l'abaissement du piston D, et à l'ouvrir ou à mettre le conduit LL′L″L‴ en communication avec le corps de pompe par l'élévation de ce même piston.

G, petit disque de cuivre faisant corps avec la tige EE, et servant à régler le jeu de la soupape F.

Le piston D′ est traversé par une tige E′E′ semblable à la tige EE, et remplissant les mêmes usages.

MM, *fig.* 6, robinet principal percé de deux trous ; l'un O, perpendiculaire à son axe, sert à établir la communication entre les corps de pompe CC, C′C′, *fig.* 1, et la cloche U ; l'autre, RR′, parallèle au même axe, et légèrement courbe, sert à établir la communication entre l'air extérieur et la cloche U. (Voyez la position de ce robinet dans le plan.)

T, bouchon en cuivre légèrement conique, servant à boucher l'ouverture RR′.

SS, *fig.* 2 et 3, baromètre tronqué appelé éprouvette, placé verticalement sur une échelle en cuivre graduée, et recouvert d'une petite cloche en verre. Cette éprouvette communique avec le conduit LL′L″L‴ au moyen du robinet X, et sert à indiquer jusqu'à quel point on a fait le vide dans la cloche U.

SS, *fig.* 7, éprouvette vue plus en grand.

ZZZ, pieds en cuivre servant à fixer la machine sur son support.

Lorsque l'on veut faire usage de cette machine pour faire le vide dans la cloche U, on dresse cette cloche, c'est-à-dire, qu'on en use et qu'on en polit les bords avec le plus grand soin, afin qu'ils puissent s'appliquer le plus exactement possible sur la platine ou sur le plateau PP ; ensuite on enduit ces bords d'un corps gras, tel que du suif, pour en boucher les interstices, ainsi que ceux du plateau ; on pose alors cette cloche U, *fig.* 1re, sur le plateau, en le pressant avec les deux mains pour rendre le contact le plus parfait possible ; on établit la communication entre les corps de pompe et le récipient au moyen du robinet principal M ; on établit également, au moyen du robinet X, la communication entre l'éprouvette SS et la cloche U ; on fait agir la double manivelle, et au même instant voici ce qu'on observe : Lorsque l'un des pistons, par exemple le piston D, *fig.* 3, s'élève, la soupape F s'ouvre, et le clapet C, *fig.* 5, se ferme ; lorsque le même piston s'abaisse, cette soupape F se ferme et le clapet C s'ouvre : ce qui se passe dans le corps de pompe CC se passe également dans le corps de pompe C'C'. Il est facile de se rendre compte de tous ces effets. Quand le piston D s'élève, il opère un vide dans le corps de pompe CC, et lève la soupape F, comme nous l'avons dit ci-dessus ; il y a alors communication entre le récipient et le corps de pompe ; une portion de l'air du récipient entre donc dans ce corps de pompe. Lorsque le piston D s'abaisse, il ferme la soupape F ; par conséquent une portion d'air se trouve comprimée entre le fond du corps de pompe et le corps du piston D ; cet air ne pouvant s'échapper par la soupape F qui se trouve fermée, ne peut sortir que par le clapet C, *fig.* 5 ; il le soulève, et passe par l'ouverture B du piston D dans la partie supérieure du corps de pompe ; le piston, arrivé au point le plus bas de sa course, se relève, et pousse au-dehors tout l'air situé au-dessus de lui. En effet, cet air ne peut plus repasser par l'ouverture B du piston, puisqu'elle est alors fermée par le clapet : il est donc obligé de s'échapper par les différentes ouvertures qui servent de passage à la tige EE et à la crémaillère BB : mais en même temps que le piston D se relève et chasse cet air, il se fait de nouveau un vide dans la partie inférieure du corps de pompe, la soupape F s'ouvre, et permet à une nouvelle quantité de l'air du récipient de remplir le vide produit par le piston D. En faisant mouvoir ainsi les pistons, il arrive une époque à laquelle le mercure descend dans la branche fermée, et monte dans la branche ouverte de l'éprouvette, signe qui indique que l'air de la cloche est très-rare : il parvient ainsi peu à peu dans cette dernière branche à la même hauteur que dans la première, à un millimètre près ; alors le vide est aussi parfait qu'il est possible de le faire par la meilleure machine connue jusqu'à présent. Cette pression d'un millimètre, qu'il est impossible d'empêcher, est produite par une petite quantité d'air qui reste dans la cloche, ou plutôt par un peu de vapeur d'eau. On s'y prendrait de la même manière pour faire le vide dans un ballon à robinet, si ce n'est qu'il faudrait le visser sur le pas de vis L''' qui termine le conduit LL'L''L'''. Dans tous les cas, il est essentiel d'employer des vases bien secs.

Manomètre. — Nom donné à un baromètre que l'on emploie pour mesurer le ressort d'un gaz contenu dans un vase fermé. Le vase doit d'ailleurs être muni d'un couvercle en cuivre très-large, qui permet d'y introduire divers corps, et d'un robinet à l'aide duquel on peut retirer et examiner à volonté une portion du gaz en contact avec ces corps.

Pl. 11, *fig.* 1re, projection verticale d'un manomètre.

A, bocal de verre à large ouverture.

B, garniture en cuivre, dont l'intérieur forme écrou pour recevoir la plaque de cuivre DD qui sert à fermer le bocal A.

L'extrémité du pas de vis intérieur de la garniture B est munie d'une rondelle en cuir, qui, se trouvant comprimée lorsqu'on vient à visser la plaque B, contribue à fermer exactement le manomètre.

Fig. 2, couvercle DD vu de face.

P, *fig.* 3, clef dont les échancrures OO se fixent sur les boutons FF de la garniture B. La même figure présente la clef P, vue de profil.

N, *fig.* 4, autre clef dont la tête carrée L embrasse le bouton de même forme E du couvercle DD, *fig.* 2.

La clef P, *fig.* 3, sert à maintenir le vase A, tandis que l'on fait tourner et que l'on serre le couvercle DD avec la clef N.

Fig. 1. G, crochet fixé au couvercle DD : on attache ordinairement au couvercle trois crochets auxquels on peut suspendre un thermomètre, un hygromètre, etc.

II, baromètre à syphon fixé dans la douille H à l'aide d'un mastic dur.

K, échelle mobile en laiton, embrassant le tube du baromètre II par deux anneaux MM non fermés et faisant ressort.

QQ, rondelle de bois traversée par trois vis RRR servant à mettre le baromètre dans une situation verticale.

S, fil à-plomb, au moyen duquel on juge si le baromètre est vertical, en le mirant successivement dans deux positions faisant entre elles un angle droit.

U, robinet destiné à donner issue à l'air du bocal A, quand on veut l'examiner. Ce robinet a deux pas de vis en V au-dessus de son collet, l'un interne, et l'autre externe : sa clef doit avoir un trou de douze millimètres de diamètre au moins, pour que l'écoulement de l'eau du tube puisse se faire aisément.

A, *fig.* 5, soucoupe en cuivre que l'on remplit d'eau

distillée : cette soucoupe se monte sur le pas de vis extérieur du robinet U.

BB, tube de verre gradué que l'on remplit d'eau distillée, et que l'on ajuste au moyen de la virole C, en cuivre, sur le pas de vis intérieur du collet V du robinet U.

Fig. 6. Coupe du tube gradué, de la soucoupe et du robinet, réunis et vissés sur l'appareil.

Fig. 7. C, bouchon en cuivre, muni d'une rondelle de cuir, et s'ajustant sur le pas de vis intérieur V du robinet U.

Fig. 7. Elévation et plan du robinet U, séparé de la plaque D et du bouchon C.

On voit, *fig.* 1re, le bouchon C mis en place.

On visse facilement le bouchon C au moyen de la tige carrée X de la clef N, *fig.* 4, qui s'insère dans une cavité de même forme de ce bouchon.

L'usage du bouchon C est d'intercepter la communication de l'air extérieur avec le manomètre pendant que le robinet U est ouvert.

On tient le robinet U ouvert pendant la durée des expériences, afin que l'air contenu dans le trou de ce robinet soit dans les mêmes circonstances que celui qui se trouve dans l'intérieur du bocal A.

Marmite de Papin. — Instrument dont on se sert pour exposer à une très-haute température des liquides ou autres substances, sans qu'ils puissent se vaporiser.

Pl. 11, *fig.* 8. A, vase cylindrique creux de cuivre très-épais, portant à sa partie supérieure un rebord TT.

BB, couvercle de ce vase, muni d'un crochet C, auquel on peut suspendre différens corps.

G, ouverture du couvercle.

Fig. 10. EE, bride en fer dont les extrémités recourbées MM s'engagent sous le rebord du vase A.

DD, vis servant à comprimer le couvercle BB au moyen de la bride EE.

FF', *fig.* 11, levier destiné à fermer l'ouverture G du couvercle au moyen d'un poids P, *fig.* 9, qu'on suspend à son extrémité F'. Ce levier est muni en G' d'un bouton aplati en fer qui s'applique immédiatement sur l'ouverture G.

H représente le même levier, vu de profil.

Fig. 9. II, anneaux servant de point d'appui à l'extrémité F du levier FF'.

L, cavité creusée dans l'épaisseur du couvercle BB, et destinée à recevoir la boule d'un thermomètre.

Veut-on se servir de cette machine pour soumettre l'eau à un haut degré de chaleur : on la remplit de ce liquide ; on place ensuite une rondelle de carton entre le couvercle et le bord supérieur de la marmite, afin de multiplier le plus possible les points de contact ; on comprime fortement le couvercle B au moyen de la vis DD, et on ferme l'ouverture G avec le levier FF', que l'on place comme on le voit *fig.* 9. La marmite étant ainsi disposée, on la met dans un fourneau, où l'on fait du feu. L'eau s'échauffe peu à peu, et reste liquide jusqu'à ce que sa force expansive soit assez considérable pour soulever le levier FF'; en sorte que, plus le poids situé à l'extrémité de ce levier sera fort, et plus l'eau pourra s'échauffer sans se vaporiser ; si, lorsqu'elle est parvenue à 3 ou 400°, on retire le levier, elle s'échappe avec impétuosité en produisant un grand sifflement, et forme, en s'élançant dans l'air, un cône renversé de vapeurs.

Matras. — Vases de verre à long col, dont le corps est le plus souvent rond, *pl.* 11, *fig.* 11, quelquefois ovoïde, *fig.* 14. Les matras portent assez souvent une ou plusieurs tubulures, comme on le voit *fig.* 12. Leur grandeur varie depuis un demi-décilitre jusqu'à 15 et 16 litres.

On emploie les matras non tubulés pour faire des digestions ou macérations, pour préparer certains gaz, tel que le gaz muriatique oxigéné (455). Ceux qui sont tubulés servent de récipient dans plusieurs circonstances, et surtout dans les distillations où l'on a à recueillir des produits gazeux et des produits liquides ou solides. On se sert particulièrement de ceux qui sont ovoïdes pour les essais d'or. Les anciens se servaient d'une espèce de matras à fond plat et à col très-long, *fig.* 14, qu'on appelait enfer de Boyle ; aujourd'hui il n'est plus d'usage.

Mortier. — Vaisseau qui sert à contenir les substances que l'on veut concasser ou pulvériser au moyen du pilon. Les mortiers sont en fer, en fonte, en laiton, en marbre, en porcelaine, en verre et en agate ou silex. Leur forme et leur grandeur varient. On doit avoir, dans un laboratoire, un assortiment de mortiers. Les pilons sont de même nature que les mortiers, excepté ceux des mortiers de marbre qui sont en bois.

Pl. 12, *fig.* 2. Mortier de fonte ou de laiton.

GG, cavité du mortier.

CC, anses du mortier.

Fig. 3. EE, mortier de marbre.

GG, cavité du mortier.

HHHH', anses du mortier. L'anse H' est munie d'une rigole I servant à verser le liquide contenu dans le mortier.

Fig. 4. LL, mortier de porcelaine.

Fig. 5. MM, mortier d'agate. N, pilon de ce mortier.

Les mortiers de porcelaine, de verre et d'agate, ne pouvant soutenir, à cause de leur fragilité, les chocs réitérés du pilon, on doit, toutes les fois qu'on s'en sert, faire agir circulairement le pilon, c'est-à-dire, triturer. Il est essentiel aussi que le mortier dont on se sert soit bien solide, et ne puisse point réagir sur le corps à pulvériser; quelquefois on le recouvre d'une peau pour contenir le corps qu'on pulvérise : alors le pilon passe à travers cette peau.

Obturateur. — Plan circulaire de verre que l'on place sous les éprouvettes ou les cloches remplies de gaz ou de liquide, pour les transporter d'un lieu dans un autre. Il y en a de plusieurs grandeurs.

Papier non collé. — On fait usage de cette espèce de papier dans les laboratoires, pour filtrer ou clarifier les liquides troubles (voy. Filtre) : on doit toujours en avoir plusieurs mains à sa disposition. Il est blanc ou gris; le premier est bien plus souvent employé que le second, et est connu sous le nom de *papier joseph*.

Pelle à braise. — Pelle en tôle munie d'un manche en bois : on s'en sert pour mettre du charbon dans les fourneaux.

La *pl.* 12, *fig.* 7, représente cette pelle de face et de côté.

Pèse-liqueur. — Instrument de verre dont on se sert pour déterminer, d'une manière approximative, la pesanteur spécifique des liquides. (Voyez, pour sa construction, les ouvrages de physique.)

Pince, pincette.—La pincette la plus employée dans les laboratoires est celle qui est représentée *pl.* 12, *fig.* 8 : on la connaît sous le nom de fer à moustache.

Pince à creuset. — Cette pince ne diffère des pinces ordinaires qu'en ce que ses dimensions sont plus considérables, et que ses deux branches AD, AD, *pl.* 12, *fig.* 9, sont recourbées à angle droit en A, et se terminent par un arc de cercle BB destiné à embrasser le creuset lorsqu'on rapproche l'une de l'autre les deux branches AD, AD. On s'en sert pour retirer des fourneaux les creusets rouge de feu.

Pinces à cuillers. — *Pl.* 12, *fig.* 6. Pinces dont les deux extrémités inférieures sont écartées par un ressort D, et dont les deux extrémités supérieures A sont terminées par deux cavités en forme de cuillers qui s'appliquent exactement l'une sur l'autre. On s'en sert pour porter des substances réduites en poudre dans la partie courbe de petites cloches, *pl.* 20, *fig.* 3, pleines de gaz et de mercure.

Pipette.—*Pl.* 12, *fig.* 10. Boule de verre à laquelle sont soudés, d'une part, un tube recourbé AB, et, d'une autre part, un tube DC effilé à son extrémité C. On emploie la pipette pour décanter de petites quantités de liqueur. A cet effet, on plonge l'extrémité C de la pipette dans la liqueur que l'on veut décanter ; on opère un mouvement de succion au point A, et on continue à sucer jusqu'à ce que la boule soit remplie de liquide ; alors on ferme promptement, avec le doigt ou la langue, l'extrémité A ; on retire la pipette de la liqueur ; on porte l'extrémité C au-dessus du vase ou du filtre qui doit recevoir le liquide ; on débouche l'extrémité A, et la liqueur s'écoule par l'extrémité C.

Porphire. — Instrument au moyen duquel on réduit diverses substances solides en poudre presque impalpable. Un porphire se compose d'une table de granit, de porphire ou de toute autre pierre très-dure, et d'une molette DD, *pl.* 12, *fig.* 1re, de la même nature que la table. Plus la table et la molette sont dures et polies, et meilleur est le porphire. Cependant il existe des porphires en verre ; mais on ne doit s'en servir que pour réduire en poudre les substances qui ont peu de cohérence.

Lorsqu'on veut porphiriser une substance quelconque, on la place sur la table du porphire, et on la triture avec la molette. Comme, par le mouvement circulaire qu'on imprime à celle-ci dans la trituration, on finit par étendre la substance sur presque toute la surface de la table, et la faire adhérer tant à cette surface qu'à celle de la molette, il faut la détacher de temps en temps et la rassembler au centre de la table avec un couteau long et flexible de fer, de corne ou d'ivoire.

Pyromètre. (Voy. 1er vol., p. 42.)

Rape. — Espèce de grosse lime dont les dents sont très-proéminentes. On s'en sert pour raper les bouchons, lorsqu'il faut en diminuer beaucoup le volume.

Syphon. — Instrument à l'aide duquel on peut transvaser les liquides. Les syphons sont en verre ou en métal, et ont différentes formes. Ceux qu'on emploie dans les laboratoires sont toujours en verre, et consistent tantôt en un tube courbé, comme on le voit *pl.* 12, *fig.* 11, dont les branches AC et AD sont d'inégale longueur; tantôt en un tube semblable, auquel on a soudé en E un autre tube EF, *fig.* 13 : le premier porte le nom de syphon simple, et le second celui de syphon double. On n'emploie presque jamais l'un et l'autre que pour séparer les liquides des matières solides que ceux-ci ont laissé déposer.

Il n'y a qu'une manière de se servir du syphon double : on plonge la branche AC, *fig.* 13, dans le liquide à décanter; on ferme l'extrémité D avec le doigt, et on opère un mouvement de succion à l'extrémité F. Le liquide s'élève et ne tarde pas à remplir les branches CA et AD : alors on cesse d'aspirer, on ôte le doigt, et l'écoulement du liquide a lieu.

Il y a deux manières de se servir du syphon simple : la première consiste à plonger la branche la plus courte, AD, *fig.* 11, dans le liquide, et à aspirer l'air du tube avec la bouche par l'extrémité C de la branche AC. Lorsque le liquide est arrivé au point C, on ôte le tube de la bouche, et le liquide s'écoule comme précédemment. La seconde manière consiste à remplir le syphon d'eau, etc., à fermer l'extrémité C avec le doigt, à plonger la branche AD dans le liquide, et à déboucher l'extrémité C.

On peut faire usage du syphon double dans toutes les circonstances, soit qu'on ait à décanter un liquide insipide ou caustique, soit qu'on veuille recueillir ou rejeter ce liquide. On ne peut faire usage du syphon simple comme nous l'avons dit d'abord, qu'autant que le liquide n'est point caustique, et qu'on ne se propose point de le recueillir du moins tout entier ; car alors une portion du liquide arrive nécessairement dans la bouche : on peut s'en servir, comme nous l'avons dit en second lieu, dans presque toutes les circonstances. Dans tous les cas, il faut rapprocher le plus possible la branche AD du dépôt, mais de manière cependant que celui-ci ne soit point entraîné. Supposons, pour plus de clarté, que l'on veuille décanter, au moyen d'un syphon ordinaire, le liquide E de dessus le dépôt GG, *fig.* 12, par le premier des deux procédés que nous avons précédemment indiqués : on plongera d'abord la branche la plus courte AD dans la liqueur E, jusqu'à la profondeur de 4 à 5 centimètres ; ensuite, après avoir rempli le syphon de liquide par un mouvement de succion, on enfoncera peu à peu la branche AD jusqu'auprès du dépôt GG. (*Voyez*, pour la théorie du syphon, les ouvrages de physique.)

Support. — Colonne ou cylindre de bois dont on se sert pour soutenir à une hauteur convenable, les différentes pièces qui composent un appareil.

Tamis. — Toile en soie ou en crin, tendue au moyen de deux cylindres de bois, s'emboîtant l'un dans l'autre, *pl.* 13, *fig.* 1.

GG, cylindre inférieur.

AA, cylindre supérieur s'emboîtant dans le cylindre GG.

EE, toile de soie ou de crin, portant à sa circonférence un petit bourlet à l'aide duquel elle est retenue dans l'emboîture des cylindres GG, AA.

Quelquefois la substance à tamiser est dangereuse à respirer, et peut se disperser dans l'air à cause de sa grande ténuité ; alors, au lieu d'employer le tamis *fig.* 1re, on se sert du tamis dont on voit les parties séparées *fig.* 2, et qu'on appelle tamis couvert ou tamis à tambour.

CC, cylindre creux en bois, fermé inférieurement par une peau tendue au moyen du cylindre C'C'.

AA, autre cylindre creux en bois, fermé inférieurement par une toile en soie ou en crin, tendue par le cercle A'A'.

BB, troisième cylindre creux en bois recouvert supérieurement par une peau tendue au moyen du cercle B'B'. Ces trois cylindres s'emboîtent les uns dans les autres. On met la substance à tamiser dans le cylindre AA, qui n'est autre chose que le tamis proprement dit : elle est reçue dans le cylindre inférieur qui prend le nom de fonds, et retenue par le cylindre supérieur qu'on appelle couvercle.

On se sert des tamis pour obtenir en poudre d'une grosseur uniforme, les substances que l'on a d'abord broyées ou pilées dans un mortier.

Il y a des tamis de différentes grandeurs et de différente finesse.

Thermomètres. (*Voyez* premier volume, page 41.)

Terrine. — Vase conique de grès ou de terre vernie, *pl.* 13, *fig.* 3. Il y en a de plusieurs grandeurs ; les terrines de grès sont employées pour recevoir différens liquides, et principalement ceux qu'on veut faire cristalliser. On s'en sert aussi assez souvent pour recueillir les gaz sur l'eau, au moyen d'un têt troué dans son fond et échancré sur les côtés, etc. Ces vases supportent difficilement l'action du feu.

Têt. — *Pl.* 13, *fig.* 4. Capsule en terre dont on se sert pour calciner des métaux, des mines métalliques, des charbons végétaux, animaux, etc. Quelquefois on en perce le fond et on en échancre le côté, pour recueillir les gaz dans une terrine ou capsule en partie pleine d'eau, ainsi que nous venons de le dire. (*Voyez* cuve pneumato-chimique.)

Tube. — Tuyau plus ou moins cylindrique, beaucoup plus long que large. On ne se sert presque jamais dans les laboratoires que des tubes de fer, de platine, de porcelaine, et surtout de verre.

1° *Tube de Fer.* — Les tubes de fer dont on fait usage ne sont ordinairement que des portions de canons de fusil, ou des canons de fusil entiers, dont on a enlevé la culasse. On les emploie principalement pour extraire le potassium et le sodium, et alors on les recouvre d'un lut infusible. (*Voyez* Lut, page 46.)

Tube de Porcelaine. — Ces sortes de tubes ont 7 à 8 décimètres de long, et 1 à 3 centimètres de diamètre intérieur. Leur épaisseur varie : les moins épais sont les meilleurs. Tous doivent être vernis intérieurement; sans cela, ils ne seraient point imperméables aux gaz. Quelquefois les tubes de porcelaine sont légèrement courbés. On se sert des tubes de porcelaine pour exposer les gaz et les liquides à l'action d'une haute température, ou bien encore pour mettre ces sortes de corps en contact à cette même température avec des corps solides. Pour cela, on dispose horizontalement ou presque horizontalement ce tube dans un fourneau, comme on le voit *pl.* 13, *fig.* 6; lorsque ce tube est rouge, on fait arriver les gaz ou les liquides en vapeurs par une de ses extrémités, et on en reçoit le produit par l'autre. Dans les cas où l'on voudrait les faire réagir sur un corps solide, on mettrait celui-ci dans le tube même, pourvu qu'il fût fixe ou très-peu volatil.

Tube de Platine. — Les tubes de platine que l'on a faits jusqu'à présent, sont un peu moins longs et un peu moins larges que les tubes de porcelaine. Ils sont très-peu épais. On n'en fait presque jamais usage, parce qu'ils sont très-chers et qu'on peut presque toujours les remplacer par des tubes de porcelaine.

Tubes de verre. — Leur longueur varie, ainsi que leur diamètre : les uns ont environ 1 à 3 centimètres de diamètre; les autres de 4 à 8 millimètres; d'autres enfin sont capillaires. Ceux qui ont 1 à 3 centimètres de diamètre, ont les mêmes usages que les tubes de porcelaine; mais il faut qu'ils soient lutés, et que la température à laquelle on les expose, ne soit pas beaucoup plus grande que le rouge cerise. Ces tubes sont encore employés pour faire des cloches courbes, des éprouvettes; pour contenir les matières propres à dessécher les gaz, etc., etc. Les tubes qui ont de 4 à 8 millimètres servent à faire des tubes recourbés, les syphons, les pèse-liqueurs, les pipettes, les tubes de sûreté droits, les tubes de sûreté à boule, les tubes en 3 ou en S, etc. Quant aux tubes capillaires, on les emploie principalement pour la construction des thermomètres. On s'en sert aussi quelquefois pour agiter les liquides. Mais le plus ordinairement on se sert à cet effet de tubes de verre pleins, qu'on coupe de longueur convenable avec un trois-quarts, et dont on arrondit les extrémités. C'est au moyen de la lampe qu'on donne ces diverses formes aux tubes de verre.

On doit toujours avoir à sa disposition une certaine quantité de tubes de différens diamètres, que l'on place sur des montans de bois entaillé, comme on le voit *pl.* 13, *fig.* 9.

CC, CC, tubes de verre.

AA, AA, montans de bois auxquels on a fait des entailles profondes BB, BB, pour recevoir les tubes CC, CC. Ces montans s'attachent ordinairement au mur du laboratoire, au-dessus de la lampe d'émailleur.

Tubes de sûreté à boule. — Tube de verre ABC, *pl.* 13, *fig.* 11, courbé à angle droit aux points A et B, et auquel on a soudé en D un autre tube recourbé DEFG. La branche FG de ce tube se termine supérieurement par un entonnoir, et sa branche EF porte une boule I que l'on remplit à moitié d'eau au moyen de l'entonnoir G. Cette espèce de tube est principalement employée dans l'appareil de Woulf. (Voyez Théorie des Tubes de sûreté, 1er volume, p. 174.)

Tube en 3 ou en S. — Tube de verre, *pl.* 13, *fig.* 10, composé de trois branches parallèles A, B, C, dont l'une A s'évase supérieurement en entonnoir, et la deuxième B porte une boule. On voit un tube de ce genre adapté à l'appareil de Woulf, *pl.* 6, *fig.* 2; on s'en sert pour verser des liquides dans les vases auxquels on adapte ces sortes de tubes.

Tube gradué. — Tube en cristal A B, *pl.* 13, *fig.* 7,

fermé à la lampe par son extrémité A, et divisé en 100 ou 200 parties d'égale capacité. Pour opérer cette division, on doit autant que possible se procurer des tubes dont le diamètre soit le même partout, parce qu'alors on n'a besoin pour les graduer que de les diviser en parties d'égale longueur. Lorsqu'on ne peut point s'en procurer, il faut pour en opérer la graduation, 1° verser successivement dans le tube de petites quantités égales de mercure, ce à quoi l'on parvient facilement en remplissant de mercure une petite mesure de verre dont les bords sont usés, et en la fermant avec un obturateur; 2° marquer à chaque fois qu'on ajoute une nouvelle mesure de mercure, le point auquel le métal correspond; 3° diviser l'espace compris entre deux marques consécutives, en un même nombre de parties d'égale longueur : cette manière d'opérer suppose que cet espace est partout d'un diamètre parfaitement égal, ce qui doit être sensiblement vrai, dans le cas où on a choisi un tube presque cylindrique. On se contente ordinairement d'écrire sur le tube les divisions de 10 en 10, à partir de l'extrémité supérieure, et l'on distingue ces divisions, ainsi que celles qui sont tracées de 5 en 5, en donnant plus de longueur aux traits qui les représentent. Par ce moyen, il est toujours facile de lire le nombre des parties de gaz que contient le tube.

Valet. — On appelle ainsi des nattes de paille tressées en rond, et sur lesquelles on pose les matras, les ballons, les cornues, etc., *pl.* 11, *fig.* 11.

Verre à pied. — Vase de verre conique, *pl.* 5, *fig.* 8 et 9.

C'est dans ces espèces de verre que l'on met en contact à froid les différens liquides dont on veut examiner l'action réciproque.

On doit les choisir d'un verre bien blanc et bien transparent. Il est nécessaire d'avoir dans un laboratoire deux ou trois douzaines de ces verres à pied.

Vessies. — On ne doit employer que des vessies bien dégraissées et sans fissures. On s'en sert ordinairement pour renfermer des gaz et les faire passer à travers des tubes de porcelaine ou de verre exposés à une température plus ou moins élevée. Lorsqu'on veut remplir une vessie de gaz, on en ficelle solidement le col sur la tige d'un robinet; ensuite on chasse, par la pression, presque tout l'air qu'elle contient, et on en aspire les dernières portions avec la bouche : cela étant fait, on visse le robinet qu'on y a adapté sur celui d'une cloche *pl.* 2, *fig.* 10, placée sur la cuve à eau, et contenant le gaz dont on veut la remplir; alors on établit une communication entre la cloche et la vessie, en ouvrant les robinets de l'une et de l'autre; l'on enfonce peu à peu la cloche dans l'eau, et le gaz passe à mesure dans la vessie. On ne peut pas conserver de gaz dans les vessies, parce qu'elles sont perméables. Il serait sans doute possible de remédier à cet inconvient, en les induisant d'un vernis de gomme élastique.

Planche I.

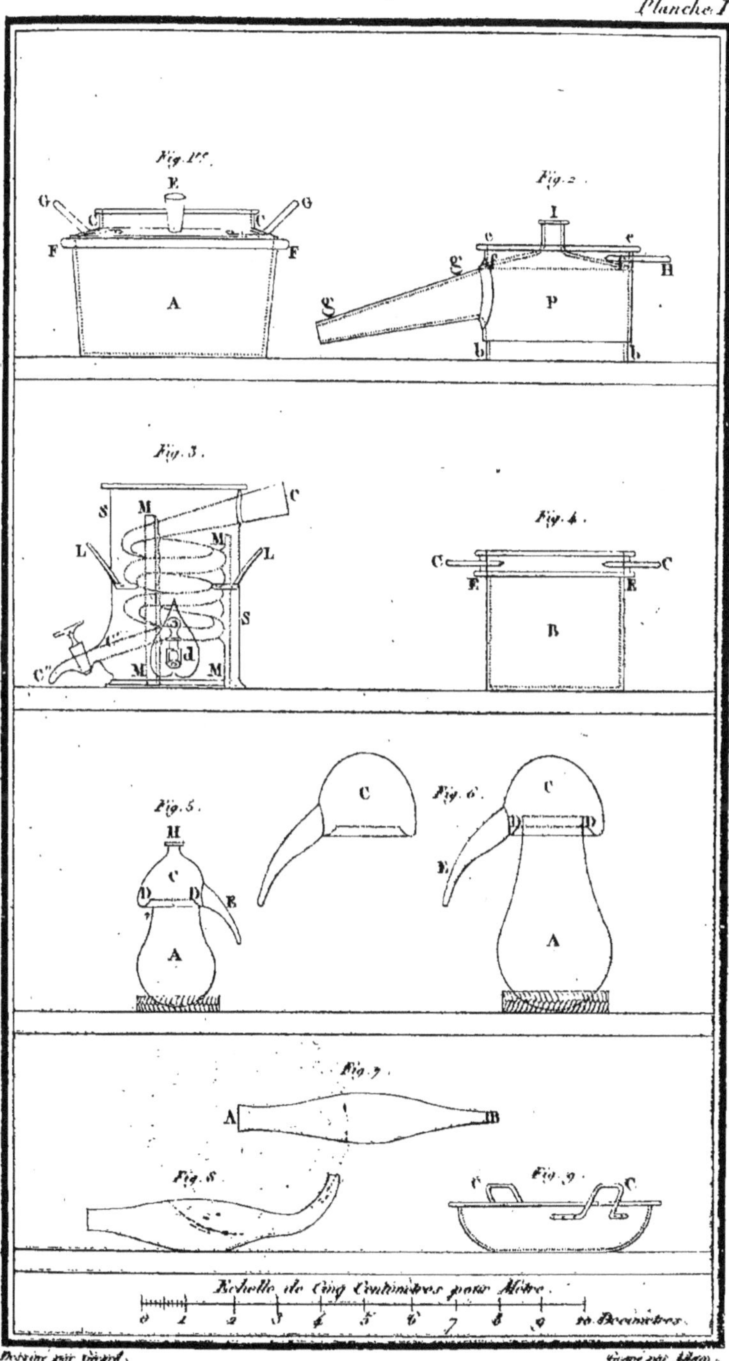
Fig. 1re.
Fig. 2.
Fig. 3.
Fig. 4.
Fig. 5.
Fig. 6.
Fig. 7.
Fig. 8.
Fig. 9.
Echelle de Cinq Centimètres pour Mètre.
0 1 2 3 4 5 6 7 8 9 10 Décimètres.

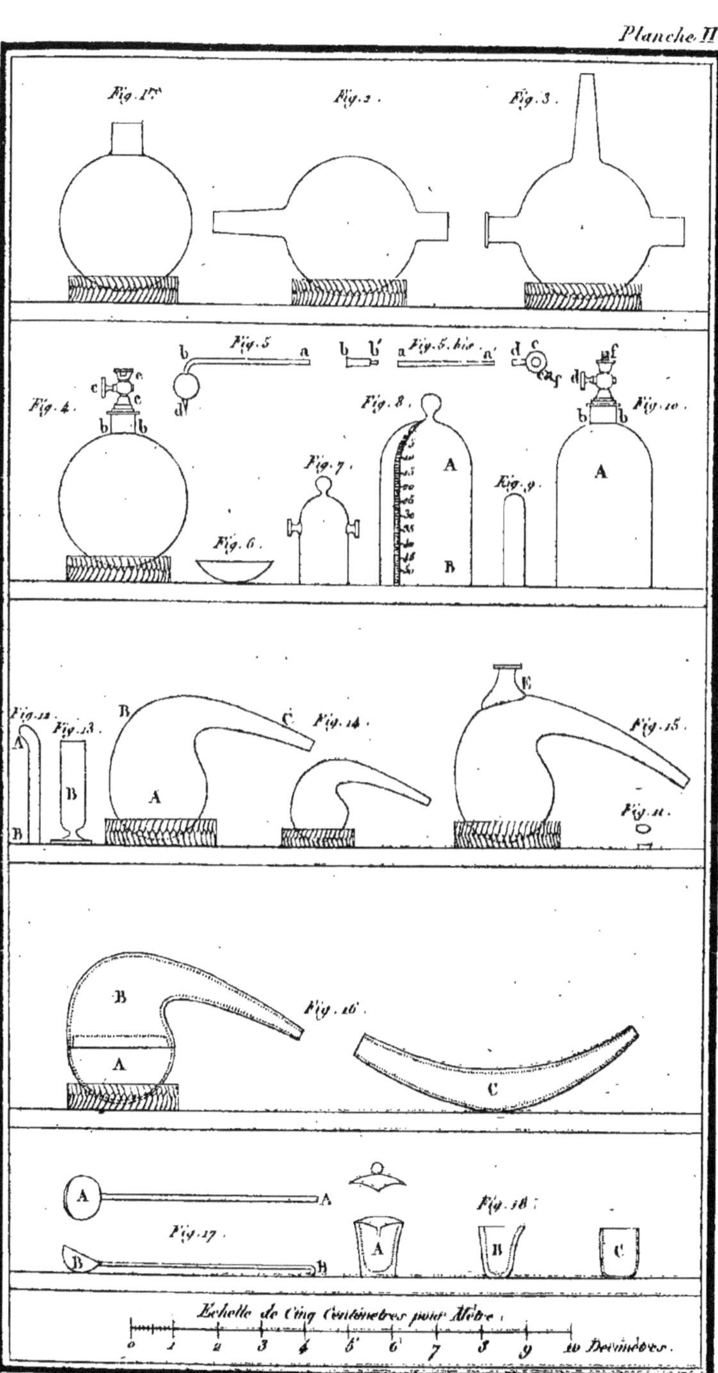
Planche II.
Fig. 1.re
Fig. 2.
Fig. 3.
Fig. 5
Fig. 5. bis
Fig. 4.
Fig. 8.
Fig. 10.
Fig. 7.
Fig. 9.
Fig. 6.
Fig. 12.
Fig. 13.
Fig. 14.
Fig. 15.
Fig. 11.
Fig. 16.
Fig. 18.
Fig. 17.
Échelle de Cinq Centimètres pour Mètre.
10 Décimètres.
Dessiné par Girard.
Gravé par Adam.

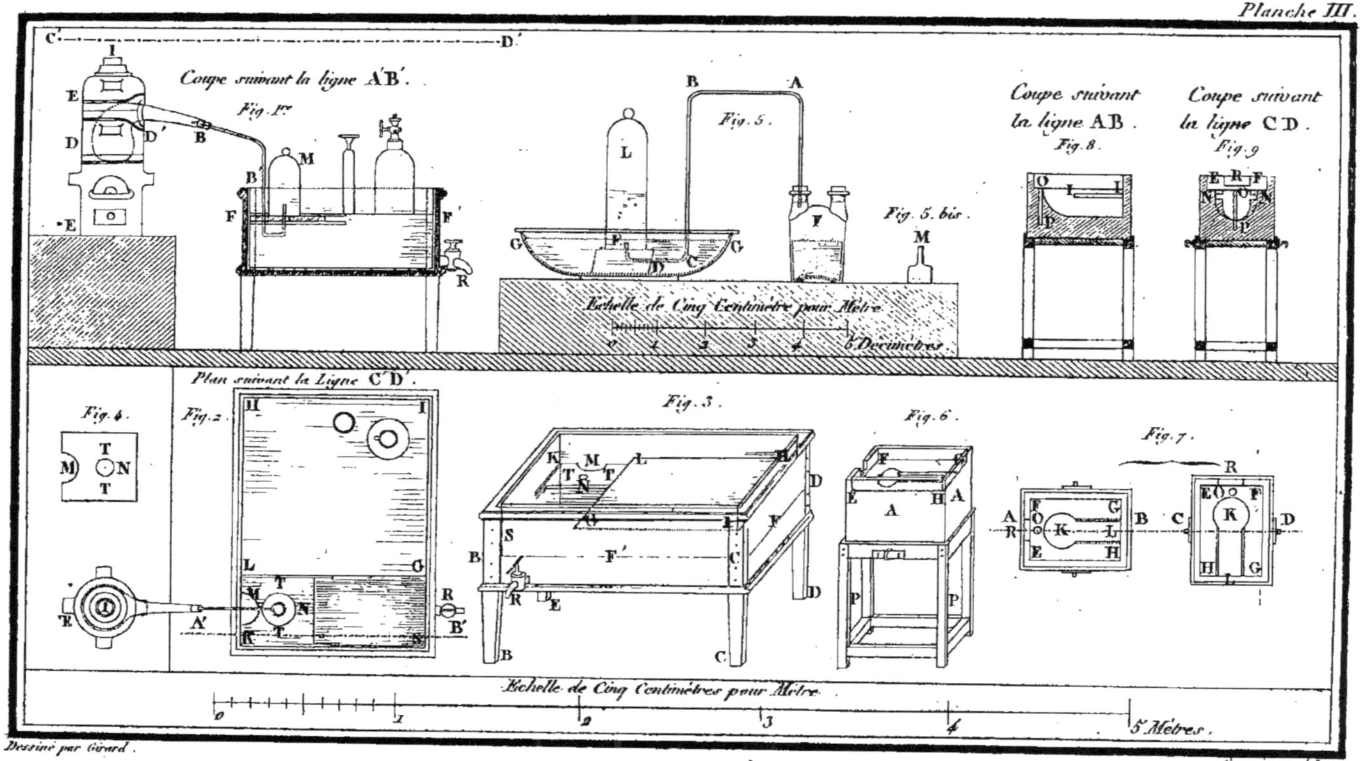

Planche III.

Coupe suivant la ligne A'B'.

Fig. 1re

Fig. 5.

Fig. 5. bis.

Coupe suivant la ligne AB.

Fig. 8.

Coupe suivant la ligne CD.

Fig. 9

Echelle de Cinq Centimètre pour Mètre.

0 1 2 3 4 5 Decimètres

Plan suivant la Ligne C'D'.

Fig. 4.

Fig. 2

Fig. 3.

Fig. 6.

Fig. 7.

Echelle de Cinq Centimètres pour Mètre.

0 1 2 3 4 5 Mètres.

Dessiné par Girard.

Gravé par Adam.

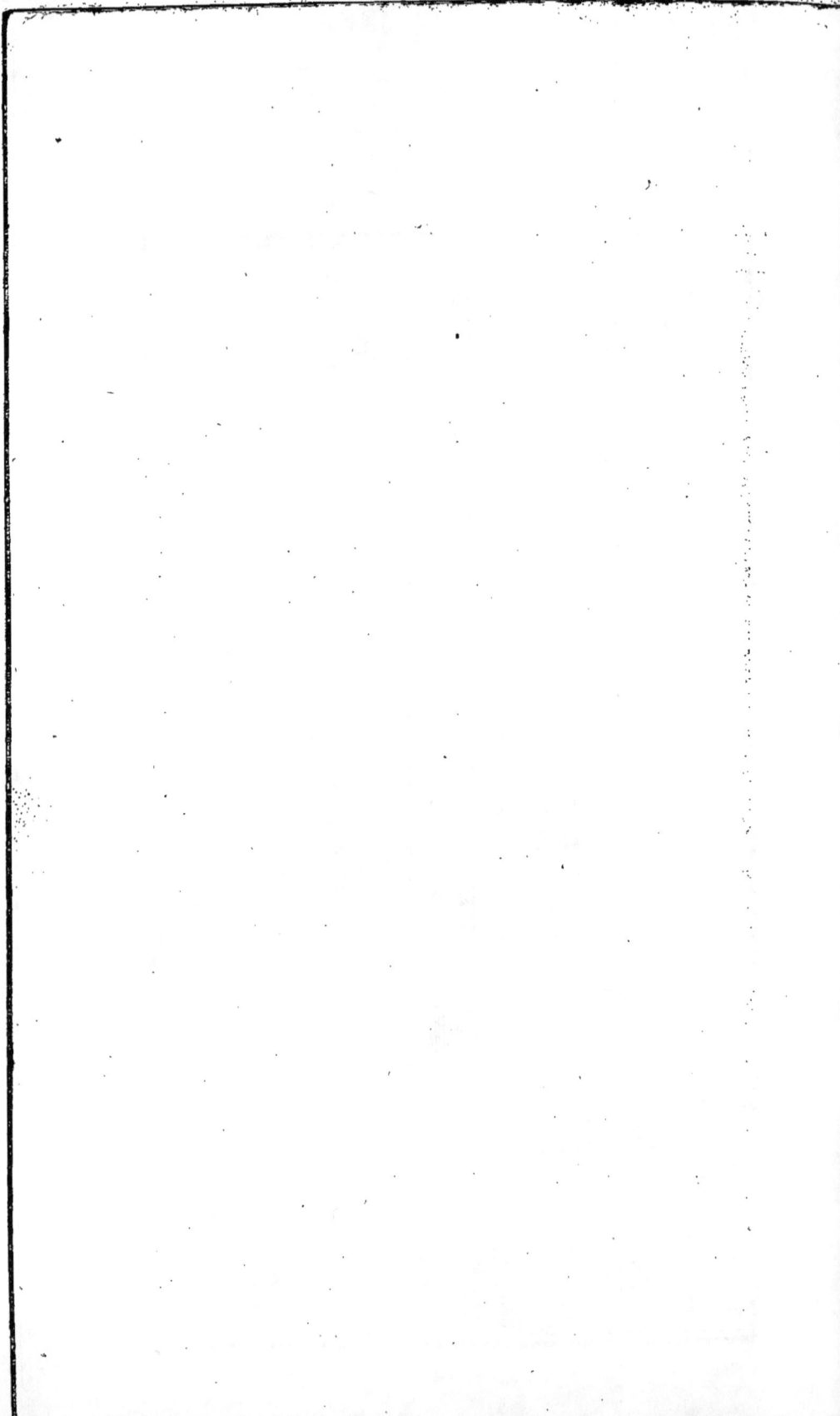

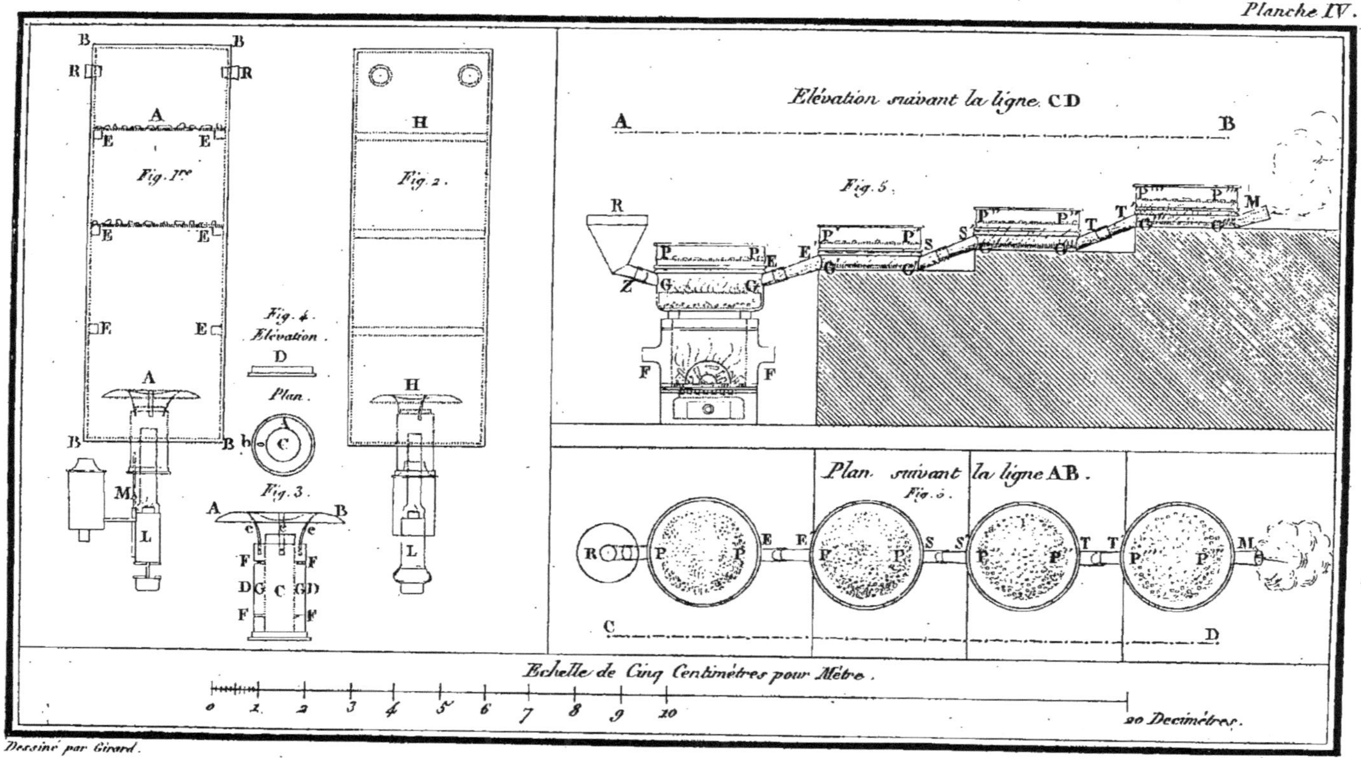

Fig. 1re

Fig. 2.

Fig. 4. Élévation.

Plan.

Fig. 3.

Élévation suivant la ligne CD

Fig. 5.

Plan suivant la ligne AB.

Fig. 6.

Echelle de Cinq Centimètres pour Mètre.

0 1 2 3 4 5 6 7 8 9 10 20 Decimètres.

Dessiné par Girard.

Gravé par Adam.

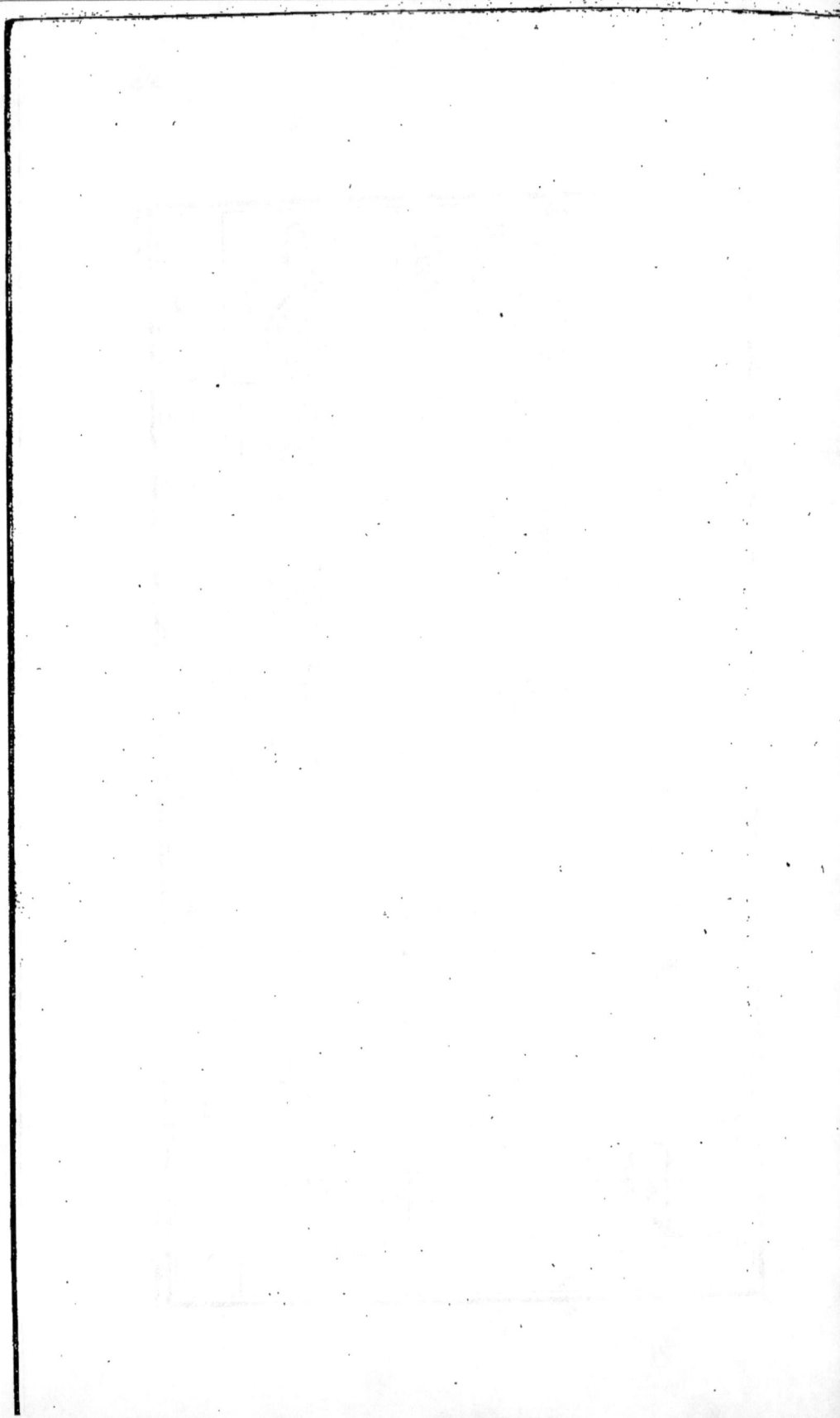

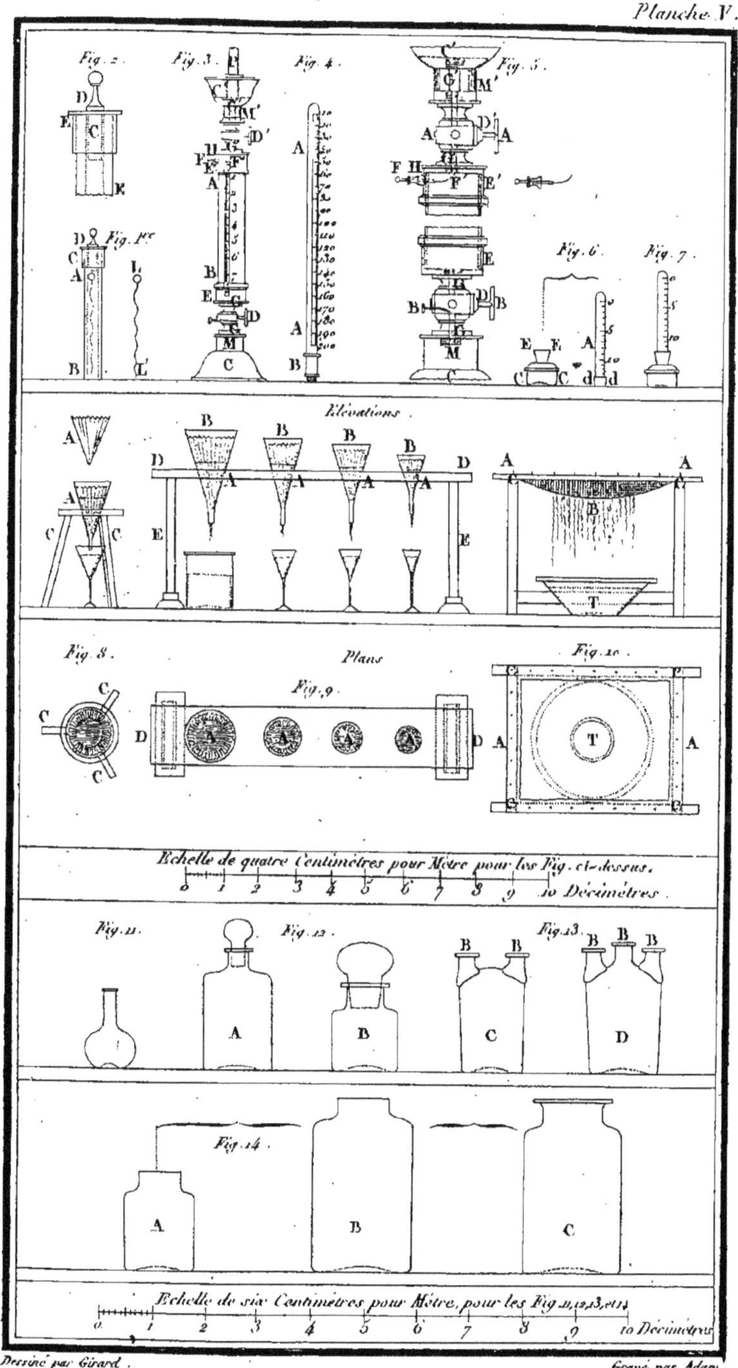
Planche V.
Fig. 2.
Fig. 3.
Fig. 4.
Fig. 5.
Fig. 1re
Fig. 6.
Fig. 7.
Elévations.
Fig. 8.
Plans
Fig. 9.
Fig. 10.
Echelle de quatre Centimètres pour Mètre pour les Fig. ci-dessus.
0 1 2 3 4 5 6 7 8 9 10 Décimètres.
Fig. 11.
Fig. 12.
Fig. 13.
Fig. 14.
Echelle de six Centimètres pour Mètre, pour les Fig. 11, 12, 13, et 14.
0. 1 2 3 4 5 6 7 8 9 10 Décimètres
Dessiné par Girard.
Gravé par Adam.

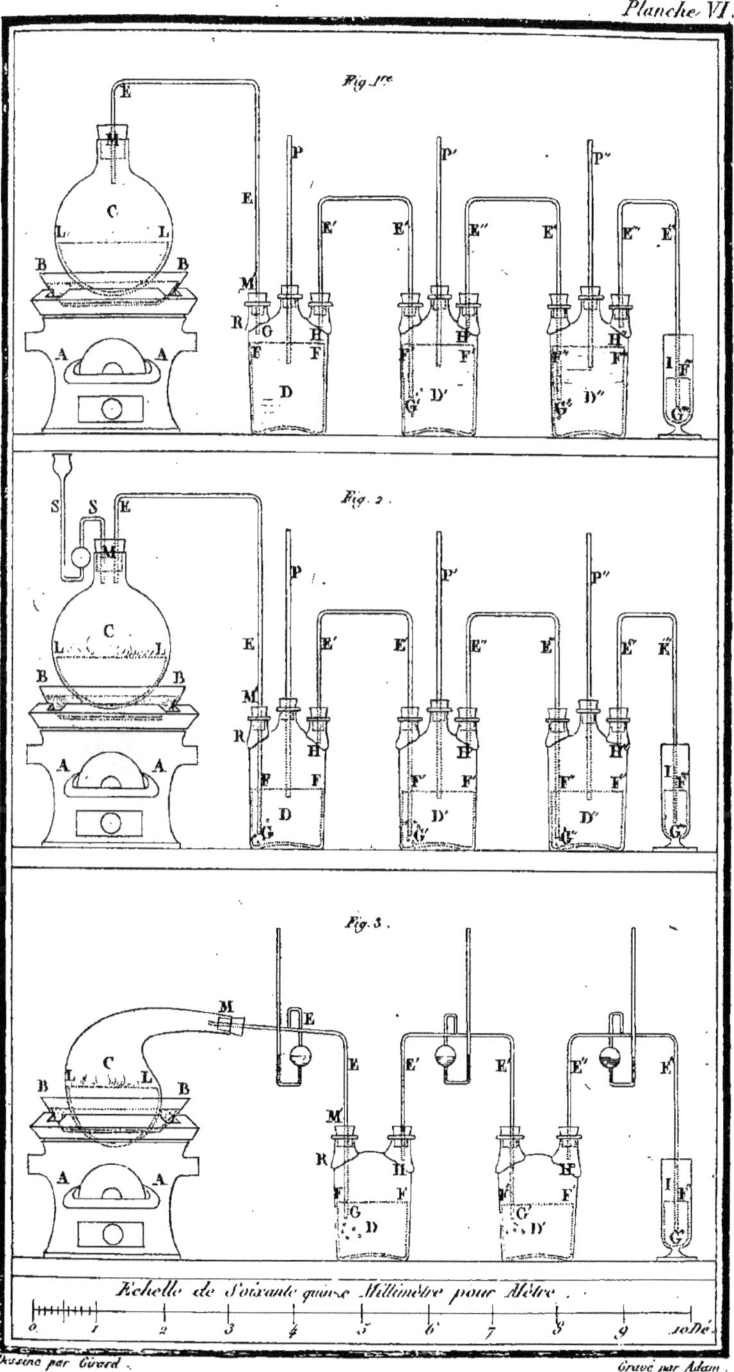
Planche VI.
Fig. 1re
Fig. 2.
Fig. 3.
Echelle de Soixante quinze Millimètre pour Mètre.
0. 1 2 3 4 5 6 7 8 9 10 Dé.
Dessiné par Girard.
Gravé par Adam.

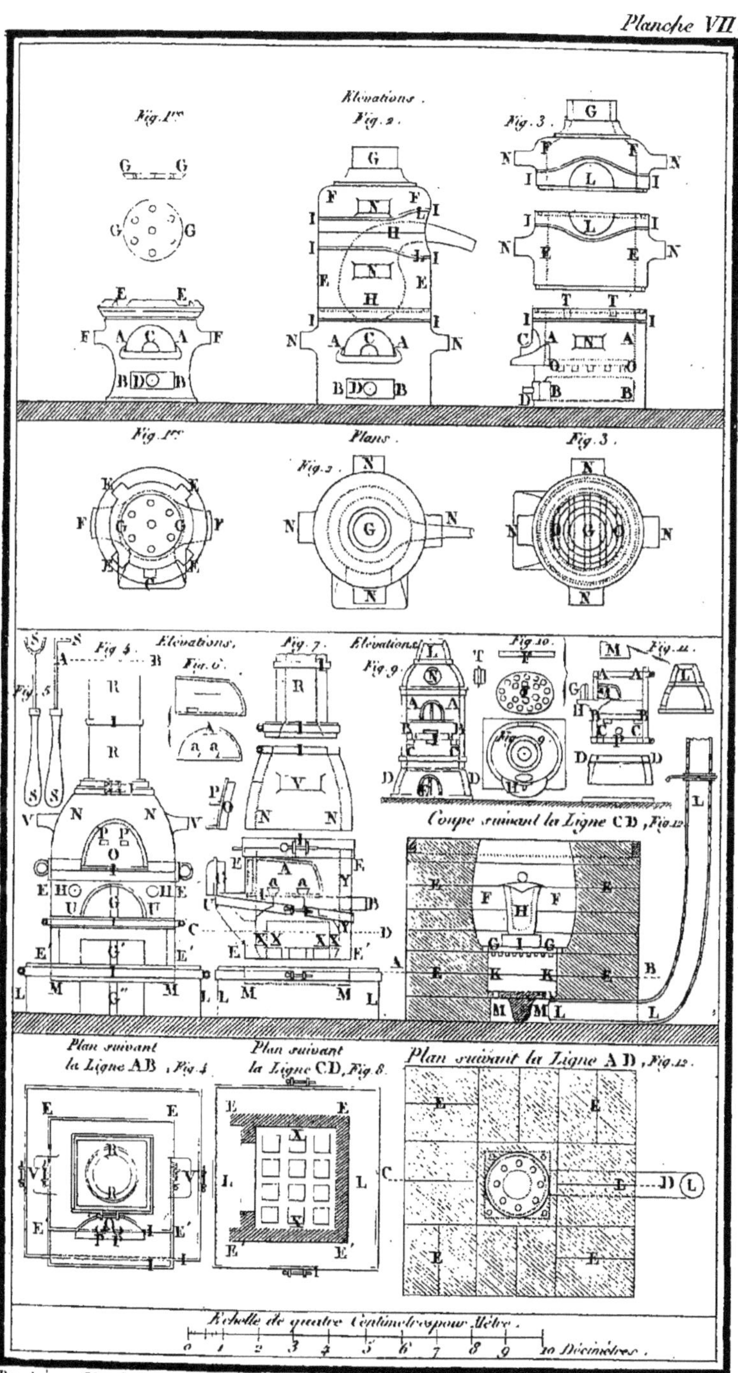
Planche VII.
Elévations.
Fig. 1re
Fig. 2.
Fig. 3.
Plans.
Fig. 1re
Fig. 2.
Fig. 3.
Fig. 4.
Elévations.
Fig. 5
Fig. 6.
Fig. 7.
Elévations.
Fig. 9.
Fig. 10.
Fig. 11.
Coupe suivant la Ligne CD, Fig. 12.
Plan suivant la Ligne AB, Fig. 4.
Plan suivant la Ligne CD, Fig. 8.
Plan suivant la Ligne AD, Fig. 12.
Echelle de quatre Centimètres pour Mètre.
0 1 2 3 4 5 6 7 8 9 10 Décimètres.
Dessiné par Girard.
Gravé par Adam.

Planche VIII.

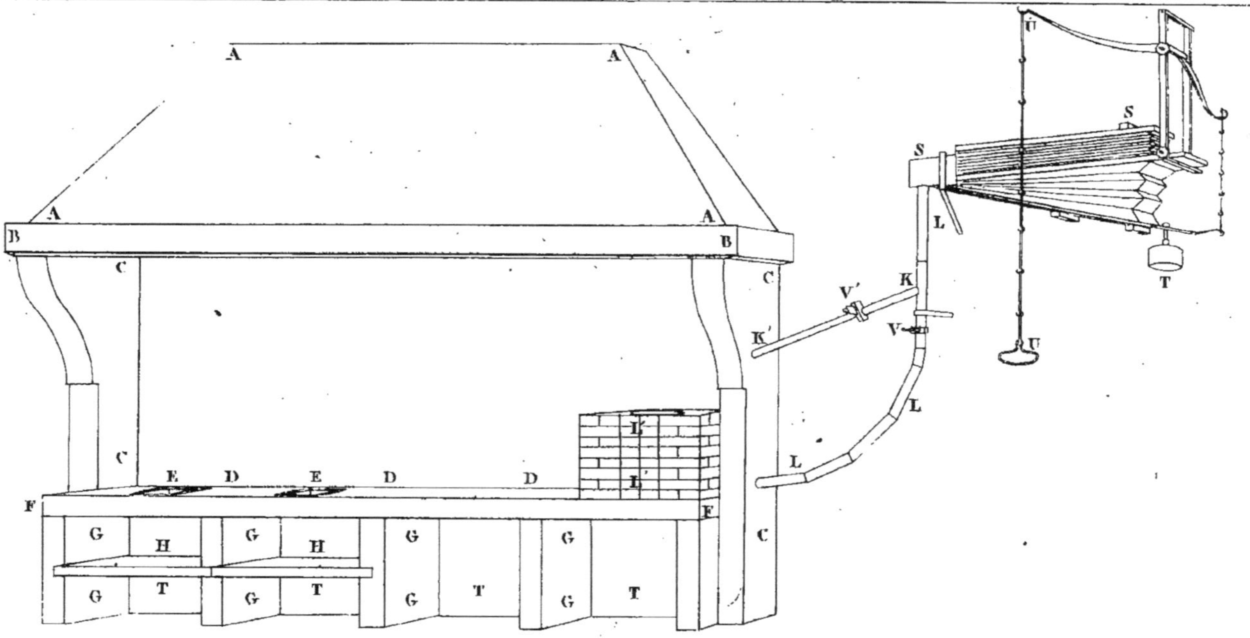

Echelle de deux Centimètres pour Metre, pour la grandeur moyenne des parties parallèles au plan du tableau.

Dessiné par Girard

Gravé par Adam.

Planche IX.

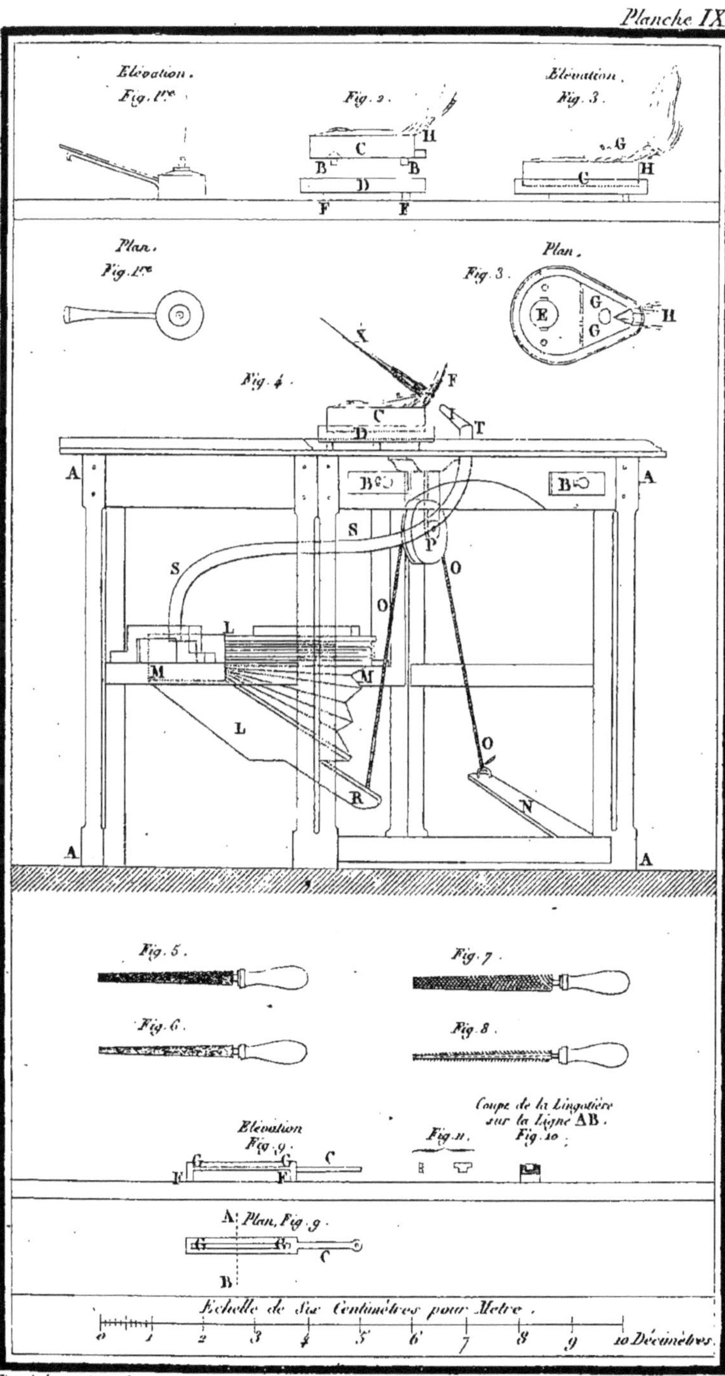

Dessiné par Girard.

Gravé par Adam.

Planche X.

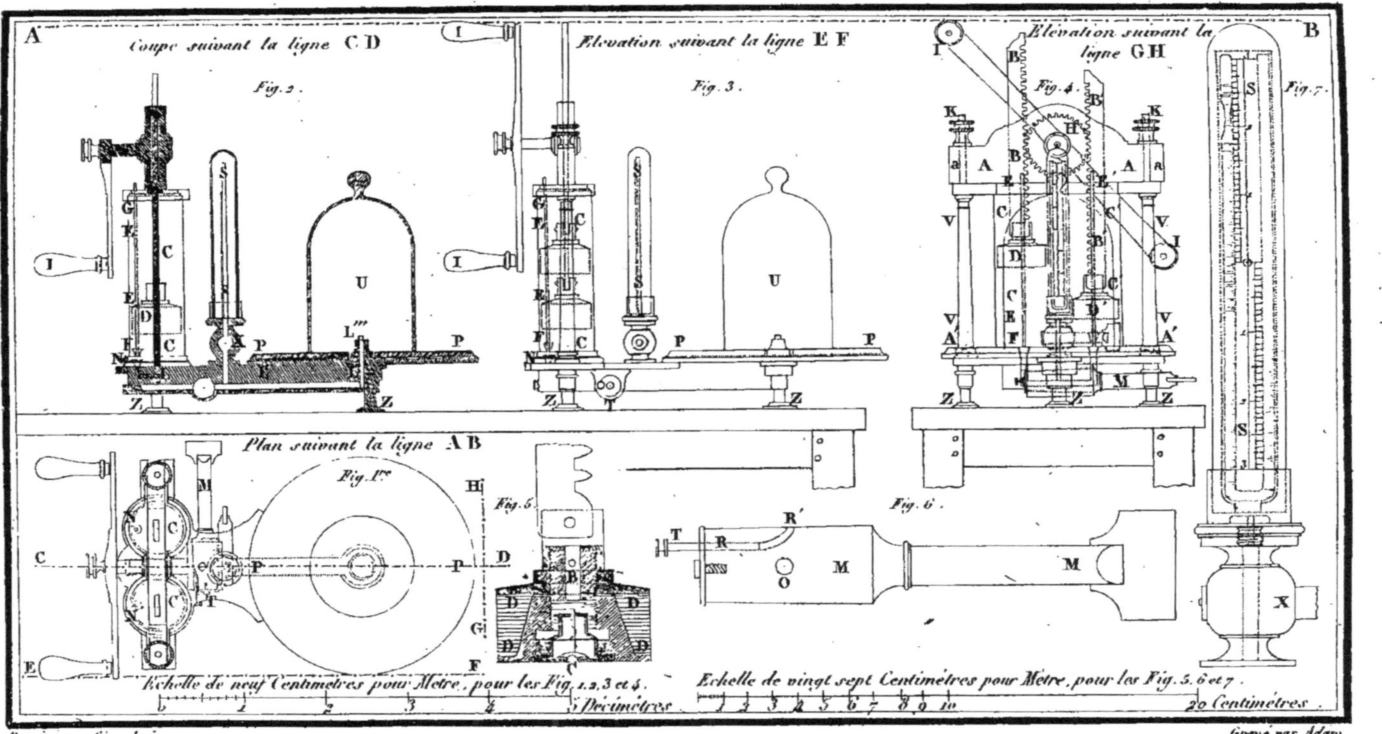

Dessiné par Girard. Gravé par Adam.

Planche XI.

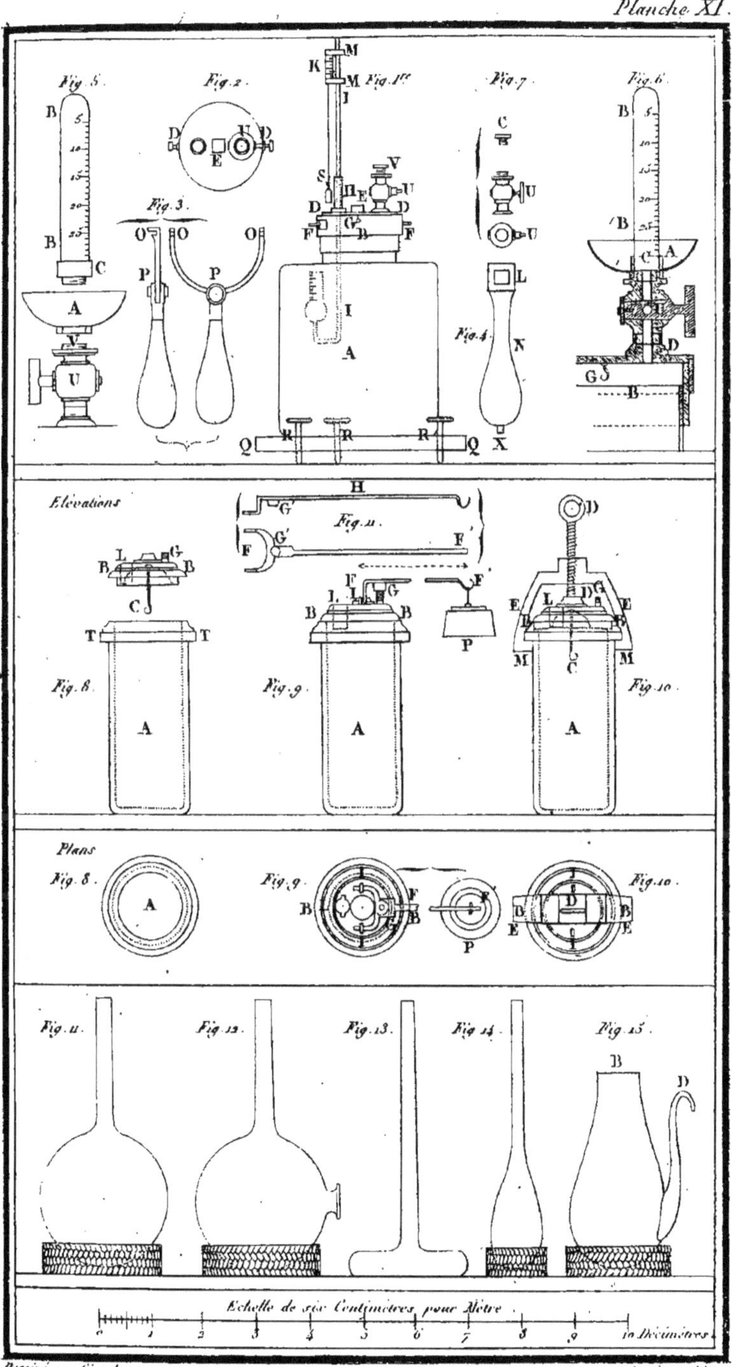

Dessiné par Girard. Gravé par Adam.

Planche XII.

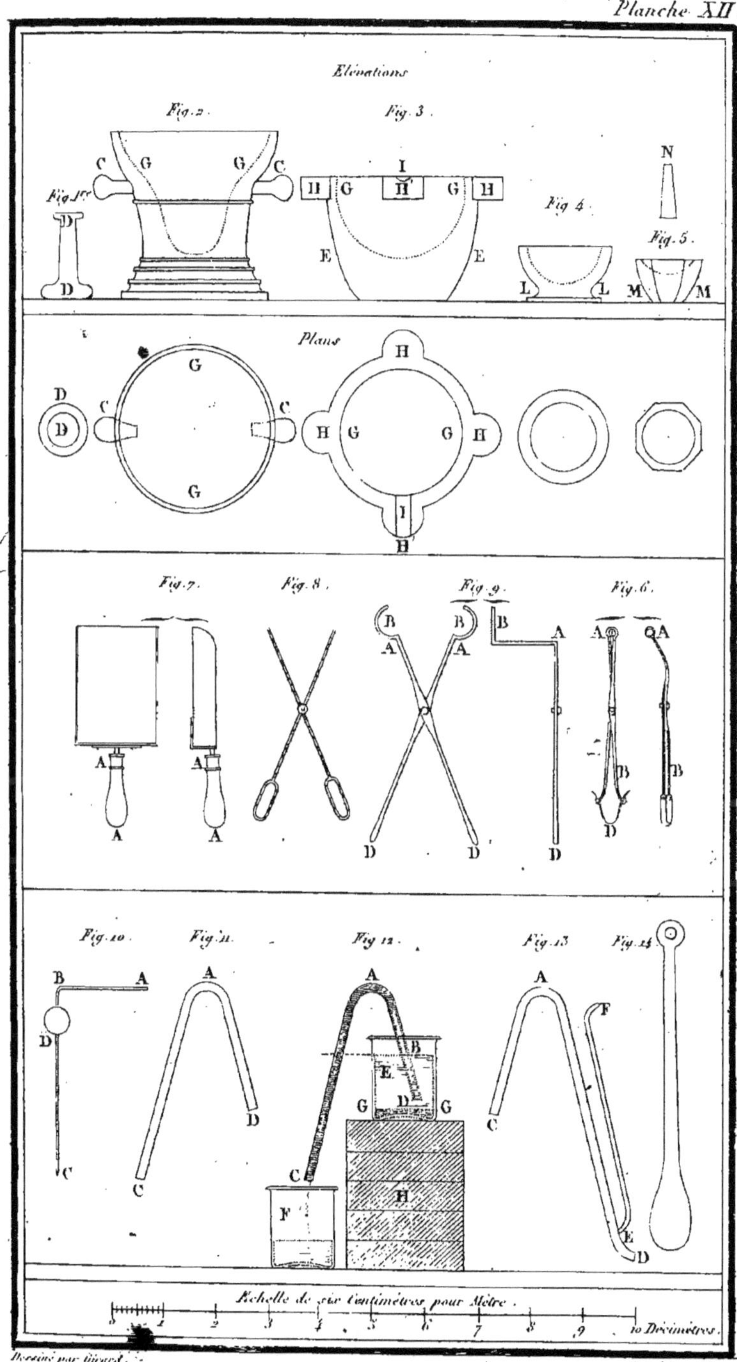
Élévations
Fig. 1re
Fig. 2.
Fig. 3.
Fig. 4.
Fig. 5.
Plans
Fig. 7.
Fig. 8.
Fig. 9.
Fig. 6.
Fig. 10.
Fig. 11.
Fig. 12.
Fig. 13.
Fig. 14.
Échelle de six Centimètres pour Mètre.
0 1 2 3 4 5 6 7 8 9 10 Décimètres.
Dessiné par Girard.
Gravé par Adam.

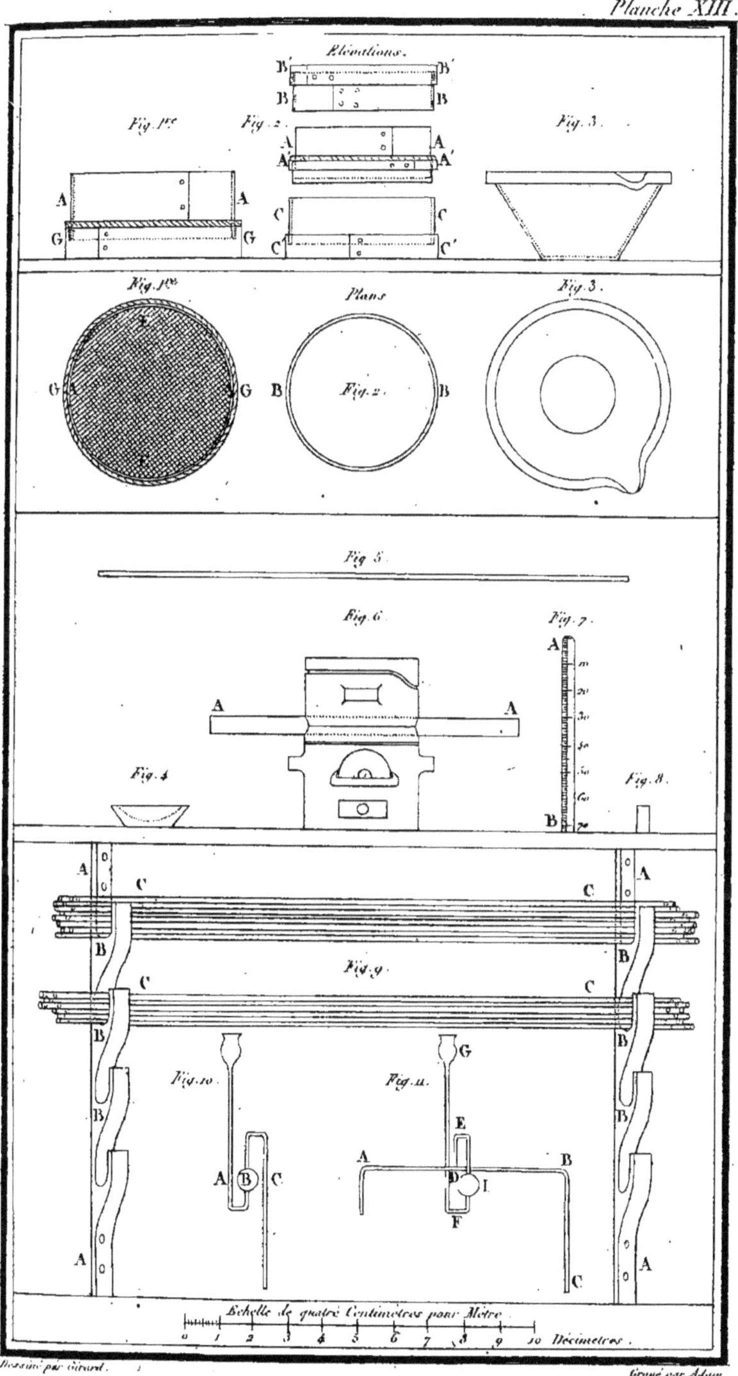
Planche XIII.
Élévations.
Fig. 1re
Fig. 2.
Fig. 3.
Plans
Fig. 1re
Fig. 2.
Fig. 3.
Fig. 5.
Fig. 6.
Fig. 7.
Fig. 4.
Fig. 8.
Fig. 9.
Fig. 10.
Fig. 11.
Échelle de quatre Centimètres pour Mètre.
0 1 2 3 4 5 6 7 8 9 10 Décimètres.
Dessiné par Girard.
Gravé par Adam

Planche XIV.

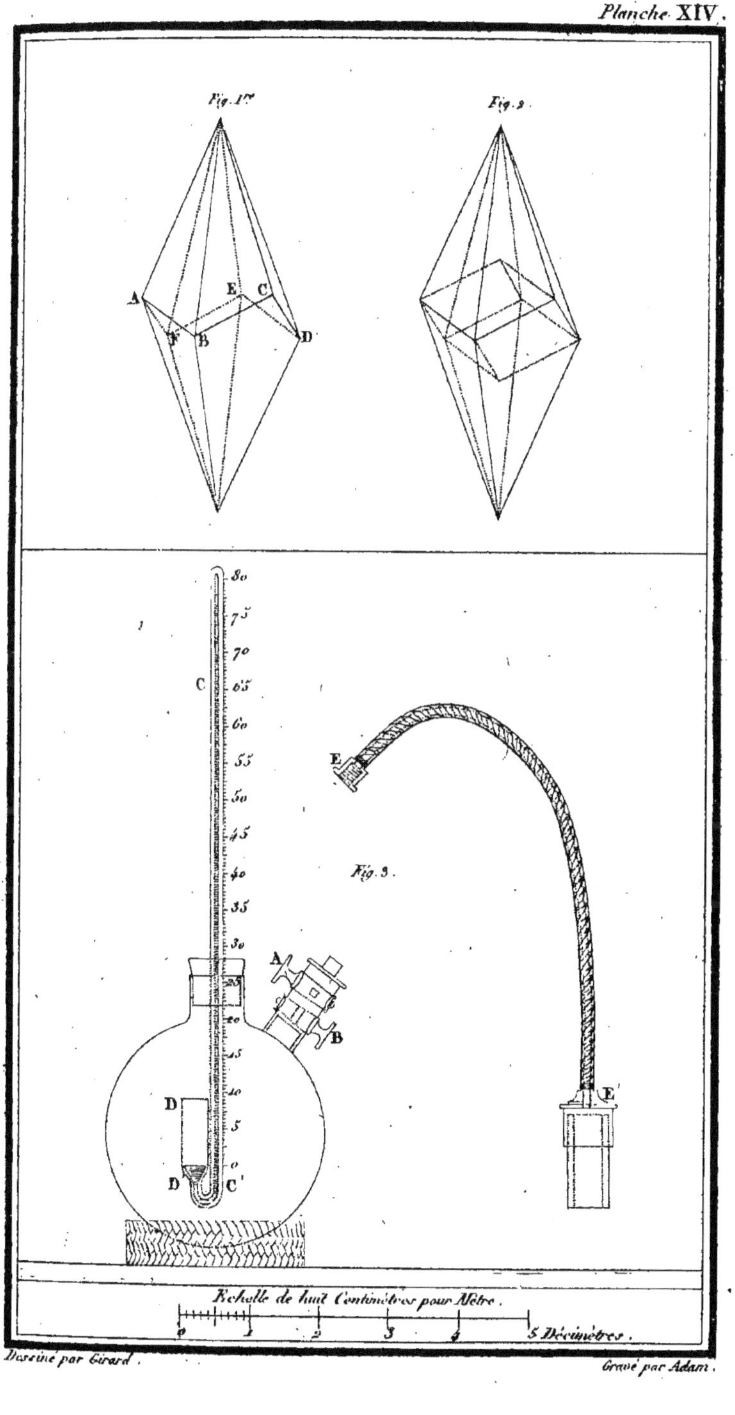

Fig. 1re

A E C F B D

Fig. 2

80 75 70 C 65 60 55 50 45 40 35 30 25 20 15 10 5 0 D D C'

A B

E

Fig. 3.

E'

Echelle de huit Centimètres pour Mètre.

0 1 2 3 4 5 Décimètres.

Dessiné par Girard. Gravé par Adam.

Planche XV.

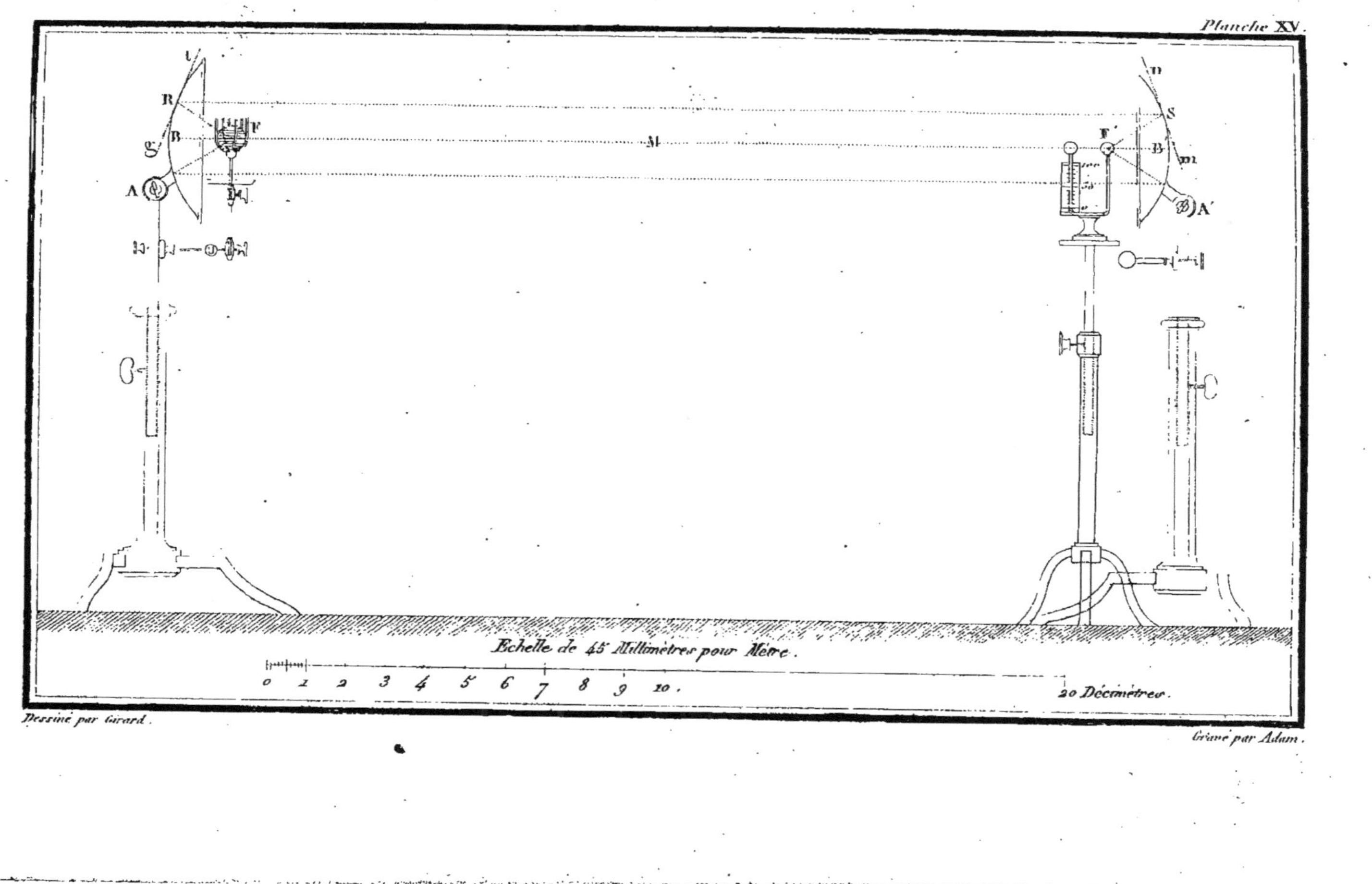

Dessiné par Girard.

Gravé par Adam.

Planche XVI.

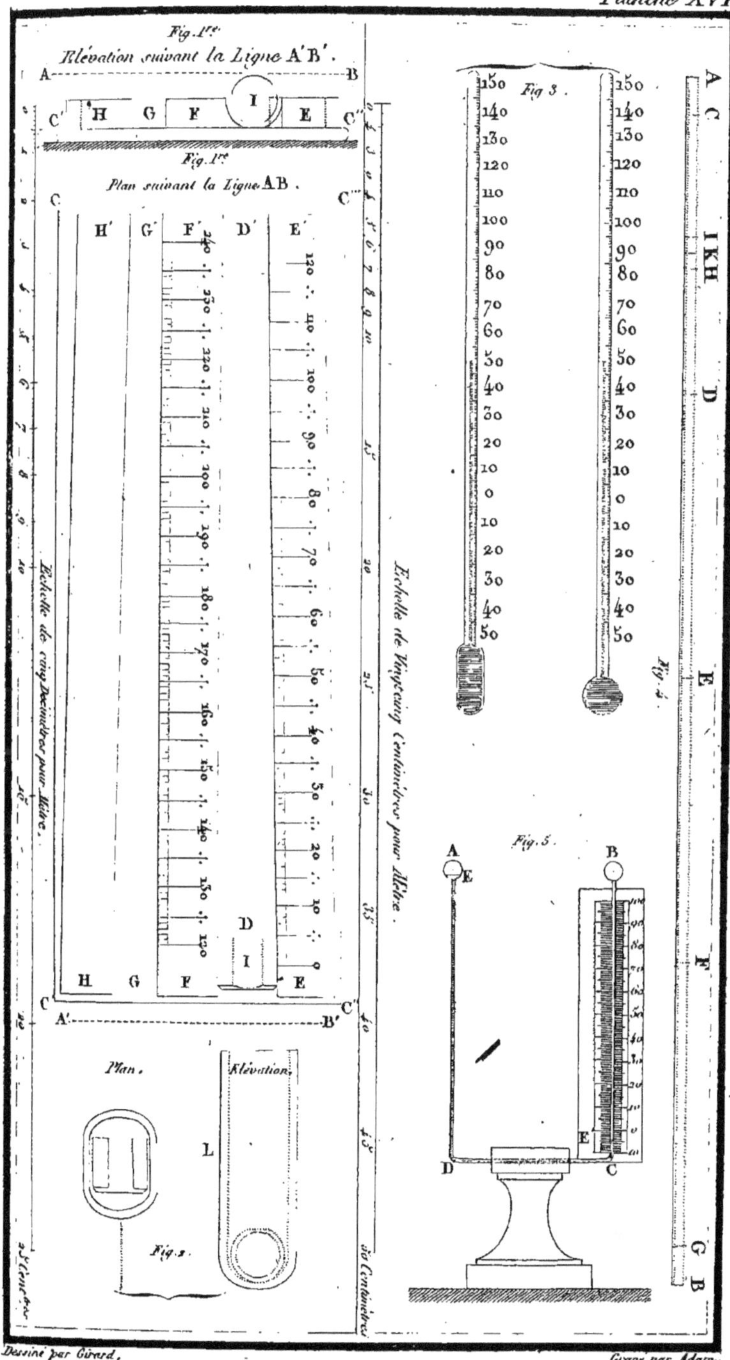

Dessiné par Girard, Gravé par Adam.

Planche XVII.

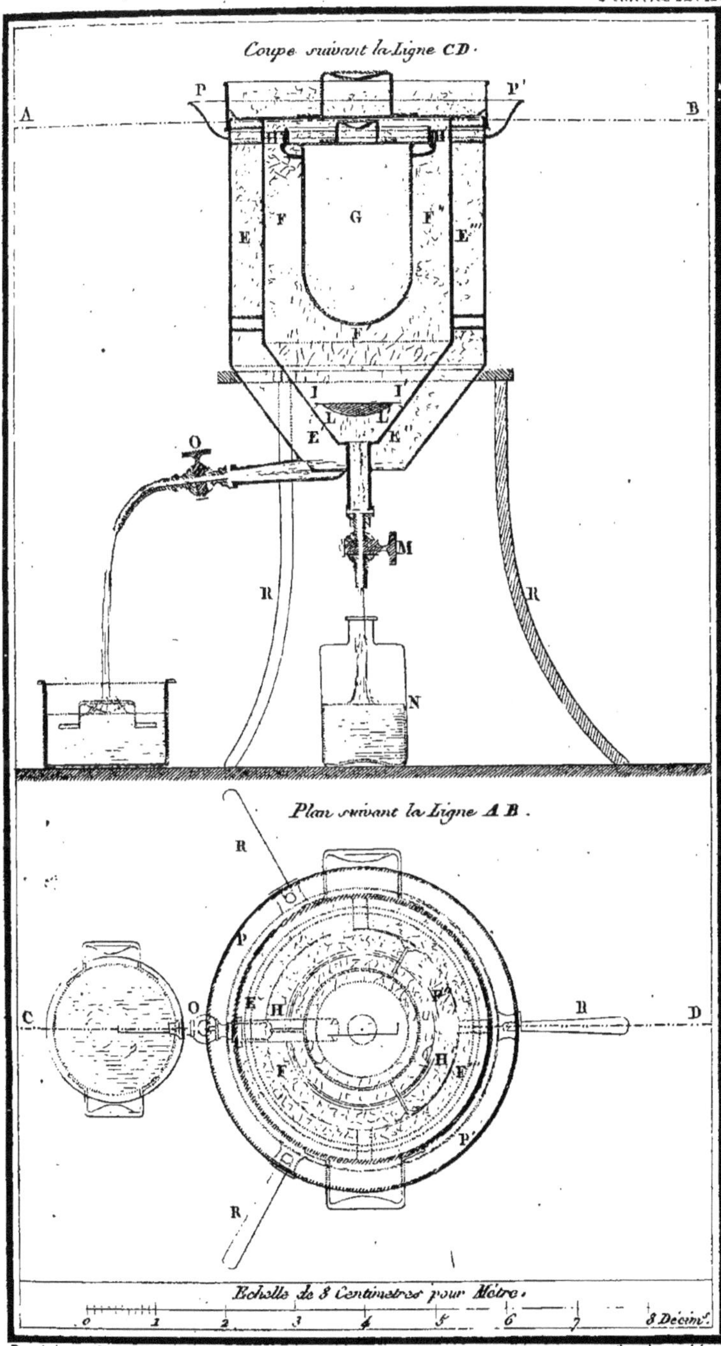

Dessiné par Girard.

Gravé par Adam.

A, B,

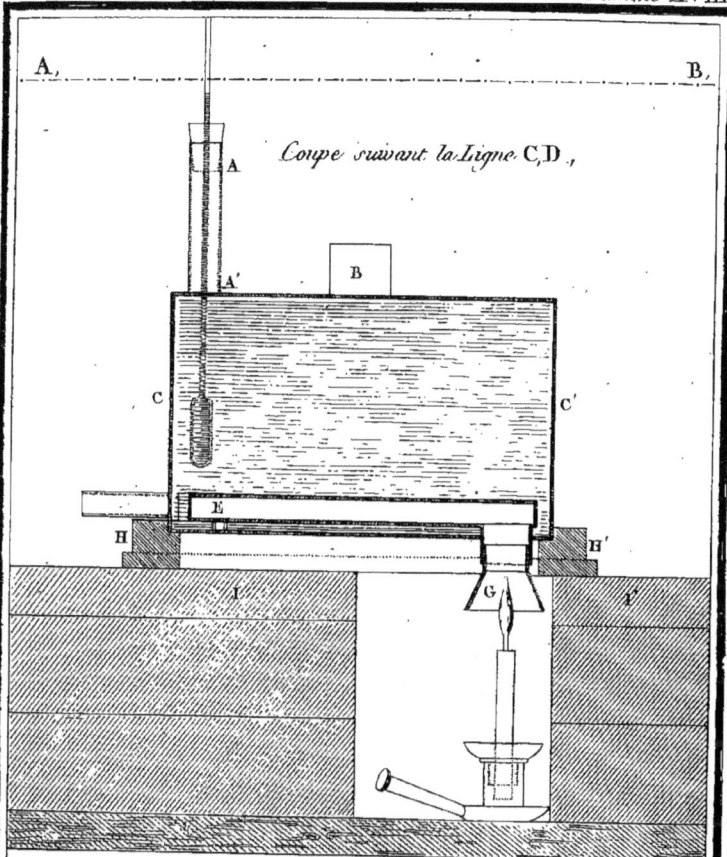

Coupe suivant la Ligne C,D,

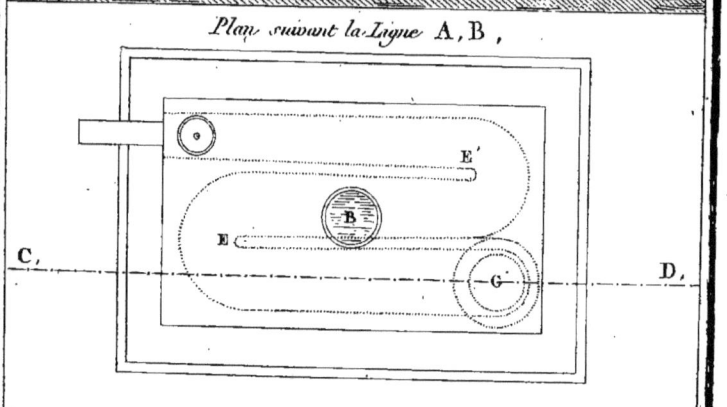

A
A'
B
C
C'
E
H
H'
G
I
I'

Plan suivant la Ligne A, B,

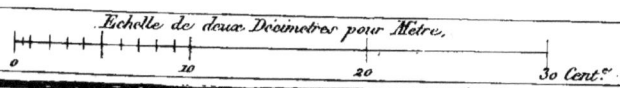

E'
B
E
C, D,
G

Echelle de deux Décimètres pour Mètre.

0 10 20 30 Cent.es

Dessiné par Girard. Gravé par Adam.

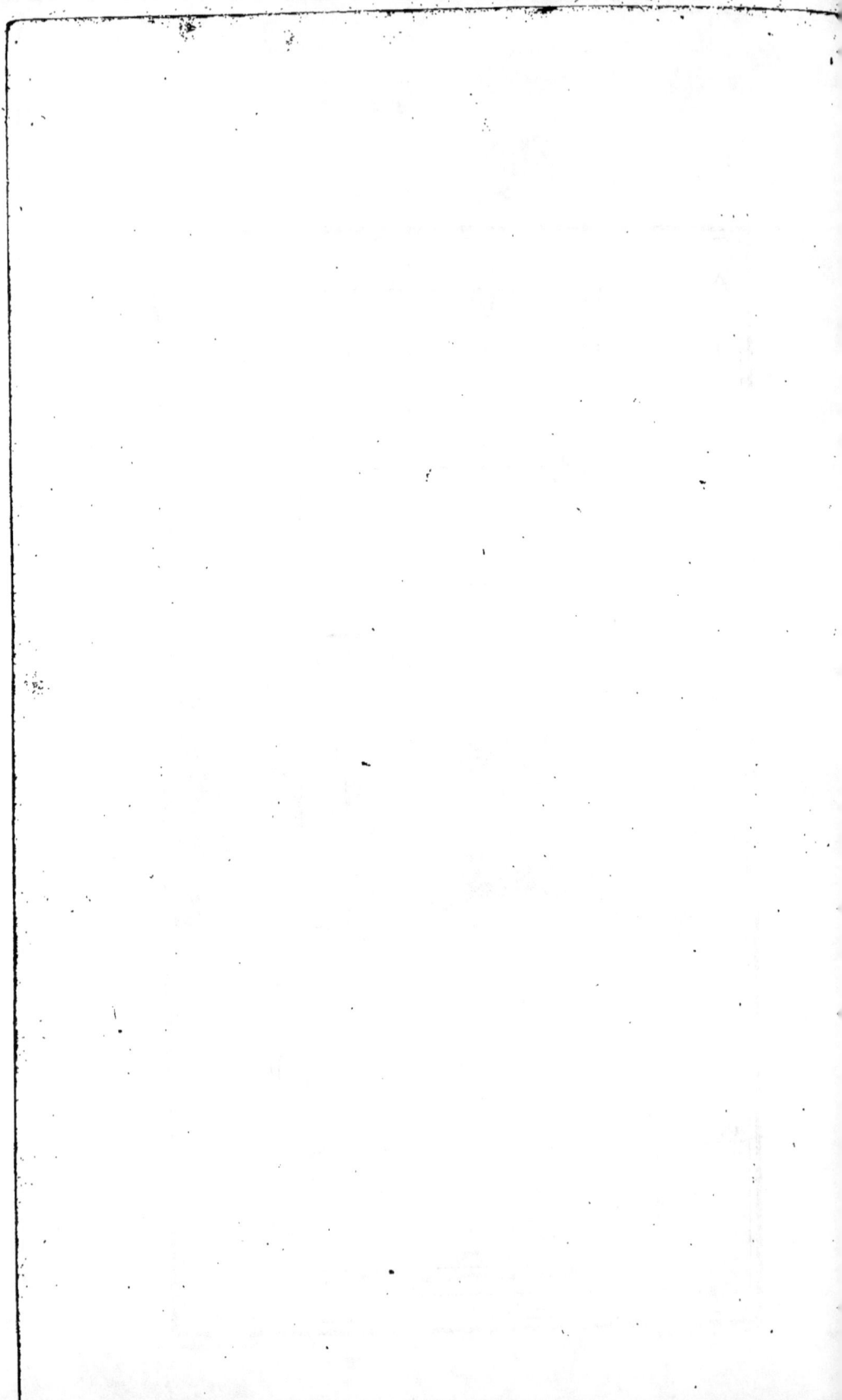

Planche XIX.

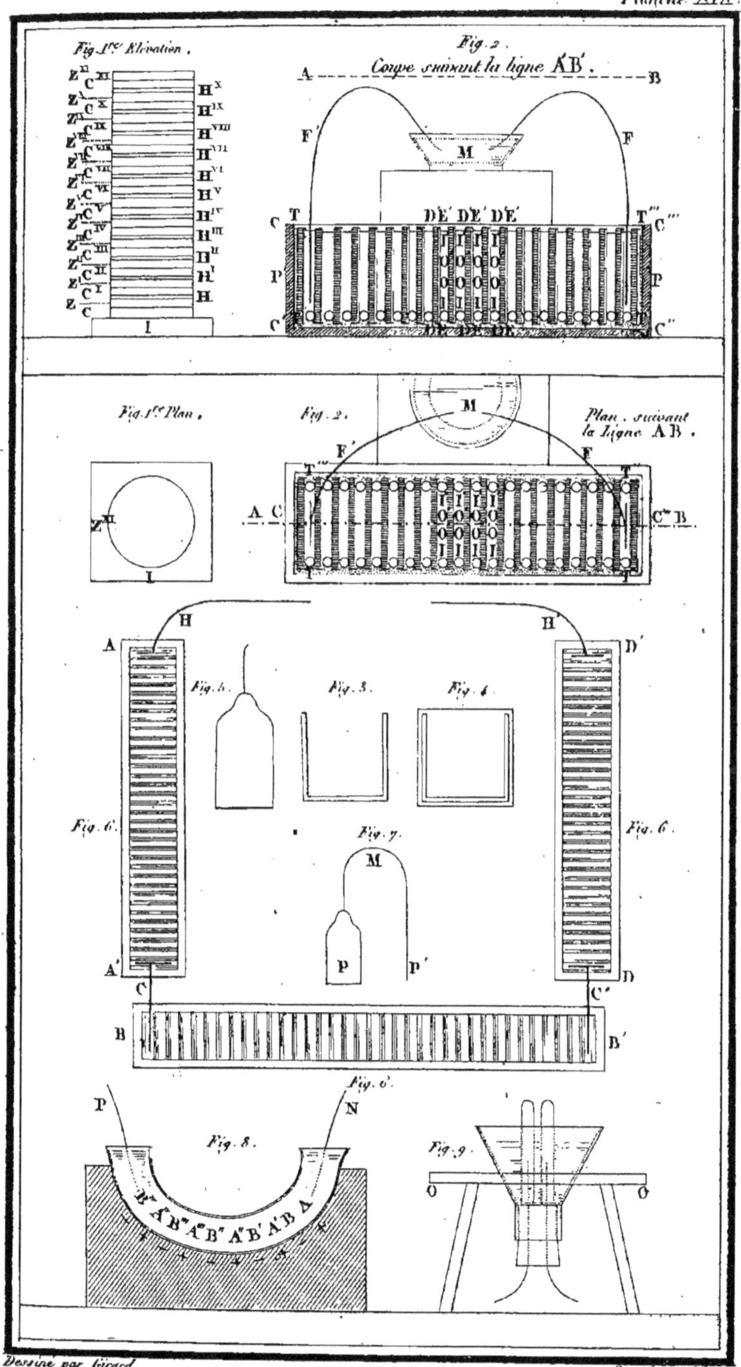

Dessiné par Girard. Gravé par Adam.

Planche XX.

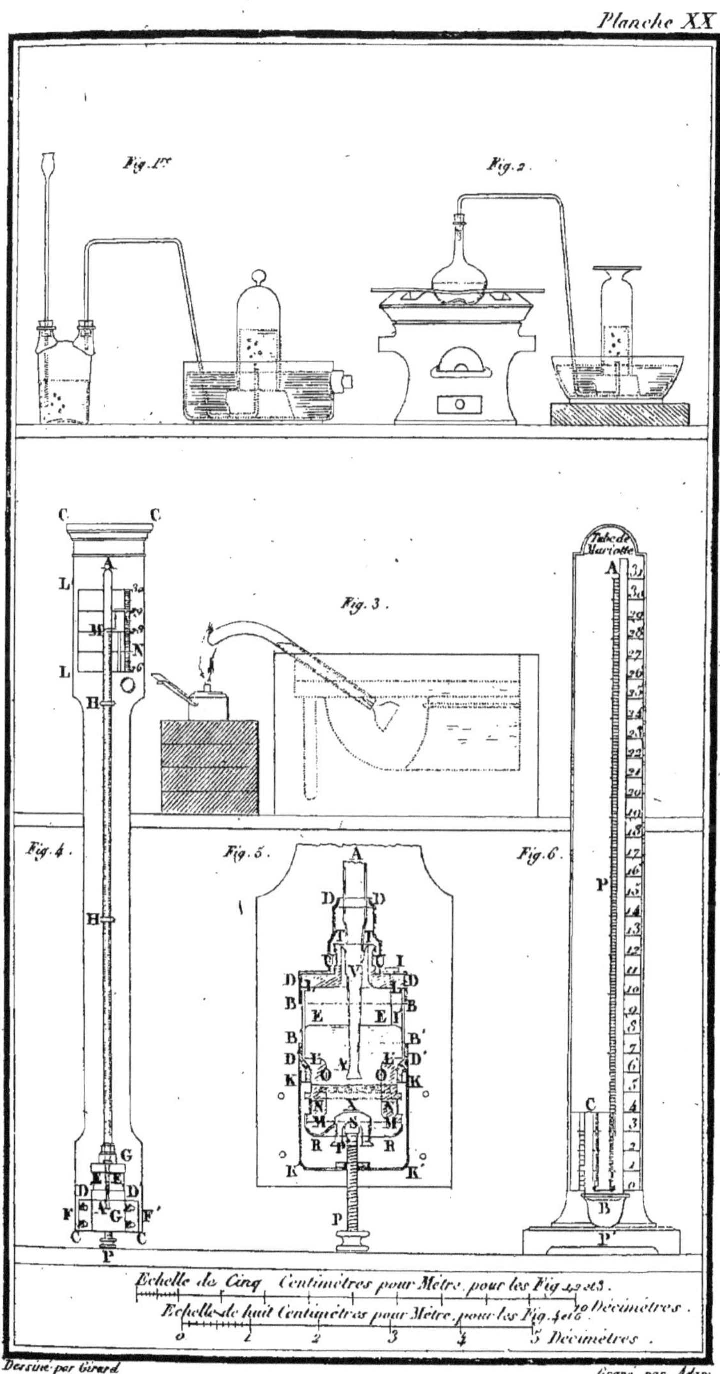

Dessiné par Girard

Gravé par Adam.

Planche XXI.

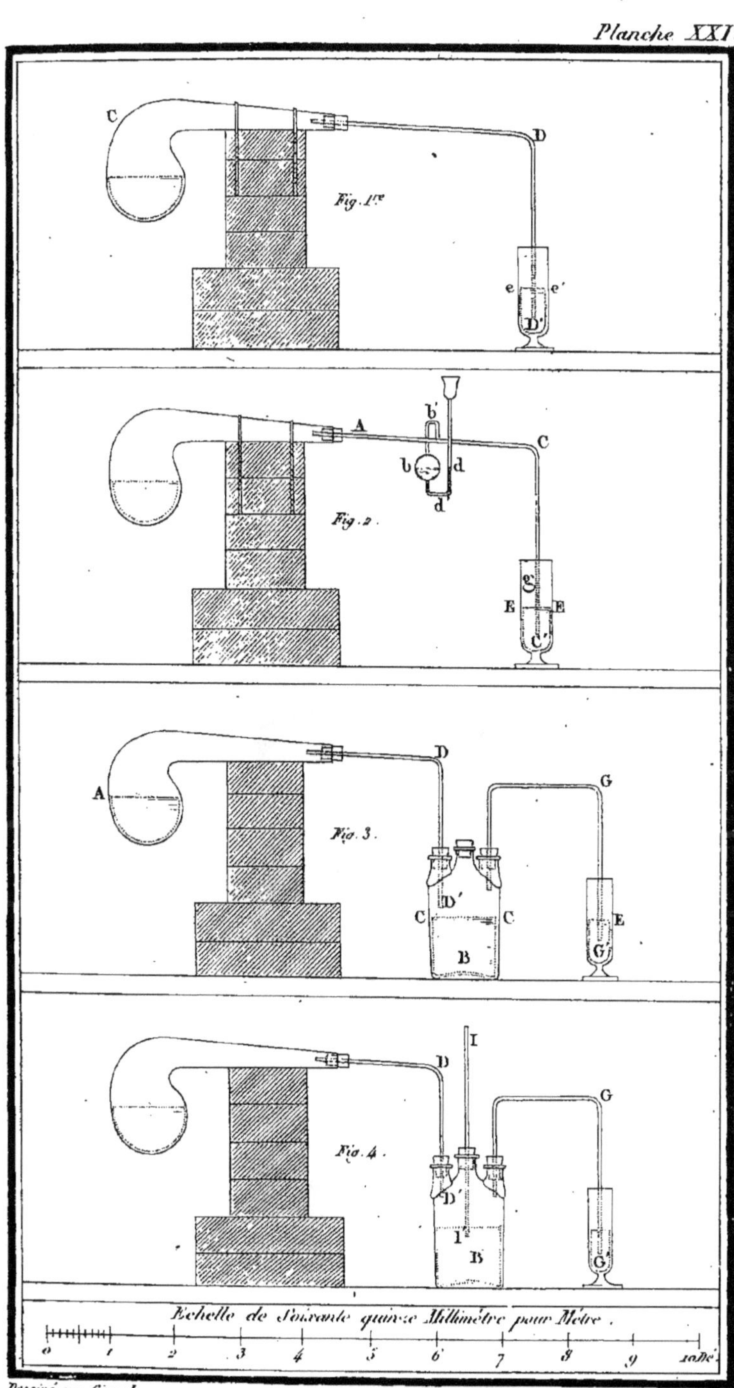

Dessiné par Girard. Gravé par Adam.

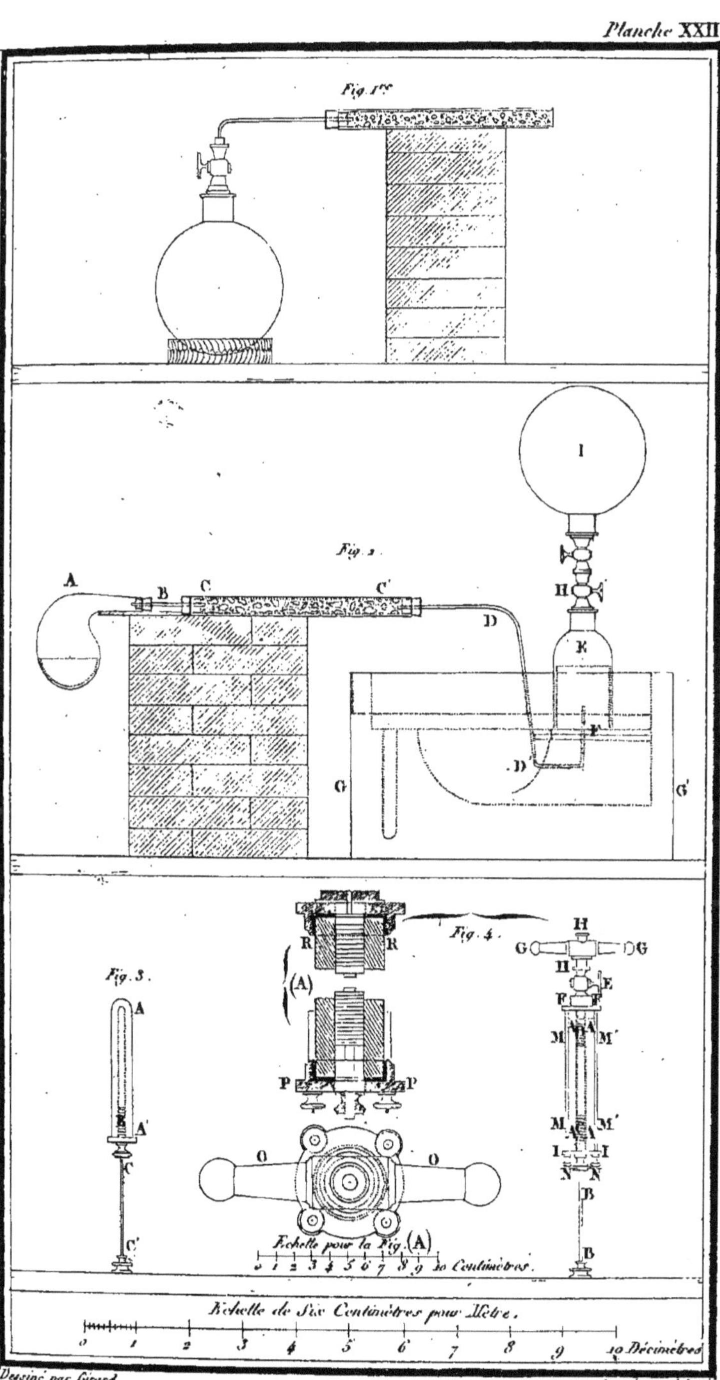

Planche XXII.
Fig. 1re.
Fig. 2.
Fig. 3.
Fig. 4.
(A)
Echelle pour la Fig. (A)
10 Centimètres.
Echelle de Six Centimètres pour Mètre.
10 Décimètres
Dessiné par Girard.
Gravé par Adam.

Planche XXIII.

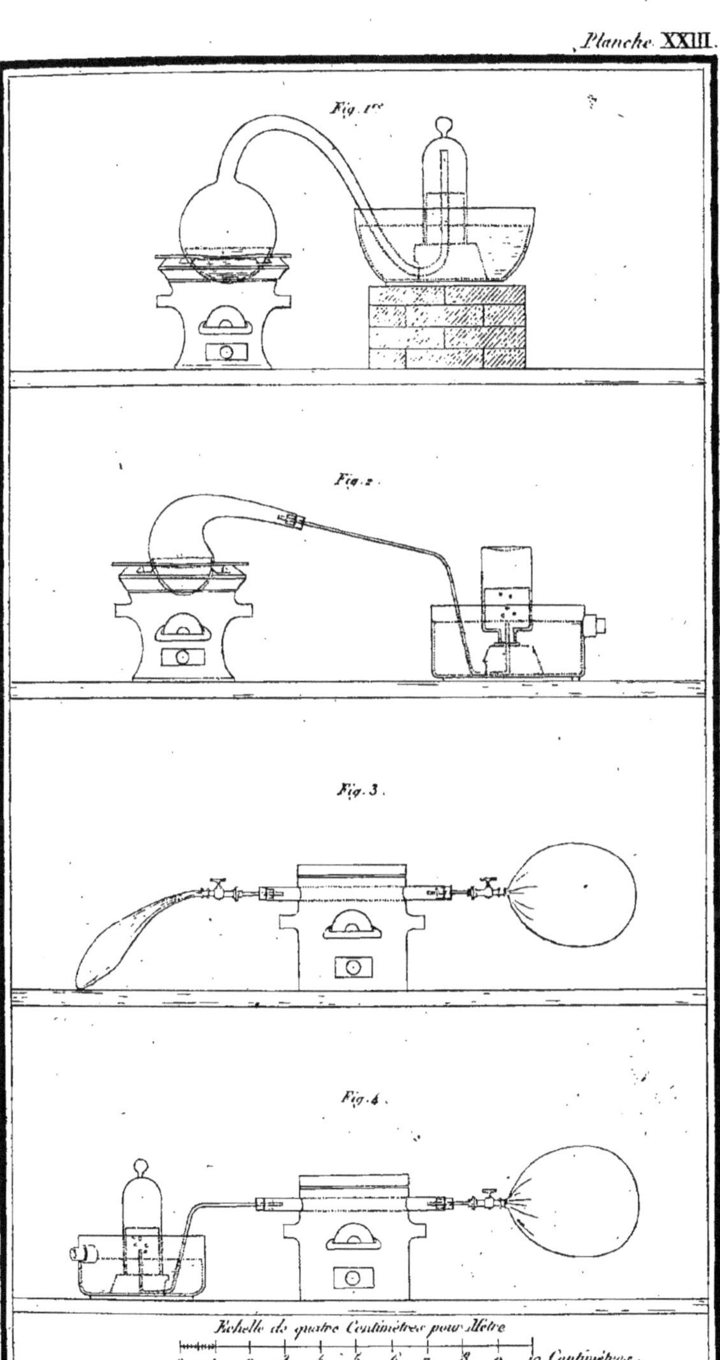

Dessiné par Girard. Gravé par Adam.

Planche XXIV.

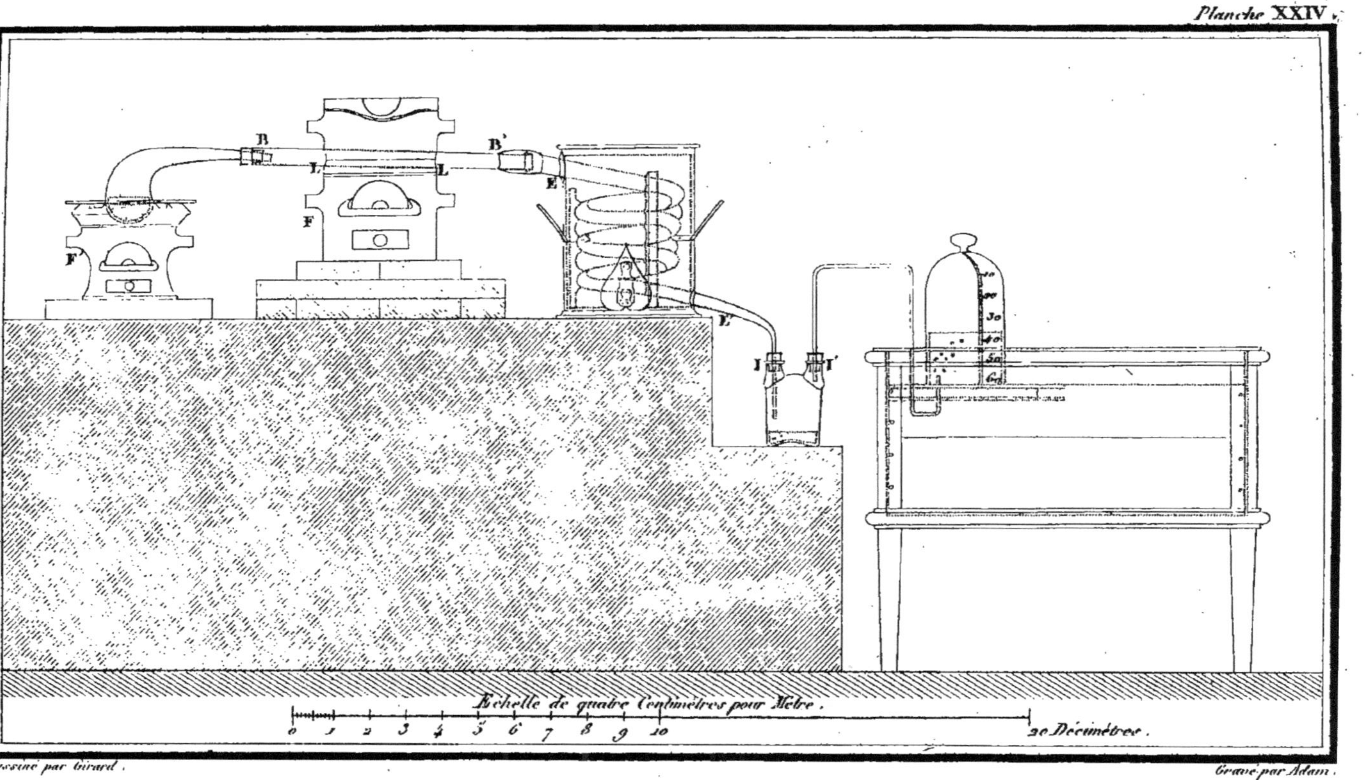

Dessiné par Girard.

Gravé par Adam.

Planche XXV.

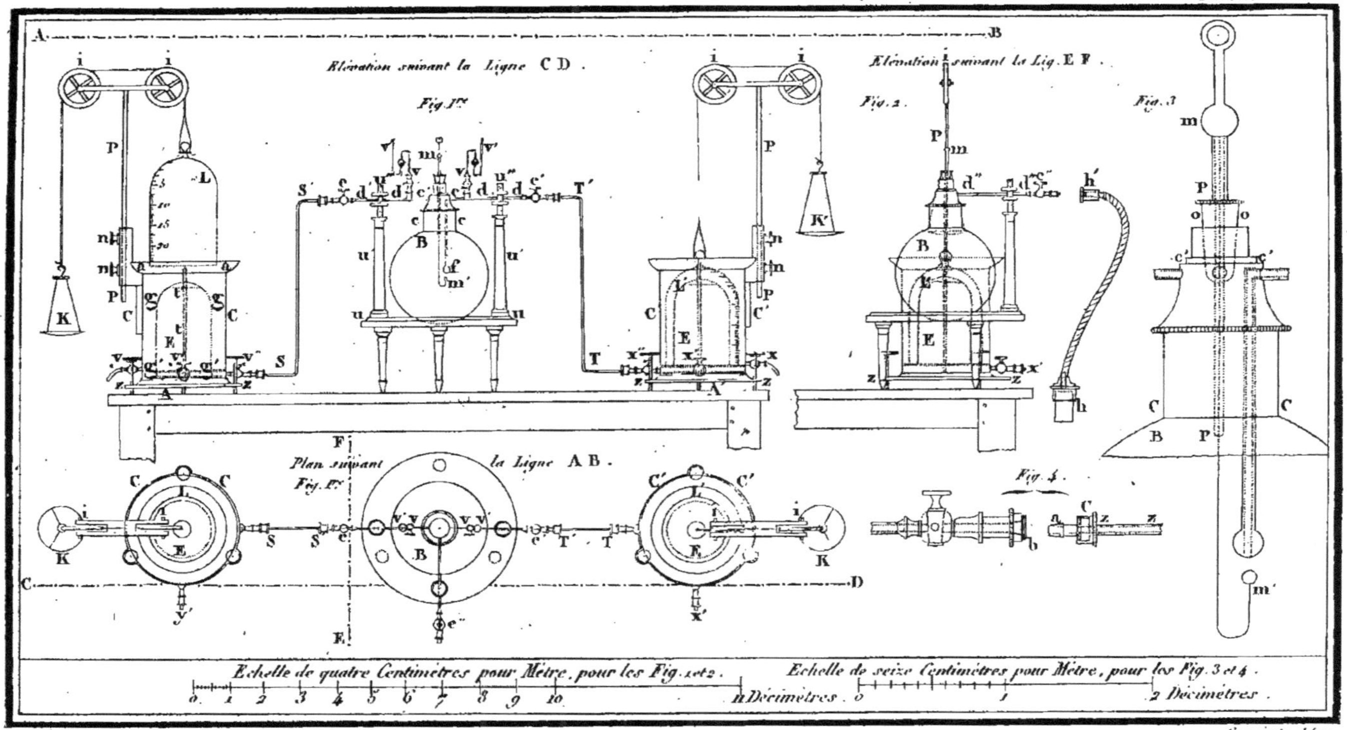

Élévation suivant la Ligne C D.

Fig. 1re

Élévation suivant la Lig. E F.

Fig. 2.

Fig. 3

Plan suivant la Ligne A B.

Fig. 1re

Fig. 4.

Echelle de quatre Centimètres pour Mètre, pour les Fig. 1 et 2.

0. 1 2 3 4 5 6 7 8 9 10 11 Décimètres.

Echelle de seize Centimètres pour Mètre, pour les Fig. 3 et 4.

0 1 2 Décimètres.

Dessiné par Girard.

Gravé par Adam.

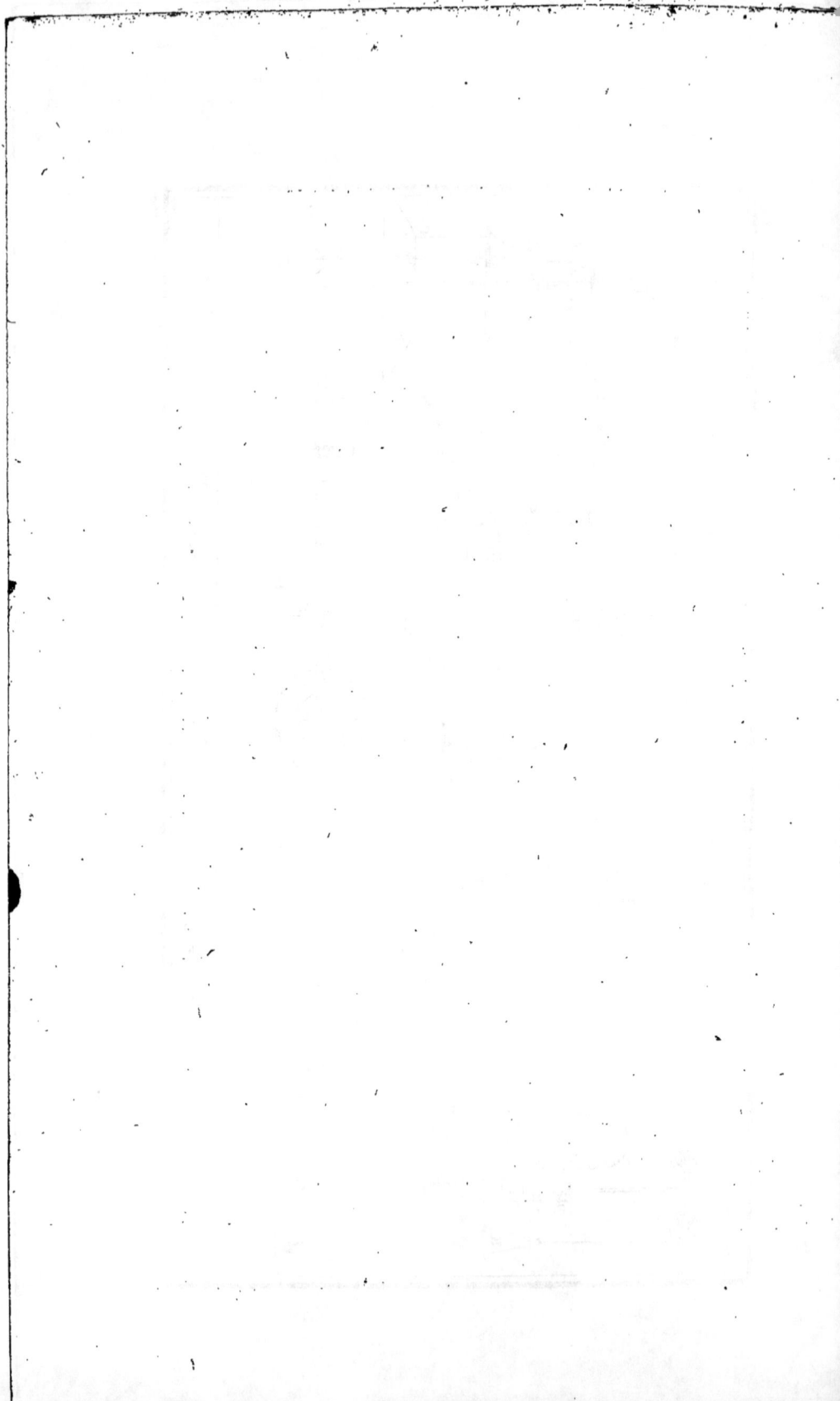

Planche XXVI.

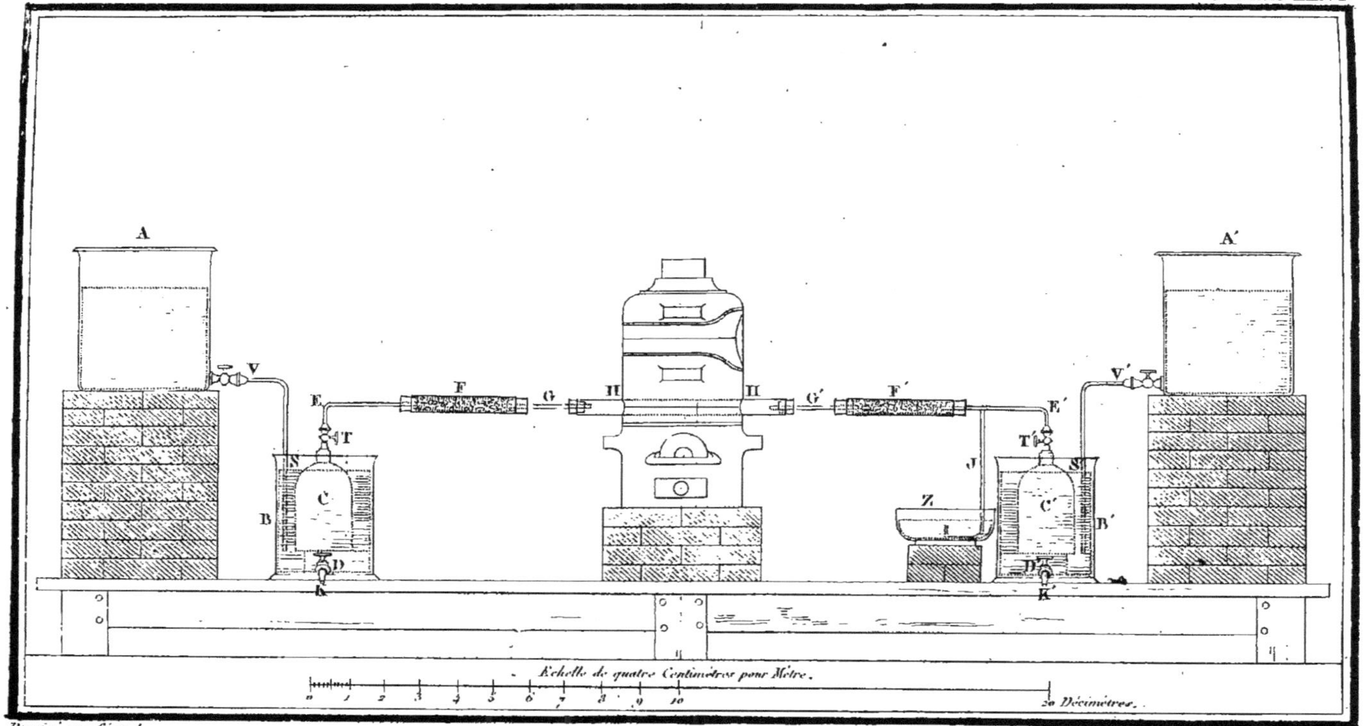

A A′ V V′ E E′ T T′ S S′ B B′ C C′ D D′ K K′ F F′ G G′ H H J Z

Echelle de quatre Centimètres pour Mètre.

0 1 2 3 4 5 6 7 8 9 10 20 Décimètres.

Dessiné par Girard.

Gravé par Adam.

Planche XXVII.

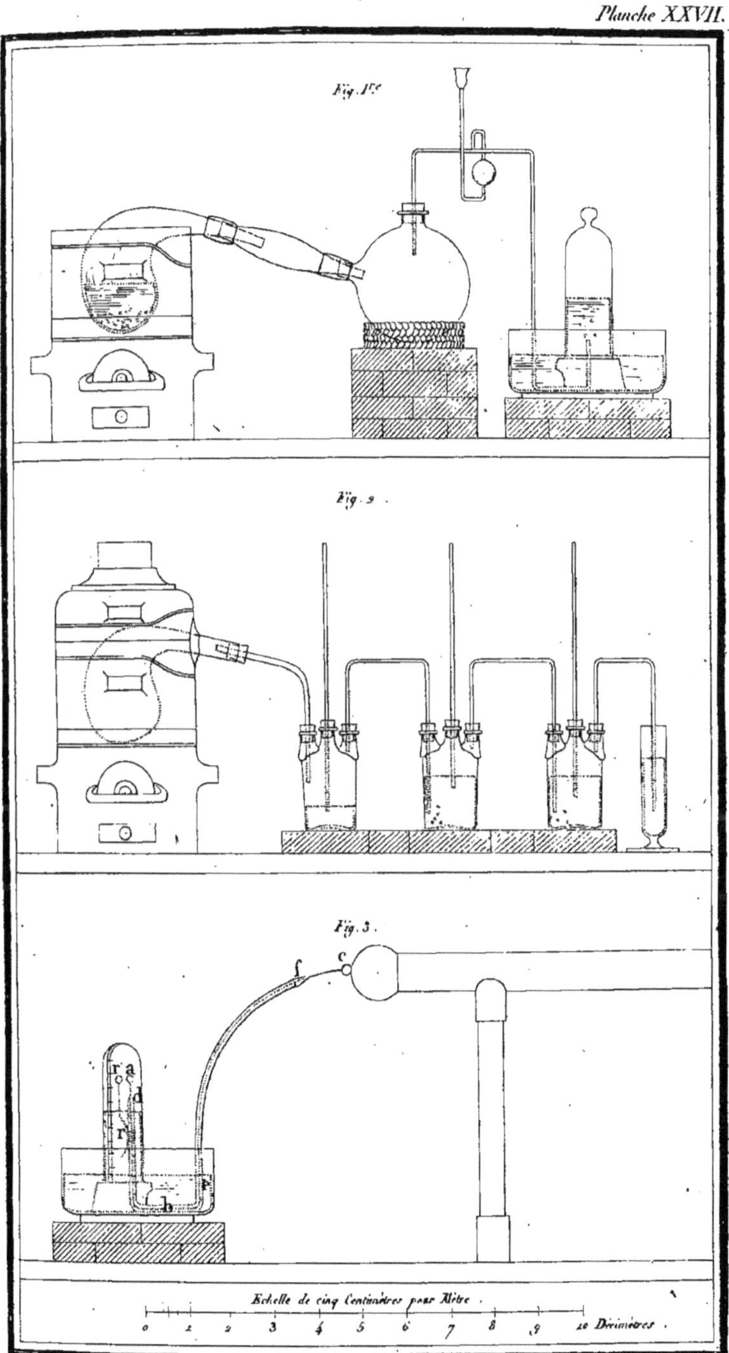

Dessiné par Girard. Gravé par Adam.

Planche XXVIII.

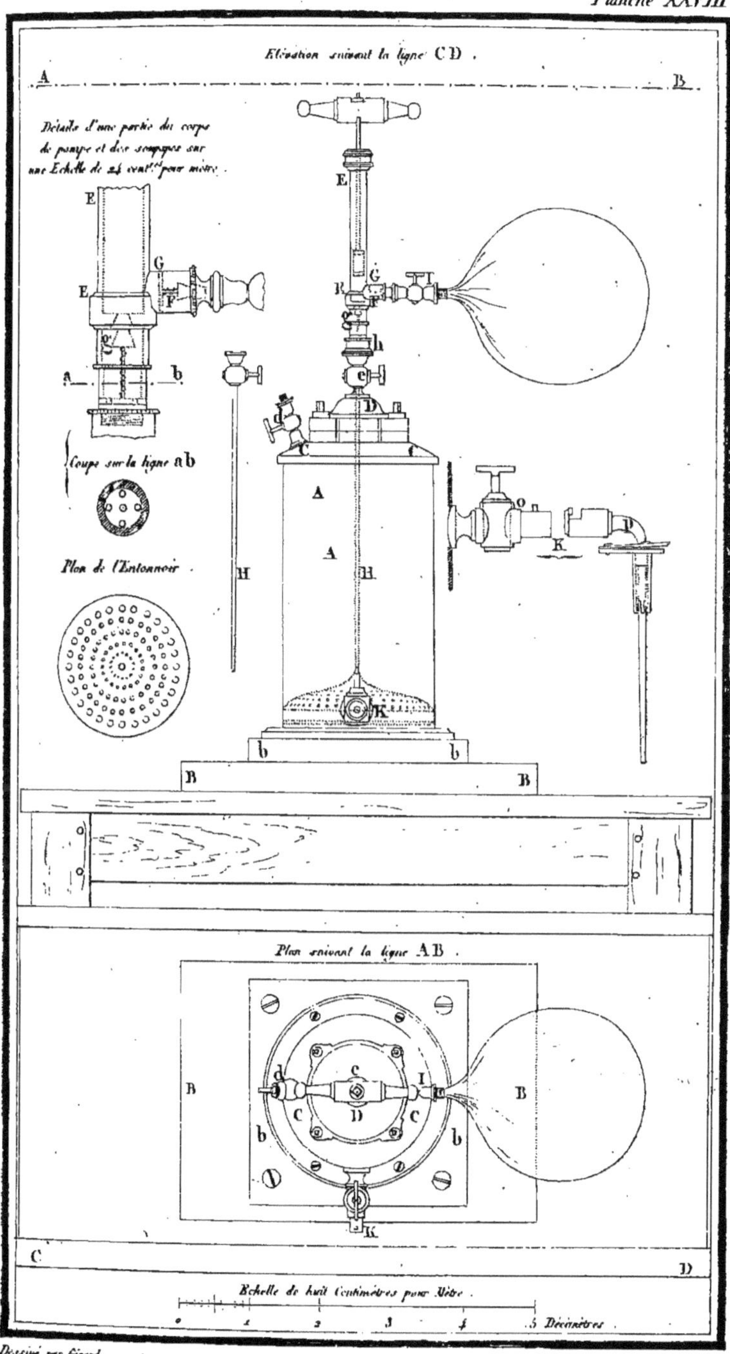
Elévation suivant la ligne CD.
Détails d'une partie du corps de pompe et des soupapes sur une Echelle de 24 cent.tes pour mètre.
Coupe sur la ligne ab
Plan de l'Entonnoir.
Plan suivant la ligne AB.
Echelle de huit Centimètres pour Mètre.
0 1 2 3 4 5 Décimètres.
Dessiné par Girard.
Gravé par Adam.

Planche XXIX.

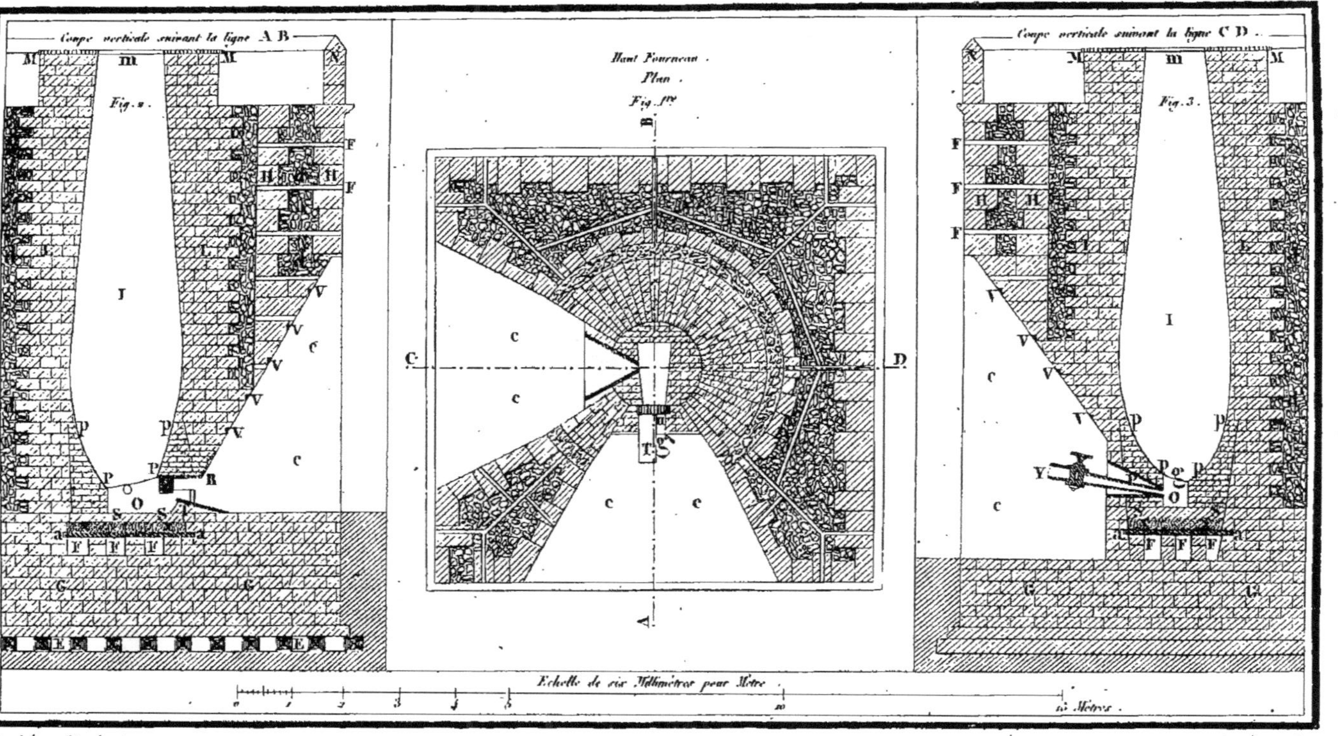

Dessiné par Girard.

Gravé par Adam.

Planche XXX.

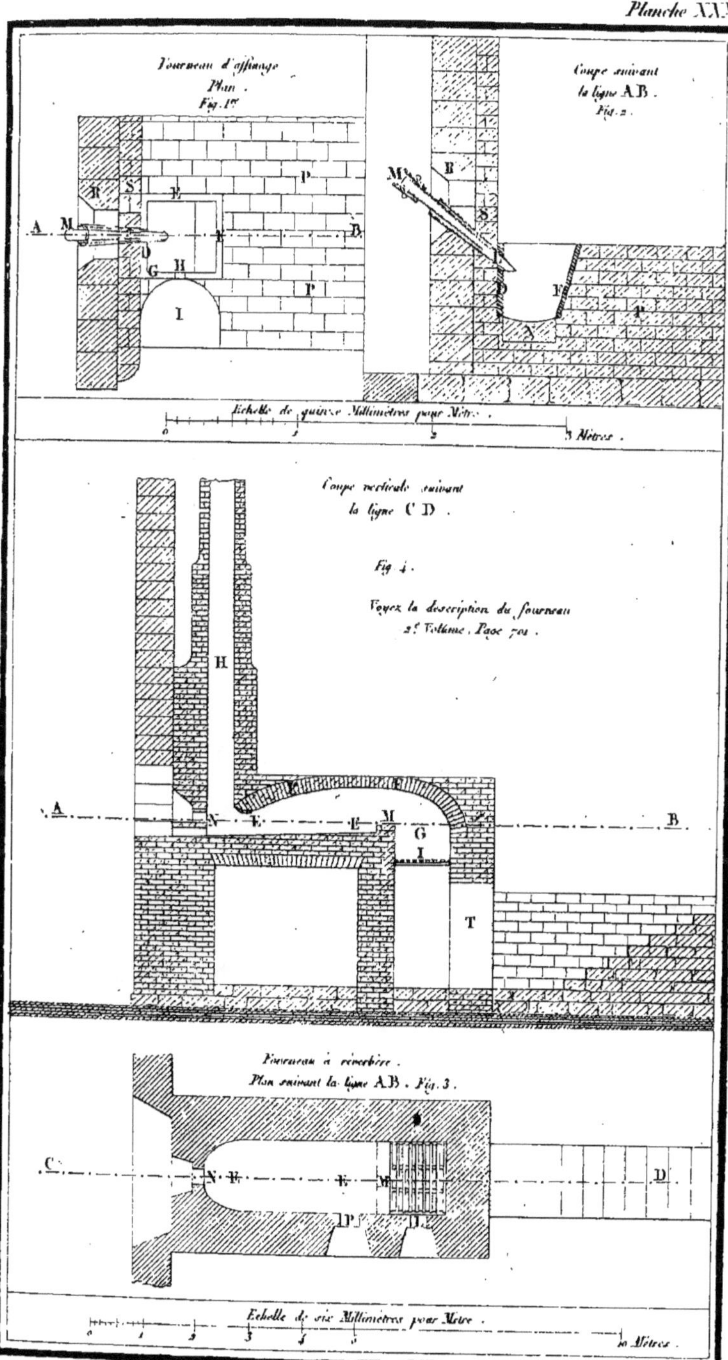

Dessiné par Girard.

Gravé par Adam.

Planche XXXI.

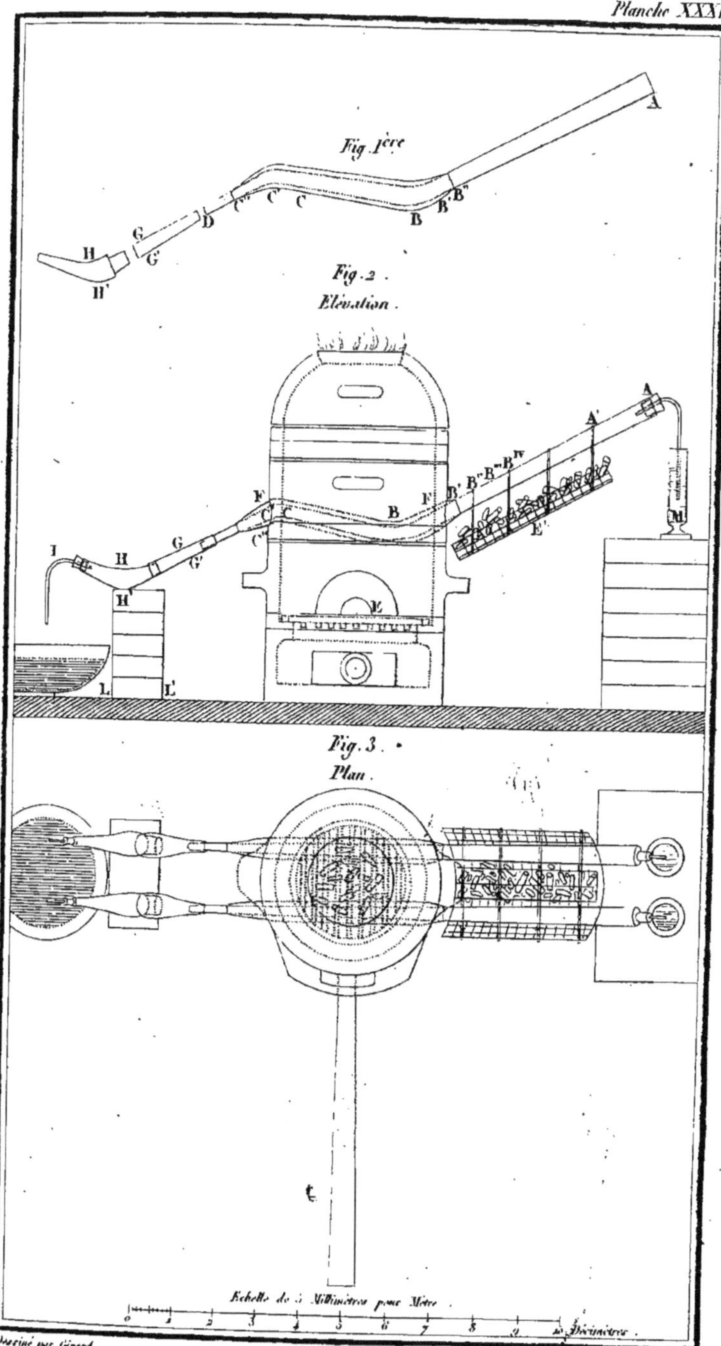

Dessiné par Girard.

Gravé par Adam.

Planche XXXII.

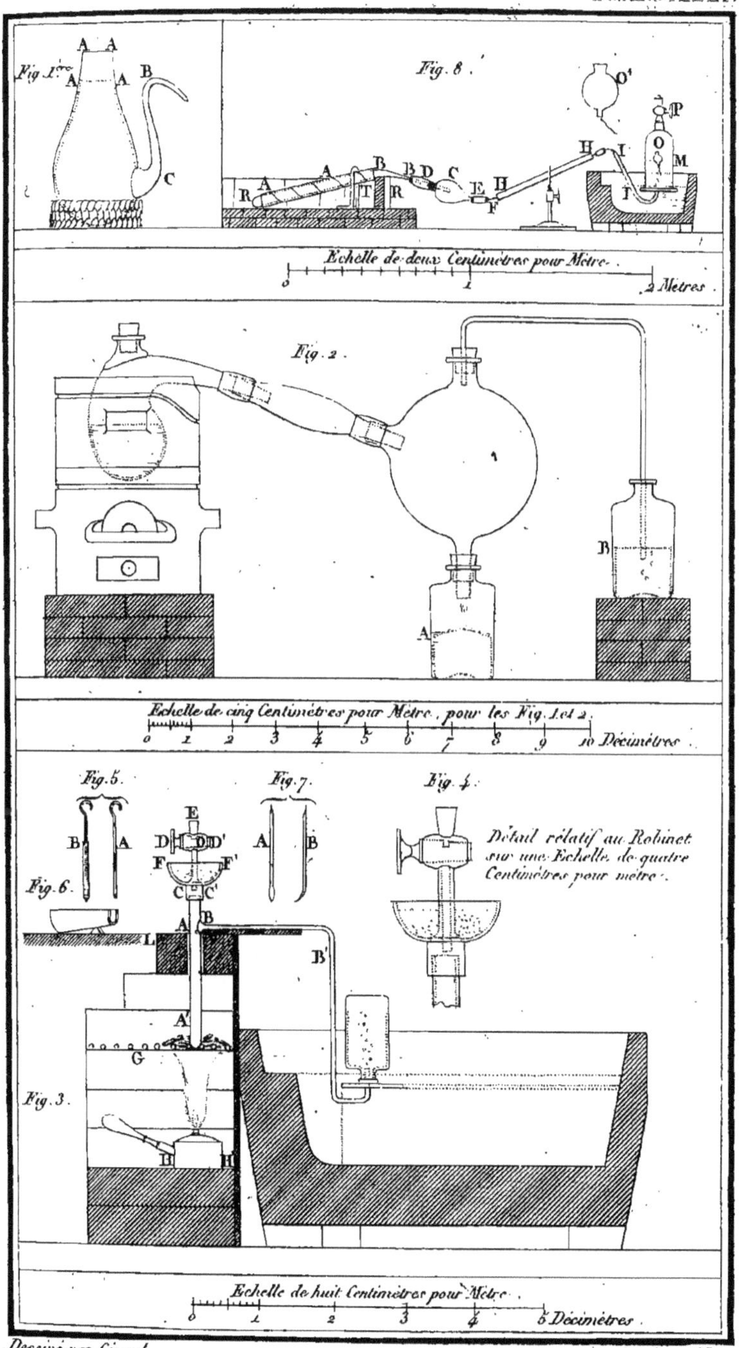
Fig. 1.re
A A
A A B
C
Fig. 8.
O'
P
O
M
H I
B B D C
A A
R T R
E H
F
I'
Echelle de deux Centimètres pour Mètre.
0 1 2 Mètres.
Fig. 2.
B
A
Echelle de cinq Centimètres pour Mètre, pour les Fig. 1 et 2.
0 1 2 3 4 5 6 7 8 9 10 Décimètres.
Fig. 5.
B A
Fig. 6.
E
D D D'
F F'
C C'
Fig. 7.
A B
Fig. 4.
Détail rélatif au Robinet sur une Echelle de quatre Centimètres pour mètre.
A B
L
B'
A'
G
Fig. 3.
H H
Echelle de huit Centimètres pour Mètre.
0 1 2 3 4 5 Décimètres.

Dessiné par Girard. Gravé par Adam.

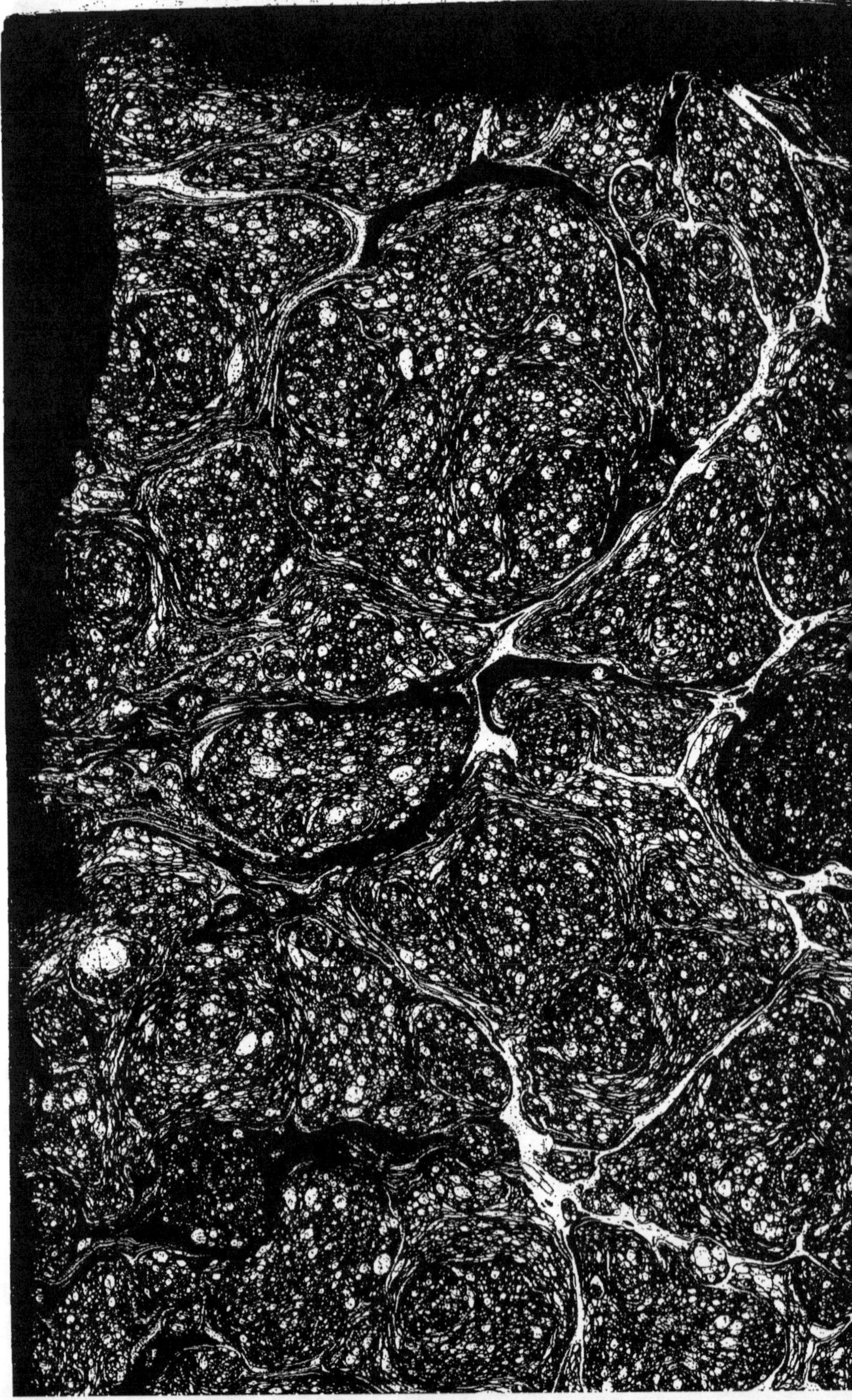

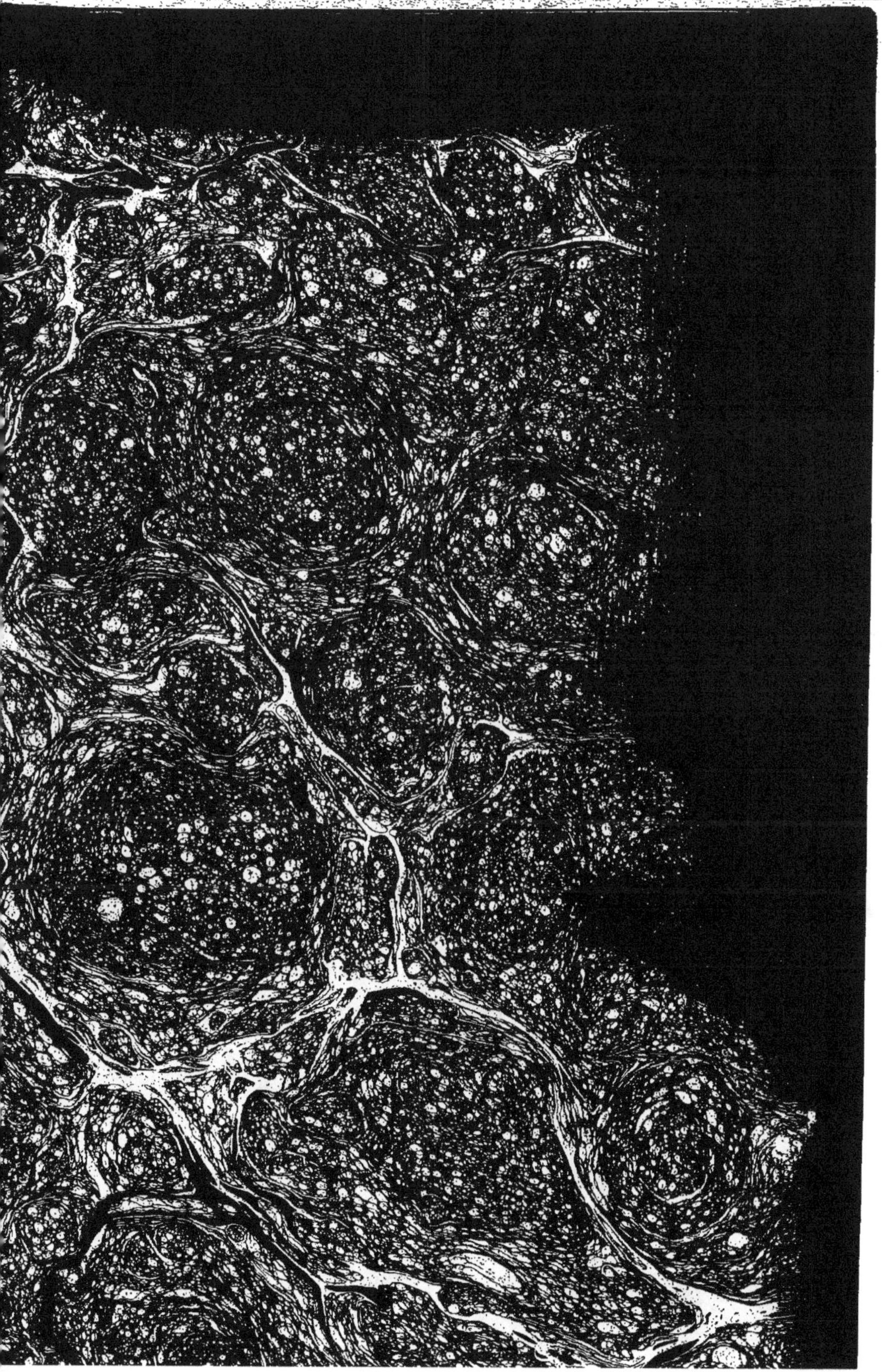

www.ingramcontent.com/pod-product-compliance
Lightning Source LLC
Chambersburg PA
CBHW031619210326
41599CB00021B/3226